江苏省高校哲学社会科学重点研究基地（生态
江苏省"十四五"重点学科（公安学）
南京警察学院校级规划教材项目

U0673799

THEORY AND PRACTICE OF ECOLOGICAL
ENVIRONMENT CRIME

生态环境犯罪
理论与实务

张崇波 邓琳君 ▣ 著

中国林业出版社
China Forestry Publishing House

图书在版编目（CIP）数据

生态环境犯罪理论与实务／张崇波，邓琳君著.
--北京：中国林业出版社，2023.9（2025.1重印）
ISBN 978-7-5219-2246-2

Ⅰ.①生… Ⅱ.①张… ②邓… Ⅲ.①破坏环境资源保护罪-研究-中国
Ⅳ.①D924.364

中国国家版本馆 CIP 数据核字（2023）第 123156 号

策划编辑：甄美子
责任编辑：甄美子
封面设计：北京睿宸弘文文化传播有限公司

───────────────────

出版发行：中国林业出版社
　　　　（100009，北京市西城区刘海胡同 7 号，电话 83143616）
电子邮箱：cfphzbs@ 163. com
网址：www. forestry. gov. cn/lycb. html
印刷：河北京平诚乾印刷有限公司
版次：2023 年 9 月第 1 版
印次：2025 年 1 月第 2 次印刷
开本：710mm×1000mm 1/16
印张：17
字数：340 千字
定价：60. 00 元

生态环境法治研究
丛书编委会

主编 林 平 南京警察学院党委副书记、副院长，教授，教育部高等学校教学指导委员会委员，江苏省重点建设学科（公安学）、江苏高校哲学社会科学优秀创新团队（生态环境保护执法研究）带头人

编委 杜 群 北京航空航天大学法学院教授、博士生导师，环境资源法经济法中心主任，中国法学会环境资源法学研究会副会长

晋 海 河海大学法学院教授，兼任中国环境资源法学研究会常委理事、中国水利学会水法专业委员会委员、江苏省环境资源法学研究会副会长（兼秘书长）、江苏省生态法学会副会长

杨朝霞 北京林业大学生态法研究中心主任，黄河研究院研究员

张崇波 南京警察学院副教授，国家林业和草原局森林公安法制研究中心主任

张志平 南京警察学院教授

陈积敏 南京警察学院教授

赵小康 南京警察学院副教授

骆家林 南京警察学院副教授

邓琳君 南京警察学院副教授

前　言

　　党的十八大以来，习近平总书记围绕生态文明法治建设发表了一系列重要讲话，推出了一系列重大举措，强调"只有实行最严格的制度，最严密的法治，才能为生态文明建设提供可靠保障"。打好污染防治的攻坚战，坚持人民至上、生命至上，践行以人民为中心的发展思想，满足人民群众对美好生活的向往，是党中央的明确要求。生态安全既是最基本的民生问题和经济问题，也是重要的公共安全和政治问题。妥善处置生态环境领域公共安全事件，依法打击生态环境领域违法犯罪，维护生态安全是公安机关应尽的职责。

　　《生态环境犯罪理论与实务》是一本将生态环境犯罪理论研究和公安机关司法实践相结合，追求实践为理论提供实证研究对象、理论为实践释疑解惑，实现理性互动的教材，具有以下特点：一是涵盖生态环境领域犯罪涉及的罪名案件犯罪构成分析，内容翔实、实体程序兼具，具体包括法律适用、证据指引、实训等内容；二是汇集打击生态环境犯罪执法取证实务中遇到的重点、疑点和难点问题，以现行的法律法规、司法解释为依据，详细分析，论述客观，以厘清执法办案中的误区；三是坚持开创性、操作性和理论性的有机统一，突出针对性、把握实用性、注重广泛性、立足可读性，力求静态法理分析和动态执法取证的统一与和谐，以服务公安教育为宗旨，培养新时代创新型、复合型、应用型高素质警务人才。

张崇波　邓琳君

2023 年 8 月

目 录

第一章

生态环境犯罪的概述

第一节　犯罪的基础知识

一、犯罪的概念

犯罪是人类社会特有的一种社会现象，它是人类社会发展到一定阶段，随着私有制的产生，伴随着阶级与国家同时出现的，产生于相同的历史条件。所以，犯罪和法一样，并不是从来就有的，它是一个历史范畴，是一个历史命题。人类社会的早期，生产力水平极端低下，这就决定了当时社会矛盾较为单纯，并不复杂。一般来说，秩序通过习俗、宗教或者战争的方式得以维持。公共强制权力尚未进入社会管理的领域，因此，简单的社会形态并不具备刑罚的物质条件，单纯的思想意识也没有犯罪概念存在的余地。随着生产力的发展，社会关系趋于复杂化，社会矛盾也愈加激烈，血族复仇、同态复仇的现象相继出现。出于维护自己的权威和稳定社会的需要，国家开始全面干预社会生活，此时真正的犯罪概念得以萌发。犯罪是国家基于一定的目的，通过刑事立法的方法，对危害社会的、需要通过法律的制裁来加以控制的行为所做的基本归纳。犯罪作为阶级社会的特有现象，具有鲜明的阶级性。不同的阶级、不同社会形态的法律、不同类型的国家，对于什么行为是犯罪，有着不同的看法和规定，存在着不同的犯罪观念。通过对作为阶级社会的历史现象的犯罪特征进行总结概括，马克思给犯罪下了一个经典式定义，"犯罪——孤立的个人反对统治关系的斗争，和法一样，也不是随心所欲地产生的。相反地，犯罪与现行的统治都产生于相同的条件"。这段话科学地揭示了犯罪的本质和产生、发展、消亡的历史规律，是对犯罪现象深刻的、唯物主义的高度概括。但这只是对犯罪阶级本质的深刻揭示，而不是对犯罪所下的完整的科学定义。

在现实生活中，犯罪的概念具有明显的层次性和目的性，在不同的定义环境或者不同的定义目的中，犯罪的概念并不绝对地等同。犯罪概念是对犯罪行为的内在和外在特征的高度概括。纵观世界各国刑法关于犯罪的一般定义，主要有以下三种类型。

（一）犯罪的形式概念

犯罪的形式概念是指从法律特征的角度来对犯罪进行定义。从形式层面分析，犯罪可以概括为现行刑事法律明文规定并科处刑罚的违法行为。任何违反刑事法律的行为，即为犯罪。一个违法行为无论给社会造成多么严重的危害，只要刑事法律没有处罚该违法行为之规定，则不认为是犯罪。这是罪刑法定原则的应有之义。可见，犯罪的形式概念源于罪刑法定原则，是从罪刑法定原则中引申出来的犯罪概念。基于罪刑法定原则的要求，现代许多国家的刑法典都规定了犯罪的形式概念。例如，1810 年的《法国刑法典》第一条规定："法律以违警罚所处罚之犯罪，称为违警罪。法律以惩治刑所处罚之犯罪，称为轻罪。法律以身体刑或名誉刑所处罚之犯罪，称为重罪。"1937 年的《瑞士联邦刑法典》第一条规定，"凡是用刑罚威胁所确实禁止的行为"是犯罪。这些对于犯罪的概念和规定，强调了犯罪的法律形式特征，其中，刑事违法性成为区分犯罪与否的唯一标准，明确地界定了犯罪的外延，确定了国家刑罚权的界限，体现了刑法的保障人权机能，从而保证刑法的正确实施。但是，犯罪的形式概念也存在一定的缺陷，没有揭示犯罪的本质特征，即社会危害性。

（二）犯罪的实质概念

犯罪的实质概念是从犯罪的社会内容上描述犯罪而形成的犯罪概念。犯罪的实质概念试图揭示犯罪的实质内涵，因而明显不同于犯罪的形式概念仅揭示犯罪的法律特征。例如，1922 年的《俄罗斯苏维埃联邦社会主义共和国刑法典》（以下简称《苏俄刑法典》）第六条规定："威胁苏俄埃制度的基础及工农政权向共产主义制度过渡时期所建立的法律秩序的一切危害社会的作为或不作为，都认为是犯罪。"1950 年的《朝鲜民主主义人民共和国刑法典》第七条规定："凡是侵害朝鲜民主主义人民共和国及其所建立的法律秩序，具有危害社会性质的、故意或因过失而应受惩罚的行为，都是犯罪。"犯罪的实质概念不满足于犯罪的法律形式界定，力图揭示犯罪的社会危害本质，体现了刑法的社会保护机能，但犯罪的实质概念强调犯罪的社会政治内容，没有限定犯罪的法律界限，有违罪刑法定的原则，不利于人权保障。

(三) 犯罪的形式与实质相统一的概念

犯罪的形式与实质相统一的概念是指从犯罪的形式法律特征和实质社会内容的两方面来描述犯罪而形成的犯罪概念。这种犯罪的混合概念试图完整地揭示犯罪的法律属性和本质特征，科学地揭示犯罪的内涵和外延，以克服犯罪的形式概念和实质概念的片面性，平衡刑法的保护机能和保障机能。例如，1960 年的《苏俄刑法典》第七条第一款规定："凡本法典分则所规定的侵害苏维埃的社会制度和国家制度，侵害社会主义经济体系和社会主义所有制，侵害公民的人身权、政治权、劳动权、财产权以及其他权利的危害社会行为（作为或不作为），以及本法典分则所规定的其他各种侵害社会主义法律秩序的危害社会行为，都认为是犯罪。"这个概念既揭示了犯罪的社会危害性，又明确了犯罪的刑事违法性。

我国刑法中的犯罪概念，采取了形式与实质相结合的混合形式。《中华人民共和国刑法》（以下简称《刑法》）第十三条明确规定："一切危害国家主权、领土完整和安全，分裂国家、颠覆人民民主专政的政权和推翻社会主义制度、破坏社会秩序和经济秩序，侵犯国有财产或者劳动群众集体所有的财产，侵犯公民私人所有的财产，侵犯公民的人身权利、民主权利其他权利，以及其他危害社会的行为，依照法律应受到刑罚处罚的，都是犯罪，但是情节显著轻微危害不大的，不认为是犯罪。"这一定义，不仅揭示了犯罪的法律特征，而且阐明了犯罪危害社会的本质，从而与一般违法行为区别开来，为我们认定犯罪、划分罪与非罪界限提供了基本依据。

二、犯罪的特征

根据我国《刑法》第十三条规定："一切危害社会的，依照法律应当受刑罚处罚的行为，都是犯罪；但是情节显著轻微危害不大的，不认为是犯罪。"可以看出，犯罪具有以下三个特征：一是社会危害性，二是刑事违法性，三是应受刑罚惩罚性。

第一，犯罪是危害社会的行为，即具有一定的社会危害性。《刑法》第十三条中的社会危害性，是指行为对国家所保护的利益的侵犯性，即法益侵害性，具体包括危害国家主权、领土完整和安全，分裂国家、颠覆人民民主专政的政权和推翻社会主义制度，破坏社会秩序和经济秩序，侵犯国有财产或者劳动群众集体所有的财产，侵犯公民私人所有的财产，侵犯公民的人身权利、民主权利和其他权利等。行为具有社会危害性是犯罪得以成立的最本质的、具有决定意义的特征。

社会危害性的程度轻重，对于犯罪的认定具有重要意义。正确认定行为的社会危害性，应当本着全面分析的观点、透过现象看本质的观点、发展变化的观点加以全面考察。执法实践中影响社会危害性的因素主要有以下几个方面：一是行为所侵犯的法益，根据《刑法》第十三条的规定，具体表现为国家法益、社会法益和个人法益。二是行为的手段、结果、时间、地点、方式等。这些客观因素都会在不同程度上影响行为的社会危害性及其程度。三是行为人的主观方面，即罪过。罪过形式作为刑法所否定的心理态度，揭示着行为人社会危害时的主观意志。

（1）实害与危险。所谓的实害，指的是犯罪行为对刑法保护的利益造成的实际、现实侵害。如故意毁坏财物罪，已经将财物损坏，造成了对公私财产权益的侵害。所谓的危险，指的是犯罪行为对刑法所保护的利益产生侵害的可能，客观上这种侵害并未实际发生，但对于法益已造成潜在的危害或者使法益处于危险状态之中。如放火罪，客观上并不要求造成致人重伤、死亡或者公私财产重大损失的结果，只要实施放火行为，可能危及公共安全，即可满足放火罪犯罪成立条件。目前刑法中，大多数犯罪行为都要求具备实害这一条件，即结果犯，但也存在部分因为具有法益侵害的危险性而被规定为犯罪，即危险犯。通常刑法上这种危险包括抽象的危险和具体的危险。危险犯突出刑法对于某些法益加大了保护的力度，如将国家政权、公共安全、特定的经济秩序作为重要的保护对象。通常，刑法理论上将受到刑法禁止的、可能造成危害的现实可能性称为"危险性"，也即相当于实际的危害，特定的对象遭受侵犯的现实威胁或者因此形成的社会心理恐惧。也就是说，刑法理论中所谓的危害性是一种实际的损害，而危险性则为遭受侵犯的可能状态，是发生社会危害的现实可能性的一种特殊表现[1]。

（2）客观危害与主观危害。客观危害，指的是犯罪行为的作用力对外部世界造成侵害的特定反映，主要表现为一定的行为对一定的物理对象、生物对象和社会利益所形成的破坏作用。如盗伐林木行为形成的国家、集体或者他人林木所有权被非法转移的事实，放火行为导致对放火对象的损害等。客观危害，指的是行为人主观恶性在行为上的具体反映和实际作用，主要表现为人的认识与意志对行为及其后果的支配能力或控制力度，如犯罪的动机和目的及其形成的原因、对危害结果加以追求或控制的主观意愿、对侵害对象或行为时机的具体选择等。一般而言，犯罪的社会危害性是行为造成的客观危害与主观危害的统一。但刑法却不绝对同等地对待客观危害与主观危害，并且并不认为两者具有完全相同的法律

---

[1] 陈浩然. 应用刑法学总论 [M]. 上海：华东理工大学出版社，2005：99.

价值。破坏森林资源类犯罪中，刑法强调的是主观恶性，如盗伐林木罪、滥伐林木罪、非法占用林地罪等主观罪过形式都是犯罪故意，并且对于破坏国家重点保护植物、珍贵濒危野生动物类犯罪主观必须具备明知这一要件。

第二，犯罪是触犯刑法的行为，即具有刑事违法性。行为的社会危害性体现在法律上就是刑事违法性。所谓刑事违法性，就是指行为违反了刑法禁止性的规定，从而触犯了刑法，具体包括形式违法和客观违法。所谓形式违法，指的是按照法律的形式要求或者逻辑的推断，对于行为作出不法认定的基本结论；客观违法，指的是行为在外部表现或者存在方式上同法律规范发生的根本冲突。行为的社会危害性是刑事违法性的基础，没有社会危害性就无所谓刑事违法性，但某些行为虽然具有一定的社会危害性，但没有达到触犯刑法的程度，也还不成为犯罪。在法理上，常见的违法行为有民事违法行为、行政违法行为等，犯罪也是违法行为之一，但违法不等同于犯罪，只有违反刑事法律的行为才能构成犯罪。所以，刑事违法性始终同社会危害性保持着内在联系，刑事违法性是社会危害性在法律上的体现，犯罪的社会危害性是由违反了刑法的禁止性规定而反映出来的，体现了罪刑法定的原则要求。

第三，犯罪是应受刑罚惩罚的行为，即具有应受刑罚惩罚性。犯罪具有刑事惩罚性，是由犯罪前两个特征所派生出来的，是行为的社会危害性和刑事惩罚性的法律结果。所谓刑事惩罚性，就是指任何一种构成犯罪的行为，在法律的评价上都应当受到刑罚的惩罚。如果一行为不应受到刑罚惩罚，也就意味着它不是犯罪。应当注意，犯罪具有刑事惩罚性与司法实践中对某些犯罪人免除刑事处罚是两个不同的概念，二者既有联系又有区别。犯罪只有在应受刑事惩罚的前提下，才能对犯罪人免除刑事处罚。对犯罪人免除刑事处罚，并不是从法律特征上出发的，而是从惩办与宽大相结合的刑事政策上考虑的。

上述三个基本特征是紧密结合、高度统一的。它们集中反映了犯罪固有的本质属性。其中，社会危害性是犯罪的最基本属性，是刑事违法性和应受刑罚惩罚性的基础，社会危害性没有达到违反刑事法律、应受刑事惩罚的程度，就不构成犯罪，而刑事违法性和应受刑罚惩罚性则是社会危害性在刑事法律上的体现。

三、犯罪的分类

犯罪的分类，指的是犯罪类型的划分形式。对于犯罪的分类主要存在法律上客观的形式规定和法理上对于这一分类的研究。我国刑法根据犯罪行为所侵犯的法益性质和侵犯的程度将犯罪分为十类，即危害国家安全罪，危害公共安全罪，破坏社会主义市场经济秩序罪，侵犯公民人身权利、民主权利罪，侵犯财产罪，妨害社会管理秩序罪，危害国防利益罪，贪污贿赂罪，渎职罪，军人违反职责罪。根据刑法的相关规定，我们还可以对犯罪做如下分类。

一是国事犯罪和普通犯罪。刑法分则规定了十类犯罪，其中第一章规定的危害国家安全犯罪属于国事犯罪，这类犯罪是对国家政权、社会制度和安全等进行的危害；其余九章规定的犯罪相对于国事犯罪，都属于普通犯罪的范畴。

二是身份犯和非身份犯。身份犯，指的是以特殊身份作为犯罪主体要件的犯罪，如贪污贿赂罪、渎职罪、军人违反职责罪；非身份犯，指的是不以特殊身份作为犯罪主体要件的犯罪，如杀人罪、盗窃罪、抢劫罪、盗伐林木罪、故意毁坏公私财物罪等。

三是亲告罪和非亲告罪。亲告罪是指告诉才处理的犯罪。根据《刑法》第九十八条规定，告诉才处理，是指被害人告诉才处理。如果被害人因受强制、威吓无法告诉的，人民检察院和被害人的近亲属也可以告诉。告诉才处理的犯罪必须有刑法的明文规定。如侵占罪、侮辱罪等。《刑法》没有明文规定为告诉才处理的犯罪，则属于非亲告罪。

四是自然人犯罪和单位犯罪。自然人犯罪，指的是以自然人作为行为主体的犯罪。如常见的故意杀人罪、故意伤害罪、盗窃罪、抢劫罪、放火罪等。单位犯罪，指的是以单位作为行为主体的犯罪。破坏森林资源类犯罪中，盗伐林木罪、滥伐林木罪、非法占用林地罪等都可以由单位实施。

五是基本犯、加重犯和减轻犯。基本犯是指刑法分则条文规定的不具有法定加重或者减轻情节的犯罪。加重犯是指刑法分则条文以基本犯为基础规定了加重情节与较重法定刑的犯罪，其中又可以分为结果加重犯与情节加重犯，实施基本犯罪因发生严重结果刑法加重了法定刑的犯罪，称为结果加重犯；实施基本犯罪因具有其他严重情节而加重了法定刑的犯罪，称为情节加重犯。减轻犯是指刑法分则条文以基本犯为基础规定了减轻情节与较轻法定刑的犯罪。

当然，从不同的角度，可以对犯罪做多种形式分类研究。如行为的表现形式为标准，可以将犯罪分为作为犯和不作为犯；以行为人主观罪过的表现形式不同，可以分为故意犯和过失犯。结合国外犯罪分类的情况和研究现状，对下列犯罪分类的做些介绍。

一是重罪、轻罪和违警罪。这是国外刑法中普遍采用的一种分类方法。德国早在1871年的《帝国刑法典》中就采用重罪、轻罪和违警罪的三分法，当时对违警罪的规定是"指应科处拘役或150个帝国马克以下罚金的犯罪行为"。德国现行刑法典（2002年修订）将犯罪分为重罪与轻罪两类，其中，重罪是指"最低刑为1年或1年以上自由刑的违法行为"，轻罪是指"最高刑为1年以下自由刑或科处罚金刑的违法行为"（第十二条）。法国刑法自 1791 年以来，一直按照犯罪的严重性，把犯罪分为重罪、轻罪和违警罪。1994 年开始实行的修订后的新刑法仍然维持了这种"三分法"。《美国模范刑法典》将犯罪分为四类：重罪、轻罪、微罪和违警罪，其中前三类被称为"实质犯罪"，其处罚后果均可能涉及剥夺人身自由（微罪可处以最高不超过 1 年的监禁刑），第四类"违警罪"只能被处以罚金或其他民事制裁，而且"不产生有罪认定所引起的限制能力或者法律上的不利"。

二是自然犯和行政犯。以伦理法则为标准，自然犯是指无须法律规范的规定，根据一般伦理法则就具有罪恶性的犯罪，如杀人罪、强奸罪；行政犯是指行为本身不具有伦理上的罪恶属性，只是由于法律的规定才使之成为犯罪。相对来讲，自然犯的社会危害性变异较小，而行政犯的社会危害性的变异较大。

三是形式犯和实质犯。这类划分标准，国外刑法理论争议很大。第一种观点认为，只要实施构成要件行为而不要求对法益造成侵害或者威胁的犯罪是形式犯罪；构成要件以外对法益造成侵害或者威胁为内容的犯罪是实质犯。第二种观点认为，形式犯和实质犯的区别在于危险程度不同，形式犯并不是只要在形式上违反法的命令与禁止就成立，也应要求某种侵害法益的危险存在。第三种观点认为形式犯对法益也具有危险性，只不过实质犯的被侵害法益是比较特定的，而形式犯的被侵害法益是很不特定的。第四种观点认为，刑法以保护法益为目的，所有的分则条文都有其保护的法益，故符合构成要件的行为都是对法益的侵害或者威胁，因而所有的犯罪都是实质犯，不存在形式犯。

第二节　生态环境犯罪的概念、特点及其危害

一、生态环境犯罪的概念

（一）生态的概念

环境犯罪是一类新型犯罪，概念是研究问题的逻辑起点，研究生态环境首先要解决生态和环境的含义及其要素。生态是一个内涵丰富且涵盖面很广的概念。生态一词，现在通常是指生物的生活状态。指生物在一定的自然环境下生存和发展的状态，也指生物的生理特性和生活习性。生态一词源于古希腊字，意思是指家（house）或者我们的环境。在古代汉语中，"生态"一词，在不同的语境之下具有不同的含义。常用的主要含义为显露美好的姿态（如南朝·梁·简文帝的

《筝赋》："丹荑成叶，翠阴如黛。佳人采掇，动容生态。"）和生动的意态（如唐朝杜甫在《晓发公安》诗中云："邻鸡野哭如昨日，物色生态能几时。"明朝刘基在《解语花·咏柳》词中云："依依旎旎，袅袅娟娟，生态真无比。"）。在现代汉语中，生态一词通常是指"生物在一定的自然环境下生存和发展的状态，也指生物的生理特性和生活习性[2]。"

地球生态系统的构成有多种划分方法。按照生态系统的生物成分，生态系统可分为植物生态系统、动物生态系统、微生物生态系统、人类生态系统；按照人类活动及其影响程度，生态系统可分为自然生态系统、半自然生态系统和人工生态系统；从宏观上可把生态系统分为陆地生态系统和水域生态系统，其中的陆地生态系统，根据纬度地带和光照、水分、热量等环境因素，又可分成森林生态系统、草原生态系统、荒漠生态系统、冻原生态系统、农田生态系统、城市生态系统等。通常而言，森林、湿地与海洋因其对地球生态系统影响巨大而在国际上被并称为全球三大生态系统。

1. 森林生态系统

森林是陆地生态系统的主体，是生命支持系统的主要组成部分，是实现环境与发展相统一的关键和纽带。生态恶化是影响人类可持续发展的首要问题，解决生态恶化问题最重要的是要解决好森林问题。无论从所积存的生物量还是从面积、效益上比较，森林是自然界功能最完善的资源库、生物库、基因库、蓄水库、贮碳库、能源库，森林具有调节气候、涵养水源、保持水土、防风固沙、改良土壤、净化空气、美化环境等多种功能，对保护人类生存发展的基本环境起着决定性作用。在各种生态系统中，森林生态系统对人类的影响最直接、最深刻、最重大。森林被称为"地球之肺"，它首先是全球生态平衡的调节器，在生物世界和非生物世界之间的能量与物质交换中起着中枢和杠杆作用；其次，森林能够有效地保护生物多样性；再次，森林能够有效地蓄水固土，防治水土流失，遏制土地荒漠化；最后，森林具有净化空气、治理污染、促进人类保健的作用。

2. 湿地生态系统

湿地是以水为基本要素的区域，指天然或人工的、永久性或暂生的沼泽地、泥炭地和水域（蓄有静止或流动、淡水或咸水水体），包括低潮时水深浅于6米的海水区。在湿地分类系统中，自然湿地包括沼泽湿地、河流湿地、湖泊湿地和滨海湿地；人工湿地包括水产池塘、水塘、灌溉地，以及农田洪泛湿地、蓄水区、运河、排水渠、地下输水系统等。可见湿地概念很宽泛，与人们的生产生活

---

[2] 中国社会科学院语言研究所词典编辑室. 现代汉语词典［M］. 北京：商务印书馆，2002：576.

联系十分紧密。湿地被称为"地球之肾"，是极其重要而又特殊的生态系统，是水陆相互作用的自然过渡带，具有涵养水源、净化水质、调蓄洪水、控制土壤侵蚀、补充地下水、促淤造陆、美化环境、调节气候、维持碳循环和保护海岸等巨大的生态功能。湿地也是生物多样性的重要发源地之一，无数种类的植物和众多的鸟类、哺乳类、爬行类、两栖类以及无脊椎动物在这里生存、繁衍。湿地特有的生态功能主要表现在以下几方面：一是保护生物和遗传多样性；二是减缓径流和蓄洪防旱；三是固定二氧化碳和调节区域气候；四是降解污染和净化水质；五是防浪固岸。

据国际权威自然资源保护组织测算，全球生态系统的总价值为 33 万亿美元，仅占陆地面积 6% 的湿地，生态系统价值就高达 5 万亿美元。中国的生态系统总价值为 7.8 万亿人民币，占国土面积 3.77% 的湿地，生态系统价值达 2.7 万亿人民币，单位面积生态系统价值非常高。此外，湿地还具有提供丰富的动植物食品、提供工业原料和能量来源以及为人类提供集聚、娱乐、科研和教育场所等经济和社会功能。

3. 海洋生态系统

人类生活的地球，71% 被蓝色的海洋所覆盖。海洋生态系统是地球生物圈内最大、层次最多最丰富的生态系统。简而言之，海洋生态系统的作用有三：一是辽阔的海平面能够吸收大量的二氧化碳；二是海洋的热容量比大气大得多，能够吸收大量的热量；三是海洋是生命的摇篮。

（二）生态与环境的关系

简单地说，生态就是指一切生物的生存状态，以及它们之间和它们与环境之间环环相扣的关系。"环境"与"生态"是两个具有紧密联系但又有差别的概念。作为环境法学或者生态法学以及环境刑法学或者生态刑事法学的源概念之一，我们有必要对两者之间的相互关系进行分析。

1. "环境"与"生态"的关联性

从上文的论述可知："环境"概念的核心在于"人群外部的境况"，而"外部的境况"对"人群"而言具有客观性。

这里所指的"人群"是一个不确定的概念，既可以指代作为一种生物存在的人类，也可以指代为一部分人构成的群体，比如一个国家、一个民族、一个族群，甚至一个社区。而这里的"人群的外部性"也即"人群外部的客观性"，这种客观性在相当长的时期内指的是作为人群的外部的自然环境。人们对外部的自然环境要素的认识也经历了一个从单一到全面的过程，从早期的生活必需的空气、水、森林等扩展到海洋、各类生物、矿产资源等。尽管时至今日，研究者及立法者已经将这种外部的"客观性"扩张到了一个极大的范围，甚至包括了在一些学者看来根本就不属于传统的"环境"的内容，比如自然保护区、风景名胜区、人文遗迹、自然遗迹、城市与乡村等，但我们必须承认，即便到了知识爆炸的今天，在非学术领域，当我们谈及"环境"这个词语的时候所指示的对象多数仍然没有脱离上述主要以自然环境为要素的范围。在公众的视野里，今日如火如荼之"环境保护"的内容也还主要是指大气保护、水保护、海洋保护、生物保护等。"生态"概念的内涵中也包含了上述"环境"概念之中的核心要素。若将各个"环境"要素做动态与关联性思考，基本上可以描绘出"生态"的图景。

2. "环境"与"生态"的差异性

在确定"环境"概念的时候，是以"人"或者"人群"为视角的外部观察，但凡是"人"或者"人群"外部的事物都可以视为环境，而确定"生态"概念时，是没有从"人"作为出发视角的，而是将地球作为分析客体的，这是一个巨大的方法论上的差异。"生态"作为一切生物的生存状态，以及它们之间和它们与环境之间环环相扣的关系，表明的是一种客观存在，以及对这种客观存在之间相互关系的科学分析。在这个描述与分析及抽象的过程中，人并不是主体，也没有受到特别关照，而只是生态系统中的一个物种，这是"环境"与"生态"概念差异性在认识论层面上的原因。对比"环境"和"生态"这两个概念，我们不难发现它们的差异性主要表现在如下几个方面。

(1)"环境"强调"客观性"，"生态"强调"关联性"。"环境"是从人的视野出发而观察外部的，是对外部的认识。在这种认识过程中，人作为认识主体，对外部的客体进行了功利的选择，将影响自己生存和发展的客观的外部性的要素最先定义为环境，而人是生活在其间的利用环境的一种生物。由此，"环境"强调的是一种外部的客观性。"生态"作为生物生存的状态，关注的是系统中各个要素之间的相互关系，尤其是在能量交换与相互影响层面上的关联性。在这种意义上，可以说，环境是一种外部客观，而生态是物种生存状态的内在关联性，也可以说，环境是生态的外部表现之一。

(2)"环境"强调"人本位"，"生态"强调"系统本位"。确定"环境"概念时，是以"人"或者"人群"为视角进行外部观察的，这事实上导致了在处理人与环境之间关系的时候的一种"人本位"的思维。人类改造环境，是为了人的利益，人类利用自然，也是为了人的利益；人所生存的自然环境受到了污染，影响了人的生存和发展，所以人要保护环境。在这种思维之下，环境完全是人的客体，不具备任何主体价值，也不存在被人注入价值的理论基础。而"生态"从一开始就不是一个功利主义的概念，它更接近科学，它以中立的立场进行研究，人只是其研究对象的一种，在研究者的视野里，生态系统的整体性具有价值，系统中的各个要素是否具有独立价值取决于生态系统整体价值的存在，由此形成了"系统本位"的逻辑进路，这种逻辑方法有利于正确认识人与环境要素等之间的真实而客观的关系，在生态遭到破坏时及时进行生态修复，从而保证整个生态系统功能的发挥。

（3）"环境"具有"二维性"，"生态"具有"三维性"。在分析人与环境关系时，是在一个时间点上进行分析的，更多的是解决人与环境的现实冲突问题，在这种分析模式之下，人与环境具有二维性，也即具有平面化的色彩。而"生态"所呈现出来的不仅是某个时间点上生态要素之间的关联性与客观性，而且具有时间的"第三轴"，即可以描述出每一个具体的生态要素的演进过程，能量按照生产者—消费者—分解者的顺序回归自然而完成一个循环。这种时间、空间、能量的三维思考，是认识论与哲学中的时空观的生态学表现，比环境概念更深刻地表明了人、物质之间的时空关系。

生态环境犯罪，即一切破坏生态资源与污染环境的犯罪。当前，我国刑法中的生态环境犯罪罪名体系已经基本确立，这一罪名体系大体由以下三个部分组成，即破坏自然资源的犯罪、污染环境的犯罪、危害生态环境行为直接相关的其他犯罪等。从规范性层面来讲，主要是指刑法所规定的各种污染环境与破坏生态的犯罪，在我国主要是指刑法分则第六章第六节规定的破坏环境资源保护罪。

目前，学术界从不同的角度出发，对环境犯罪的概念众说纷纭，主要有以下几种观点：①环境犯罪仅指狭义的破坏传统刑法法益，如健康或生命、财产等与环境相关的破坏行为，而加以刑事制裁的自然犯。②危害环境犯罪指的是通过恶化环境而危害人类健康和财产等犯罪。它要求产生一定的危害，至少对人类利益存在潜在的危险，并以此来证明行使刑事制裁的正当性。③环境犯罪是违反环境保护法规，破坏自然资源和自然环境，危害或足以危害环境资源以及人民的生命、健康或重大公私财产的行为。④危害生态环境犯罪是危害生态系统自身的犯罪，并不要求该类行为与人类利益存在任何联系便可证明刑事制裁的正当性。⑤环境犯罪有广义和狭义两层含义，广义（或理论）上是指行为人违反环境保护法律污染或破坏环境，应受刑事处罚的行为，狭义（或刑法意义）上是指自然人或单位违反环境保护法律，污染或破坏环境，造成公私财产遭受重大损失或者人身伤亡严重后果，或者情节严重的行为。⑥环境犯罪是指自然人或非自然人主体，故意或者过失或无过失实施的，污染大气、水、土壤或破坏土地、矿产、森林、草原、珍稀濒危野生动物或其他生态环境和生活环境，具有现实危害性或者实际危害后果的作为或者不作为。⑦环境犯罪是自然人或法人违反环境保护法规，故意或者过失地不合理开发利用自然资源、破坏环境和生态平衡，或者无过失地超标准排放各种废弃物，造成严重损失后果以及抗拒行政监督、情节严重的行为，等等。

生态环境犯罪作为一种社会现象来源于社会现实生活，产生于行为者与生态环境互动过程之中，并被法律法规和制度类型化的一种行为，是把犯罪的形式和实质结合起来的一种混合概念，应该包括以下内容：①行为者既可以是自然人，又可以是组织法人团体（非自然人体）；②受害者是生态环境，包括树林、林下花草、以森林为生活生存环境的野生动物和涉及森林生态环境的其他生命体、非生命体；③破坏的是国家生态环境保护的法律法规和制度规定以及国家、公民对森林等的所有权、利益享有权等；④形式上表现为故意或者过失实施的；⑤后果上必须具有危害性，造成严重后果或者严重后果危险，以及抗拒生态环境行政监督的情形；⑥具备刑事违法性，达到刑事处置的标准。

因此，所谓生态环境犯罪是指违反国家生态保护法律法规，在开发利用生态环境或相关的活动中，实施破坏森林、湿地、海洋等生态系统，严重危害生态安全的行为。其客体是生态安全；客观方面是破坏生态环境的行为；主体包括自然人和单位；主观方面是故意、过失和无过失；犯罪对象是生态环境，包括生态环境的整体系统及其要素[3]。

被誉为"战略性犯罪"的生态环境犯罪是涉及危害全局性、战略性生态安全利益的犯罪，而生态安全利益不仅是人类的立命之本，也是人类生存与发展的基础和源泉。众所周知，生态环境的污染及破坏具有广泛性、潜伏性、扩散性及持续作用性等特点。因此，危害结果一旦发生便具有巨大的危害性，不仅造成众多人的生命和健康受到损害、重大财产损失，而且，生态环境一经污染和破坏则难以恢复，如果要消除危害、治理污染，往往要花费巨大的财力、物力。生态环境犯罪的危害表现为诸多方面，这里择其要者加以分析。

二、生态环境犯罪的特征

第一，复杂性。即破坏生态环境行为犯罪型判断上的复杂性。传统的自然犯罪因其侵犯的是公众接受的道德价值基础，对法益的侵害造成的结果明显直接，易为察觉。在破坏生态环境行为犯罪性的判断上，涉及生态环境行政法规对危害行为所作的价值取舍，并且与生态环境管理部门的行政许可密切相关，某一破坏

---

[3] 刘晓莉. 生态犯罪 [D]. 长春：吉林大学，2006.

生态环境的行为也可能因管理人员的许可而排除犯罪性或者免除对行为人的刑事责任追究，即使断定某破坏生态环境行为造成的危害超出法律的容忍范围，还要涉及因果关系的复杂判断。

第二，抽象性。破坏生态环境行为形成的依附性决定破坏生态环境犯罪具有一定程度抽象性。一般的自然犯是在行为主体基于一定的不法动机为实现特定的目的实施的，大多数破坏生态环境犯罪行为在这方面的表征极不明显，从发生的内在机制看，行为主体对该类行为的实施往往不是为了对生态资源施加影响，更不是有意对环境加以破坏，实施该类行为的原始的真正动机和目的是追逐经济利益。因此，破坏生态环境犯罪具有高度的抽象性，这种抽象性也决定了社会公众及政府对生态环境破坏的容忍与让步。

第三，特殊性。环境犯罪具有特殊性，其侦查取证比较复杂，对执法人员的要求也比较高。尤其是污染环境犯罪，由于行为的隐蔽性强、危害结果的潜伏期较长、鉴定成本高昂、因果关系认定存在困难等多方面的原因，行为人主观罪过及客观危害行为的认定存在现实困难，对执法人员提出了很多严峻的挑战。整体而言，专业警察队伍的素质尚需要进一步提高。在司法方面，环境犯罪的认定是一个复杂的过程，环境犯罪具有很强的隐蔽性，比如，一些污染环境犯罪采用暗管偷排、异地掩埋等比较隐蔽的方式实施，给查处带来了很大的难度。即使有些行为被发现，也可能由于时间的流逝导致证据灭失，或由于鉴定成本等方面的问题导致因果关系难以认定，最终影响犯罪行为的认定。

另外，生态环境犯罪司法实践中，呈现出以下特点。

第一，生态环境犯罪产生的危害结果呈现持续性。"一些不祥的预兆降临到村落里：神秘莫测的疾病袭击了成群的小鸡，牛羊病倒和死亡。到处是死神的幽灵，农夫们述说着他们家庭的多病，城里的医生也愈来愈为他们病人中出现的新病感到困惑莫解。不仅在成人中，而且在孩子中出现了一些突然的、不可解释的死亡现象，这些孩子在玩耍时突然倒下了，并在几小时内死去。一种奇怪的寂静笼罩了这个地方"[4]。这是美国海洋学家在其著作《寂静的春天》中所虚构的城镇，描述的是以滴滴涕为代表的杀虫剂对环境及人体健康所带来的严重危害。随着全球化的加速，现代工业规模以前所未有的速度在扩张，空气、森林、水、大气层、土壤、植被都遭受了大规模的破坏，人类文明和生态环境的冲突达到了极限。科学检测表明，某些污染物质，如毒性极强的杀虫剂，不仅会对当地生态环境造成危害，还会随着鸟类等动物的迁徙，对远在几千米之外的自然环境造成

---

[4] [美] R. 卡逊. 寂静的春天 [M]. 北京：科学出版社，1979：4.

危害。由于这些污染物质大多不易分解，具有极强的稳定性，在经过常年积累之后能够久久存在于生态系统之中。一旦人类接触到这些有毒物质，就会对自身生命和健康造成危害。此外，这些工业污染对自然环境造成的损害是不可恢复的。即便在某种程度上对其进行修复，也要花费巨大的人力、财力。如果污染导致了某些物种的灭绝，那便永远都得不到恢复。

第二，生态环境犯罪具有隐蔽性。生态环境犯罪的隐蔽性体现在两个方面，一是生态环境犯罪行为本身具有隐蔽性。生态环境犯罪的主要表现形式为企业非法排污，而企业非法排污所采取的手段多是修建暗渠、暗管或采取渗透等方式。这些手段不仅能够瞒过一般的公众，就连专业的环保监察人员都很难发现。如朱某污染环境案件中，被告人朱某所经营的被告单位在无任何工业废水处理设施的情况下，为节约成本，提高生产利润，由被告人柴某负责在公司酸洗操作间内，利用厂区内排粪管，将酸洗钝化过程中产生的污水，未经处理直接排放至该厂南侧的小宁河内。直到 2014 年 3 月 14 日，被告利用排粪管排放污水的行为才被海盐县环境保护局的执法人员发现[5]。在沈某甲、田某某、刘某甲、刘某乙污染环境案件中，被告人沈某甲先后与被告人田某、刘某乙、刘某甲、窦某等人合伙经营玉丰热镀厂。在生产经营期间，玉丰热镀厂利用厂外渗坑排放有毒废弃物。该排放行为开始于 2011 年 10 月，直到 2013 年 6 月 21 日才被发现[6]。二是生态环境犯罪危害结果具有隐蔽性。传统犯罪多直接作用于被害人身体或财产，其危害后果是显而易见的。而生态环境犯罪产生的危害后果并不具有即时性，需要很长时间才能逐渐显现。一方面，多数生态犯罪所产生的有害物质，尤其是有害废气和废水，都通过空气、水流、土壤等介质得到了稀释，从而为生态环境犯罪行为人提供了天然的屏障。除非是造成了人员伤亡，一般情况下犯罪行为持续数年之久都无人知晓。另一方面，生态环境犯罪中所产生的有毒有害物质往往需要通过时间的积累才能达到一定的数量，从而对患者产生危害。例如汞，当人体血液中汞含量为 1 微克/10 毫升时并无大碍，只有达到 5~10 微克/10 毫升时才会出现中毒症状。发生在日本的"水俣病事件"和"骨痛病事件"就是最好的证明。在"水俣病事件"中，这些患者轻则口齿不清、步履蹒跚、面部痴呆、手足麻痹、感觉障碍、视觉丧失、震颤、手足变形，重则精神失常，或酣睡，或兴奋、身体弯弓高叫，直至死亡。而这一切竟是源于 1923 年日本氮肥公司向水俣湾所排放的含汞离子废水。在该事件中，患者从食用水俣湾中含有汞的海产品到最后

---

[5] 参见《浙江省海盐县人民法院（2014）嘉盐刑初字第 302 号刑事判决书》。
[6] 参见《河北省玉田县人民法院（2014）玉刑初字第 8 号刑事判决书》。

发病的时间间隔长达33年。同样发生在日本的"骨痛病事件"中，患者浑身关节疼痛，几年之后便发展为全身骨痛，最后由于骨骼萎缩和自然骨折，患者会在衰弱疼痛中死去。该病发现于1955年，而最后查出的原因竟是由于1913年神通川流域的炼锌厂排放含镉废水所致，从有毒废水排放到患者最后发病间隔了将近40年。

第三，生态环境犯罪的道德谴责性不强。根据加罗法洛的分类，可以将犯罪分为"自然犯"和"法定犯"。所谓"自然犯"就是指那些犯罪行为本身就具有恶性的犯罪。无论法律是否对其进行了规定，人们都将其认定为犯罪行为，如故意杀人罪、故意伤害罪、抢劫罪等。"法定犯"则指的是那些行为本身不具有罪恶性，只是由于法律规定才成立的犯罪，如违反经济刑法规范的经济犯罪[7]。根据传统观点来看，生态环境犯罪就是属于与道德无关的"法定犯"。可以说，较之杀人、抢劫犯罪来说，公众对生态环境犯罪所带来的危害给予了很大的包容。有人认为要想发展经济，提高生活水平，就必须大力发展工业，至于其所带来的一些负面后果可以忽略不计。他们认为生态环境犯罪行为不具有罪恶性，而是为了发展经济和改善生活产生的附随品。因此，他们认为要想发展经济就必须忍受环境污染所带来的危害。这种对生态环境犯罪的暧昧态度决定了生态环境犯罪的道德谴责性不强。此外，生态环境犯罪具有一定的复杂性，而公众环境知识水平有限，并不能很好地认识到生态犯罪所带来的危害，这也是导致生态环境犯罪缺乏明显道德谴责性的重要原因。近年来，随着生态环境的日益恶化，人们逐渐意识到良好生态环境的重要性，因而对生态环境犯罪所带来的危害有了更切身的体会，也因此对生态环境犯罪行为有了更多的谴责。

实务中，生态环境违法行为都具有隐蔽性的特点，一些企业选择晚上生产排放，具体表现为：遮挡排污口或私设暗管，或利用渗井、渗坑、溶洞等；破坏自然资源等生态环境的行为不仅隐蔽，而且违法人员和违法场所都不具有固定性。具体表现为：

一是行为主体。工厂、商店等从业人员一般都有劳务合同等备案资料，而破坏自然生态环境的违法人员都是不确定的，甚至是外来流动人员，居无定所，有的捕猎者还持有枪支、刀具等危险工具。

二是行为空间。污染大气案件主要发生在城市，污染水域和土壤的案件城市农村都有发生。破坏森林、野生动植物、农用地、矿藏资源等案件则主要发生在农村，甚至是荒无人烟的偏僻地方，如深山老林、偏远水域等，这些地方人烟稀

---

[7] 张明楷. 外国刑法纲要 [M]. 北京：清华大学出版社，1999：58.

少，又难以安装监控设备，违法行为很难被发现。

三是调查难度。由于违法人员和违法场所无确定性，违法行为难以现场发现，并且当场发现了不一定能制止，制止了不一定能处理；如事后发现破坏现场，不一定能找到人，找到人却不一定配合调查，调查了处罚执行不一定能到位，调处难度非常大。其他执法相对难度要小点，如破坏市场秩序、生产伪劣产品、交通运输违法等行为，人容易找，证据容易调取，因为这些经营者一般都有固定的经营场所和工具（如商场、超市、厂房、车辆等），极可能留下相关犯罪线索。执法实践中，破坏生态环境最难查的案件就是盗窃、盗伐、非法狩猎、非法捕捞、林区野外用火等违法案件。

四是法律意识。涉案企业的负责人大多受教育程度不高，法律意识淡薄，受经济利益驱使，对产生的污染物不进行正确处理，随意排放，造成严重污染后果。从事生产的工人法律意识也普遍淡薄，被动听从老板安排，被老板利用进行违法犯罪活动。

五是共同犯罪。污染环境类案件绝大多数为共同犯罪，企业负责人与工人多来自同一地域，甚至是亲友式、家族式经营，不但不会互相劝阻，反而相互勾结，为了一己私利置生态环境于不顾。同时，他们的反侦查意识较强，串供或毁灭证据的行为时有发生，为案件的侦破和办理带来困难。

第三节　生态环境犯罪与生态安全

人类的生存和发展离不开自然环境，人类在征服和改造自然的过程中获得了文明的巨大进步。然而，人类文明的进步在很大程度上是以生态资源遭受破坏为代价的。当前，各种全球性的环境问题日益凸显，对人们的生存环境造成了严重影响，环境保护已经迫在眉睫。环境保护政策已经成为世界各国政府施政的重要指导方针，"绿色运动"也对法律产生了重要影响，促使学者们开始转变观念，努力在社会发展与环境保护之间寻找正确的路径，以便使二者能够协调统筹发展。环境犯罪理论的出现正是不同法律领域共同发展与融合的结果，也是保证社会可持续发展的必然产物，是环境法与刑法共同应对环境危机的必然要求，其中的首要问题就是如何认定环境犯罪的法益。

刑法学理论中法益是一个较为普通的基本概念。它概念的早期来源是由学者伯恩博姆提出的，旨在反驳质疑费尔巴哈把犯罪当作侵犯"主观权利"的观点——某个犯罪行为兼具违反了法律与侵犯了受害人的权利。一直以来，虽然法益的概念是一个颇具争议的问题，可是人们在历史中慢慢地基本认同了"法益"

应当具有注释运用功能、系统分类功能、系统界定功能以及刑事政策功能。

一是公共安全说。该说认为环境犯罪侵犯的是不特定多数人的生命健康、重大公私财产的安全。它危害公共安全，是通过侵害法律所保护的环境要素来实现的。这类观点明显体现出传统刑法法益保护观念的人本主义思想。作为特定时代的产物及受一定历史条件的制约，现在持此看法的学者已经很少。

二是复杂客体说。该说认为环境犯罪侵犯的客体是双重或多元化的复杂客体，不是单一的内容，它包含直接客体、间接客体等，因环境犯罪行为产生的犯罪结果是体现在实体权益的损害上或违反制度性方面。故其侵害的客体复合化。

三是环境权说。该学说认为环境权即为环境犯罪的客体。环境权这个概念现下并未形成统一的概念。环境权是指人类有权在一种能够过尊严和福利的生活环境中，享有自由、平等和充足的生活条件的基本权利且负有保护、改善这一代和将来代际的环境的责任。这是世界上第一个环境保护国际性文件，出自 1972 年的《人类环境宣言》。

四是秩序说。该说认为环境刑法的首要目的是维护国家环境行政管理秩序。环境犯罪成立的前提条件是行为违反国家环境保护法律规范。环境行政管理秩序是环境刑法法益的核心。那么，环境刑法保护的客体，主要为环境行政管理秩序而且还附带保护一定范围内的个体人身、财产性质的环境利益。

一、生态环境犯罪侵犯的法益是生态安全

一般来说，法益是作为人们的生活利益而成为保护对象的。无论是在解释论上还是在立法论上，法益概念都起着指导作用。刑法分则条文的规定，都有其特定的法益保护目的。"国家只不过是为了国民而存在的机构，是为了增进国民的福利才存在的。"换言之，政府存在的目的就是保护国民的法益。

刑法生态环境犯罪的保护法益究竟是什么，这是生态环境犯罪认定的根本性问题，涉及生态环境犯罪的认定标准与处罚范围。关于生态环境犯罪的保护法益，国内外刑法理论主要存在以下观点。

一是纯粹人类中心的法益论。纯粹人类中心的法益论认为：生态环境只是因为给人类提供了基本的生活基础，才受到刑法保护，否则人类没有必要保护生态环境，所以，只能以人类为中心来理解生态犯罪的保护法益。环境资源自身不是保护法益，只是行为对象；生态刑法的目的与作用在于保护人的生命、身体、健康法益免受被破坏的环境资源的危害，所以，只有人的生命、身体、健康才是生态环境犯罪的保护法益。

二是纯粹生态学的法益论。纯粹生态学的法益论（生态中心主义的法益论）

认为：生态环境犯罪的保护法益就是生态学的环境资源本身（水、土壤、空气）以及其他环境资源利益（动物、植物）。惩罚生态犯罪的目的，并非仅在于恢复环境资源保全方面被违反的行政规制，还在于使人们对环境资源保全的伦理感有所觉醒并加以维持。环境刑法的保护法益是生态系统本身，环境资源犯罪是侵犯这一意义上的法益的抽象的危险犯。

三是生态学的人类中心的法益论。生态学的人类中心的法益论认为：水、空气、土壤、植物、动物作为独立的生态学的法益应当得到认可，但是，只有当环境资源作为人的基本的生活基础而发挥机能时，才值得刑法保护。换言之，只有存在与现代人以及未来人的环境资源条件的保全相关的利益时，环境资源才成为独立的保护法益。

《刑法修正案（八）》将重大环境污染事故罪修改为污染环境罪。重大环境污染事故罪以"造成重大环境污染事故，致使公私财产遭受重大损失或者人身伤亡的严重后果"为成立要件，污染环境罪则以"严重污染环境"为成立要件。《关于办理环境污染刑事案件适用法律若干问题的解释》（法释〔2016〕29 号）第 1 条将"造成生态环境严重损害的"规定为入罪条件，即无论是否对人类法益造成侵害，只要严重侵害了环境法益中的自然法益，就要按照污染环境罪追究刑事责任。刑事立法与司法解释将保护的法益由体现为"公私财产遭受重大损失或者人身伤亡的"人类法益扩大到体现为"严重污染环境"的生态环境法益。

环境资源犯罪中的污染环境罪，将严重侵害自然法益的行为规定为犯罪，而不必等待已经出现了对人类法益的明显侵害，属于环境法益刑事保护的纵向前移。刑法保护的法益由体现为"公私财产遭受重大损失或者人身伤亡"的人类法益扩大到体现为"严重污染环境"的环境法益，而"严重污染环境"实质上是行为通过侵害环境法益中的自然法益进而侵害或者威胁到人类法益。因此，就对人类法益的保护而言，我国刑事立法将惩治对人类法益产生实际侵害后果的行为转向惩治对人类法益产生侵害危险的行为，此种由惩罚实害转向预防风险的立法追求体现了生态环境法益刑事保护的提前化，也体现对生态安全的侧重。

在生态保护的宪法渊源引导下，我国出台了一系列与生态安全有关的法律。这些法律因其行政法属性，只能调整一般的人与人以及人与自然的关系，对于社会危害性达到犯罪程度的破坏生态安全的行为却无能为力。只有作为保障法的刑法才能为生态安全提供更强有力的保护，这是刑法本体使命的应有内涵。

（一）生态安全应当纳入刑法规范

首先，依照传统观点犯罪的本质特征是具有严重的社会危害性。立法者总是将那些社会危害性严重到足以破坏社会生存条件的行为规定为犯罪。由于破坏生态安全的行为直接威胁到人类的生存与发展，且有危害范围广泛、危害周期长、不易恢复等特点，有的还有潜藏性，潜在危害难以估量，社会危害严重，将其纳入刑法规范，规定生态环境犯罪符合犯罪的本质特征。其次，站在法益的视角，法益是指根据宪法的基本原则，由法所保护的、可能受到威胁的人的生活利益。其中，由刑法所保护的人的生活利益则是刑法上的法益。生态保护的宪法渊源为生态安全成为刑法法益奠定了基础。最后，从绝对义务立场看，生态安全直接关系人类的生存与发展。对于人类而言，生态安全是最重要的安全，没有了生态安全，人类本身便失去了"依托"，社会秩序与社会利益也就失去了根基。因此，保护生态环境也就是对人本身的保护，也就是对社会秩序与社会利益的保护，它应该是每个人的绝对义务。刑罚惩罚的严厉性与强制性，决定了人的绝对义务应当由刑法予以强加。正如庞德所指出："由于法律是按社会秩序的要求控制不同的利益，法律的唯一偏向是向着社会秩序、社会利益，而刑法几乎专门用于执行那些为了直接保障社会利益而强加的绝对义务。"

（二）刑法能够为生态安全提供更强有力的保障

刑法既有公法特征又有强行法特征。在公法中，国家与个人处于法律上的从属地位，是一种以权力为基础的服从关系。刑法作为一种公法，以国家为后盾，更具有强制性，只要行为人触犯刑律构成犯罪，即处于被司法机关追究刑事责任的法律地位。强行法是与任意法相对应的法律概念，强行法不允许法律关系的参加者自己确定相互权利与义务的具体内容，是必须绝对执行的法律规范。在法学理论上，一般认为刑法主要是强行法，只有告诉才处理的情况下才具有任意法的性质。刑法由于具有这种强行法的特征，国家强制力尤为突出。据此，如果刑法规定了生态犯罪，那么只要行为人实施了严重破坏生态安全的行为，便处于被司法机关追究刑事责任的地位，并且以国家"面孔"予以追究，行为人对刑事责任的承担是强行的，只要没有"例外"都适用刑罚。与刑法相比，其他法律便逊色一筹，因为非刑法规范对危害生态安全的行为即使追究责任也肯定不是刑事责任，而且未必以国家为主体，也未必是强行的。所以，刑法的惩罚性比其他法律更严厉，刑法的威慑力比其他法律更强大。其次，刑法具有规范机能与社会机能。在规范机能中最重要的便是刑法的评价机能，它表现为对触犯刑律构成犯罪的行为的一种否定的法律评价。它为公民设定了一种行为规范，即在刑法总则中，规定构成犯罪适用刑罚的总规格与标准，在刑法分则中，具体规定有哪些犯罪，行为符合具体犯罪的条件及可能适用的刑罚种类及幅度。刑法作为国家为广大公民设定的行为模式，它在清楚明白地告诉人们什么样的行为，以及行为达到何种程度便是犯罪的同时，还表明了刑法的价值导向——告诫人们远离犯罪，否则可能遭受刑罚之苦。这种行为模式对绝大多数守法者会直接产生效用，极少数不稳定分子即使有犯罪的念头，在刑罚的强大威慑之下，往往出于趋利避害的本性也会间接放弃犯罪。由此，在刑法中设定生态环境犯罪，将会引导更多的守法者不去危害生态安全，威慑不稳定分子放弃危害生态安全的念头与行为。刑法的评价机能、引导作用和强大的威慑力是其他法律无可比拟的，使其成为保护生态安全的最后一道防线。

二、生态安全的含义

生态安全概念的提出经历了一个发展过程，人们首先注意到环境与安全的关系，提出了环境安全的概念，1977 年美国《建设一个持续发展的社会》一书最早在理论上将环境引入安全概念，提出了国家安全的新内涵。1987 年世界环境与发展委员会发表的报告《我们共同的未来》正式使用了"环境安全"这一用词，阐明安全的定义除了对国家主权的政治和军事威胁外，环境问题已成为具有战略意义的问题之一。广义的生态安全指在人的生活、健康、安乐、基本权利、生活保障来源、必要资源、社会秩序和人类适应环境变化的能力等方面不受威胁的状态，包括自然生态安全、经济生态安全和社会生态安全，组成一个复合人工生态安全系统。

一般来说，涉及的生态安全，是指自然和半自然生态系统的安全，即生态系统完整性和健康的整体水平反映。健康系统是稳定的和可持续的，在时间上能够维持它的组织结构和自治，以及保持对胁迫的恢复力。若将生态安全与保障程度相联系，生态安全可以理解为人类在生产、生活和健康等方面不受生态破坏与环境污染等影响的保障程度，包括饮用水与食物安全、空气质量与绿色环境等基本要素。

（一）国土资源安全问题

水土流失严重、土地荒漠化加剧、耕地资源减少、能源供给不足等问题正威胁着中国国土资源安全。20 世纪 70 年代以来，土地沙化面积每年以 2460 平方千米的速度扩展，水土流失面积约占国土面积的 38.2%，每年流失沃土 100 多亿吨，在一些生态安全受到严重破坏的地区，群众生存条件不断恶化，土地荒漠化、水资源的极度缺乏，使一些乡村、城镇不得不多次搬迁，国家不得不断拿出巨额资金来救济。

（二）水资源安全问题

洪涝灾害、水资源短缺、低效率使用等问题正对水资源安全造成威胁。水资源不足已经成为中国北方地区社会经济发展的重要制约因素之一，全国缺水城市达 300 多个，日缺水量 1000 万吨以上，使工业生产和居民生活受到很大影响。仅 20 世纪以来，长江流域大小洪水数十起，所造成的直接经济损失之大触目惊心。同时，水污染也非常突出，全国七大水系近一半的监测河段污染严重，86% 的城市河段水质超标，一半以上的河段完全丧失使用价值，沿岸不少工厂被迫停产，一些地区农作物绝收。

（三）大气污染问题

中国大气污染十分严重，全国城市大气总悬浮微粒浓度年日均值为 320 微克/平方米，污染严重的城市超过 800 微克/立方米，高出世界卫生组织标准近 10 倍，参加全球大气监测的北京、沈阳、西安、上海、广州五座城市，都排在全球监测的 50 多座城市里污染最严重的 10 名之中。

（四）生物物种减少

据估计，世界上有 10%～15% 的植物处于濒危状态，但在中国，濒危植物种比例估计高达 15%～20%，濒危物种达 4000～5000 种。此外，还有相当数量的植物种已经灭绝，初步统计，列入濒危植物名录中的植物已有 5% 左右在近数十年内濒临灭绝。

（五）病毒传播

野生动物由于食物和生存环境的影响，基本上都携带大量病原体。而人类、家禽家畜和它们是生活在完全不同的环境中，已经不再对这些病原体有抵抗力。纵观近代大规模的流行病，大部分都与野生动物相关。即使是现在人工饲养的野生动物，也因为这些野生动物远没有达到与人类共同生存的程度，对病原体的适应和反应与人类完全不同，因此它们仍然很大程度上会给人类带来疫病。非法野生动物交易、滥食野生动物不仅危害野生动物种群安全和国家生态安全，而且对公共卫生安全和人民群众身体健康构成重大隐患。

（六）森林破坏

1992 年第三次联合国环境与发展会议召开以来，全球森林资源破坏严重，

100 年来，全世界的原始森林有 80% 遭到毁坏。目前，还以每年 2600 万公顷的速度消失，如果这样继续下去，人类可能会在 50 年内失去天然森林。一项历时 40 年的科学研究表明，地球上曾经发生过 5 次物种大灭绝。近年来，由于人类对自然资源的破坏，地球物种的消失速度在不断加快，几乎达到了与前 5 次地球物种大灭绝相当的程度。

中国资源匮乏，其中以森林资源最为紧缺。在中华人民共和国成立初期拥有 112 亿立方米，几十年来因为人口膨胀、毁林造田而砍伐了 100 亿立方米，剩余的 12 亿立方米仅够维持 6 年。我国人口约 14 亿，约占世界总量的 22%，而森林面积仅占世界的 4.6%，并且由于乱砍滥伐，我国森林覆盖面积锐减。

生态安全，即生态系统是否处于不受或少受破坏和威胁的状态。一般包括两层含义：一是指作为生态系统的自身和整体是否安全，即其自身结构是否受到毁损，机体功能是否健全；二是指生态系统对于人类生存、生活是否安全，即生态系统是否能够满足人类生存发展的需要。当面临生态危机的严重威胁，必须认真应对生态危机，保障生态安全，努力实现和谐生态。生态危机的出现，一方面是自然生态系统本身的脆弱和演变导致的；另一方面是危害生态安全行为造成的，由于人类活动对生态系统施加影响、对科技的不当利用、对经济增长的过分追求、对自然资源的过度掠夺，造成严重的环境污染，威胁到生态系统的安全，影响到人的生存和发展。当前，危害生态安全行为主要是危害环境与资源的违法犯罪行为，具体表现为实施危害大气环境的违法犯罪行为、危害水环境的违法犯罪行为、危害土壤环境（森林环境）的违法犯罪行为、危害赖以生存的生物圈的违法犯罪行为等。

三、国家对生态安全法益的具体规定

生态安全法益涉及环境、资源等诸多方面，内容复杂。如我们在办理涉林刑事案件中，会经常遇到这样一些"复杂"情形：既盗伐、滥伐国家级自然保护区内林木，又盗伐、滥伐其他地方林木；既非法占用并毁坏防护林地、特种用途林地，又非法占用并毁坏其他林地；既非法猎捕珍贵、濒危野生动物，又非法狩猎"三有"野生动物；既非法采伐、采集国家一级保护野生植物，又非法采伐、采集国家二级保护野生植物；失火造成森林火灾，过火的既有有林地，又有疏林地、灌木林地、未成林地、苗圃地等。

（一）《中华人民共和国环境保护法》（以下简称《环境保护法》）有关规定

该法第一条规定："为保护和改善环境，防治污染和其他公害，保障公众健

康，推进生态文明建设，促进经济社会可持续发展，制定本法。"第二条规定："本法所称环境，是指影响人类生存和发展的各种天然的和经过人工改造的自然因素的总体，包括大气、水、海洋、土地、矿藏、森林、草原、湿地、野生生物、自然遗迹、人文遗迹、自然保护区、风景名胜区、城市和乡村等。"可见，环境保护的法益是复杂客体，既有国家的环境保护制度，还有公共安全、公私财产权与公民的健康和生命安全。另外，广义的《环境保护法》的范围还包括《中华人民共和国水污染防治法》《中华人民共和国大气污染防治法》《中华人民共和国噪声污染防治法》等。

（二）《中华人民共和国森林法》（以下简称《森林法》）有关规定

该法第八十三条将森林分为以下五类：防护林、特种用途林、用材林、经济林和能源林。在此基础上，规定了不同的林木与林地流转制度、林木采伐许可制度、征占用林地制度等。如该法第十五条第一款、第三款，第三十一条，《中华人民共和国森林法实施条例》第十六条第（二）项规定等。在2019年《中华人民共和国森林法》修订过程中，森林分类经营管理成为一项重要原则和制度。

（三）《中华人民共和国野生动物保护法》（以下简称《野生动物保护法》）有关规定

该法第十条规定："国家对野生动物实行分类分级保护。国家对珍贵、濒危的野生动物实行重点保护。国家重点保护的野生动物分为一级保护野生动物和二级保护野生动物。"此外，还有地方重点保护野生动物和有重要生态、科学、社会价值的陆生野生动物，其中后两类在野生动物种类上有交叉。在此基础上，规定了不同的猎捕（狩猎）制度与经营利用制度等。如该法第二十一条、第二十二条、第二十七条规定等。除野生动物外，该法对野生动物栖息地也分别规定了分类分级保护制度。如该法第十二条、第二十条规定等。

（四）《中华人民共和国矿产资源法》（以下简称《矿产资源法》）有关规定

该法第一条规定："为了发展矿业，加强矿产资源的勘查、开发利用和保护工作，保障社会主义现代化建设的当前和长远的需要，根据《中华人民共和国宪法》，特制定本法。"第三条规定："矿产资源属于国家所有，由国务院行使国家对矿产资源的所有权。地表或者地下的矿产资源的国家所有权，不因其所依附的土地的所有权或者使用权的不同而改变。"可见，《矿产资源法》保护的法益是国家对矿产的所有权和采矿权。

（五）《中华人民共和国野生植物保护条例》（以下简称《野生植物保护条例》）有关规定

该条例第十条将野生植物分为国家重点保护野生植物和地方重点保护野生植物，又将国家重点保护野生植物分为国家一级保护野生植物和国家二级保护野生植物。在此基础上，规定了不同的采集制度与经营利用制度等。如条例第十六条、第十八条规定等。

（六）《中华人民共和国自然保护区管理条例》（以下简称《自然保护区管理条例》）有关规定

该条例第二条对自然保护区进行了定义，强调了其代表性、珍稀濒危性和特殊性，以示与其他地域相区别。该条例第十一条第一款规定："自然保护区分为国家级自然保护区和地方级自然保护区。"第十八条第一款规定："自然保护区可以分为核心区、缓冲区和实验区。"然后，在该条其他条款和第三十二条规定中，确定了分级管理制度。

（七）刑法有关规定

1. 环境法益

《中华人民共和国刑法》第三百三十八条规定："违反国家规定，排放、倾倒或者处置有放射性的废物、含传染病病原体的废物、有毒物质或者其他有害物质，严重污染环境的，处三年以下有期徒刑或者拘役，并处或者单处罚金；后果特别严重的，处三年以上七年以下有期徒刑，并处罚金。"

《中华人民共和国刑法》第三百三十九条规定："违反国家规定，将境外的固体废物进境倾倒、堆放、处置的，处五年以下有期徒刑或者拘役，并处罚金；造成重大环境污染事故，致使公私财产遭受重大损失或者严重危害人体健康的，处五年以上十年以下有期徒刑，并处罚金；后果特别严重的，处十年以上有期徒刑，并处罚金。未经国务院有关主管部门许可，擅自进口固体废物用作原料，造成重大环境污染事故，致使公私财产遭受重大损失或者严重危害人体健康的，处五年以下有期徒刑或者拘役，并处罚金；后果特别严重的，处五年以上十年以下有期徒刑，并处罚金。以原料利用为名，进口不能用作原料的固体废物、液态废物和气态废物的，依照本法第一百五十二条第二款、第三款的规定定罪处罚。"

2. 自然资源法益

《中华人民共和国刑法》第三百四十一条第一款分别规定了非法猎捕、杀害珍贵、濒危野生动物罪、非法收购、运输、出售珍贵、濒危野生动物及其制品罪，第二款规定了非法狩猎罪。第一款规定的刑罚要远重于第二款规定的刑罚，显示了不同等级野生动物保护的层级性。

《中华人民共和国刑法》第三百四十五条第四款规定："盗伐、滥伐国家级自然保护区内的森林或者其他林木的，从重处罚。"

《中华人民共和国刑法》第三百四十二条规定："违反土地管理法规，非法占用耕地、林地等农用地，改变被占用土地用途，数量较大，造成耕地、林地等农用地大量毁坏的，处五年以下有期徒刑或者拘役，并处或者单处罚金。"

《中华人民共和国刑法》第三百四十三条规定："违反矿产资源法的规定，未取得采矿许可证擅自采矿，擅自进入国家规划矿区、对国民经济具有重要价值的矿区和他人矿区范围采矿，或者擅自开采国家规定实行保护性开采的特定矿种，情节严重的，处三年以下有期徒刑、拘役或者管制，并处或者单处罚金；情节特别严重的，处三年以上七年以下有期徒刑，并处罚金。违反矿产资源法的规定，采取破坏性的开采方法开采矿产资源，造成矿产资源严重破坏的，处五年以下有期徒刑或者拘役，并处罚金。"

（八）最高人民法院、最高人民检察院《关于办理破坏野生动物资源刑事案件适用法律若干问题的解释》（法释〔2022〕12号）有关规定

该解释第三条规定："在内陆水域，违反保护水产资源法规，在禁渔区、禁渔期或者使用禁用的工具、方法捕捞水产品，具有下列情形之一的，应当认定为刑法第三百四十条规定的'情节严重'，以非法捕捞水产品罪定罪处罚：（一）非法捕捞水产品五百公斤以上或者价值一万元以上的；（二）非法捕捞有重要经济价值的水生动物苗种、怀卵亲体或者在水产种质资源保护区内捕捞水产品五十公斤以上或者价值一千元以上的；（三）在禁渔区使用电鱼、毒鱼、炸鱼等严重破坏渔业资源的禁用方法或者禁用工具捕捞的；（四）在禁渔期使用电鱼、毒鱼、炸鱼等严重破坏渔业资源的禁用方法或者禁用工具捕捞的；（五）其他情节严重的情形。"

该解释第六条规定："非法猎捕、杀害国家重点保护的珍贵、濒危野生动物，或者非法收购、运输、出售国家重点保护的珍贵、濒危野生动物及其制品，价值二万元以上不满二十万元的，应当依照刑法第三百四十一条第一款的规定，以危害珍贵、濒危野生动物罪处五年以下有期徒刑或者拘役，并处罚金；价值二十万元以上不满二百万元的，应当认定为'情节严重'，处五年以上十年以下有期徒刑，并处罚金；价值二百万元以上的，应当认定为'情节特别严重'，处十年以上有期徒刑，并处罚金或者没收财产。"

该解释第七条规定："违反狩猎法规，在禁猎区、禁猎期或者使用禁用的工具、方法进行狩猎，破坏野生动物资源，具有下列情形之一的，应当认定为刑法第三百四十一条第二款规定的'情节严重'，以非法狩猎罪定罪处罚：（一）非法猎捕野生动物价值一万元以上的；（二）在禁猎区使用禁用的工具或者方法狩猎的；（三）在禁猎期使用禁用的工具或者方法狩猎的；（四）其他情节严重的情形。"

（九）最高人民法院《关于审理破坏林地资源刑事案件具体应用法律若干问题的解释》（法释〔2005〕15号）有关规定

该解释第一条规定，具有下列情形之一的，属于《中华人民共和国刑法修正案（二）》规定的"数量较大，造成林地大量毁坏"：（一）非法占用并毁坏防护林地、特种用途林地数量分别或者合计达到五亩[8]以上；（二）非法占用并毁坏其他林地数量达到十亩以上；（三）非法占用并毁坏本条第（一）项、第（二）项规定的林地，数量分别达到相应规定的数量标准的百分之五十以上；（四）非法占用并毁坏本条第（一）项、第（二）项规定的林地，其中一项数量达到相应规定的数量标准的百分之五十以上，且两项数量合计达到该项规定的数量标准。

（十）最高人民检察院、公安部《关于公安机关管辖的刑事案件立案追诉标准的规定（一）》有关规定

该规定第一条第一款规定，过失引起火灾，涉嫌下列情形之一的，应予立案追诉，其中第（四）项为造成森林火灾，过火有林地面积二公顷以上，或者过火疏林地、灌木林地、未成林地、苗圃地面积四公顷以上的。

四、生态安全法益的具体分析

（一）判断基准

从法律规定来看，生态安全保护和管理的判断基准主要是生态价值，是以"生态优先、保护优先"为价值导向而构建起来的理论体系。这在相关法律、行政法规的立法目的中可见一斑。

《森林法》第一条规定："为了践行绿水青山就是金山银山理念，保护、培育和合理利用森林资源，加快国土绿化，保障森林生态安全，建设生态文明，实

---

[8] 1亩=1/15公顷，以下同。

现人与自然和谐共生，制定本法。"《野生植物保护条例》第一条规定："为了保护、发展和合理利用野生植物资源，保护生物多样性，维护生态平衡，制定本条例。"《野生动物保护法》第一条规定："为了保护野生动物，拯救珍贵、濒危野生动物，维护生物多样性和生态平衡，推进生态文明建设，制定本法。"《自然保护区管理条例》第一条规定："为了加强自然保护区的建设和管理，保护自然环境和自然资源，制定本条例。"这里面无论是保护野生动植物、森林资源，还是维护生态平衡，其含义都在生态安全法益的涵摄范围之内。

（二）层级保护

鉴于生态系统的复杂性，结合保护客体的特点，兼顾所能采取的保护措施，保护制度的差异性必然存在。

《森林法》明确规定森林，包括乔木林、竹林和国家特别规定的灌木林，按照用途可以分为防护林、特种用途林、用材林、经济林和能源林。在保护和管理上对防护林、特种用途林、用材林、经济林和能源林等林木采取不同管理制度。《野生植物保护条例》将国家保护植物分为一级保护野生植物、国家二级保护野生植物。《野生动物保护法》明确本法规定保护的野生动物，是指珍贵、濒危的陆生、水生野生动物和有重要生态、科学、社会价值的陆生野生动物，并规定国家对野生动物实行分类分级保护，对珍贵、濒危的野生动物实行国家重点保护，将国家重点保护的野生动物分为一级保护野生动物和二级保护野生动物，凸显了珍贵、濒危野生动物与"三有"野生动物在生态重要性上的差异性。另外，本法还进一步规定了猎捕国家重点保护野生动物与狩猎"三有"野生动物的不同条件，从其行政许可的严格程度可以说明保护力度的差异化，而且这种差异化是一种层级关系。可见，"三有"野生动物、二级保护野生动物、一级保护野生动物保护价值的递进性得以充分体现。此外，该法还对野生动物重要栖息地、相关自然保护区域、禁猎区、迁徙通道进行差异化制度设计。《自然保护区管理条例》对自然保护区核心区、缓冲区、实验区予以明确划分。

五、刑事制裁是维护生态安全的必然选择

（一）惩治生态环境犯罪以保障人类的生存权与发展权

生存需求和发展需求是人类的根本利益，由于自然环境与人类的生存与发展休戚相关，保持自然环境处于良好的不受破坏的状态是保障人类的生存权与发展权的物质基础，维护人类的生存需求和发展需求是刑法规范应当承担的使命与责

任。我国现行刑法"破坏环境资源保护罪"中规制了 14 个罪名：污染环境罪；非法处置进口的固体废物罪；擅自进口固体废物罪；非法捕捞水产品罪；非法猎捕、杀害珍贵、濒危野生动物罪；非法收购、运输、出售珍贵濒危野生动物、珍贵、濒危野生动物制品罪；非法狩猎罪；非法占用农用地罪；非法采矿罪；破坏性采矿罪；非法采伐、毁坏国家重点保护植物罪；非法收购、运输、加工、出售国家重点保护植物、国家重点保护植物制品罪；盗伐、滥伐林木罪；非法收购、运输盗伐、滥伐的林木罪。上述列入刑法规范调整的罪名从不同的视角涉及对土地、水、野生动物、矿产、植物、森林等生态环境资源的保护，既有污染环境类犯罪，也有生态破坏类犯罪，还有侵害动植物类犯罪；这些犯罪不仅是生态犯罪中频发性犯罪，而且直接或间接地危害到人类的生存需求和发展需求。因此，惩治生态犯罪是保障人类的生存权与发展权的需要。

（二）惩治生态环境犯罪以实现人与自然的和谐发展

人类与自然环境共处一个地球，保持一个良性运行的自然环境是人类的福气，人类必须与自然环境互动意味着人类与自然环境是一个合作伙伴关系，人类对自然环境的开发、利用、分享、管理、保护、维持等应当遵循一种默示的合约关系。人类应当尊重自然、呵护自然，尊重一切非人类生物体，人类负有保护环境的责任与义务。惩治生态犯罪的目的在于：一是保障自然环境处于一种不受威胁或破坏的相对稳定的持续状态，这既有利于人类与自然环境的和谐相处，也有利于人类对自然环境的开发与利用，以满足自身生存与发展的需求。二是人类对自然环境的开发与利用应当有利于保持自然环境的再生能力和环境的自净能力，不因开发与利用而使自然环境受到伤害；要妥善处理与协调人类的社会经济发展与自然环境的相互冲突、相互依存的矛盾关系，人类的社会经济发展不能以牺牲或伤害自然环境为代价，否则得不偿失，自然环境受到破坏或伤害，反过来会影响人类的社会经济发展。

（三）惩治生态环境犯罪以维护生态安全法益

维护生态安全法益涉及人类的生存需求和发展需求的根本利益。刑事责任作为法律责任体系中最严厉的一种责任形式，运用刑罚方法惩治生态犯罪是维护生态安全法益的最后一道保护屏障。由于我国《刑法》对生态犯罪设定的评价标准强调危害后果的严重性，多以结果犯的形式作为追究刑事责任的条件，如《刑法》第三百三十八条规定："违反国家规定，排放、倾倒或者处置有放射性的废物、含传染病病原体的废物、有毒物质或者其他有害物质，严重污染环境的，处三年以下有期徒刑或者拘役，并处或者单处罚金；情节严重的，处三年以上七年以下有期徒刑，并处罚金。"该条对污染环境罪的规定特别强调了行为主体排放、倾倒或者处置有放射性的废物、含传染病病原体的废物、有毒物质或者其他有害物质的行为，必须是严重污染环境的，否则不构成本罪。这里所说的"严重污染环境"是指已经发生了造成人员伤亡或者财产损失的危害后果，或者已使环境受到严重污染或者破坏的情形。为了保障公民的生命健康安全和财产安全，维护经济的可持续发展，依法惩治严重污染环境的行为是维护生态安全法益的必然要求。

第二章

生态环境犯罪的属性

第一节　生态环境犯罪与行政犯

如前所述，犯罪可以分为自然犯（刑事犯）和法定犯（行政犯）。在罗马法时代就出现的自体恶与禁止恶观念，可以说是现代刑法中相对应的自然犯与法定犯抑或刑事犯与行政犯观念的最初萌芽。意大利学派的代表人物加罗法洛是最早正式阐述这对范畴的学者。他认为所谓自然犯是以缺乏人类本来就具有的爱他感情中最本质的怜悯之情和诚实的行为为内容的犯罪，而所谓法定犯则只是由立法所规定的犯罪，所以犯罪应该以自然犯为中心。怜悯之情和诚实具有直接与伦理、道德相联系的性质，他所谓自然犯的背后可以说存在着社会伦理。自然犯、法定犯的概念也逐渐形成，并成为刑法学中一对基本研究范畴，后来又演变成刑事犯与行政犯之分。学说上一般是将自然犯与刑事犯、法定犯与行政犯的观念作相同理解，如日本学者小野清一郎认为，刑法法规在理论上可以分为两种，即固有的刑罚法规与行政刑罚法规。与它们的区别相对应犯罪可以分为刑事犯和行政犯，自然犯与法定犯的区别也几乎完全一致。因而，我们为方便起见，统一使用行政犯与刑事犯这对概念。对于行政犯的界定，主要是从与刑事犯相比较的角度去进行讨论和展开的。概而论之，主要有质的区别说、量的区别说和质量区别说三种观点。

（1）质的区别说。该说认为行政犯与刑事犯存在本质上的区别，两者并非仅是程度上的差别，还有概念上的差别，二者属于不同类属的不法行为。换言之，两者的差别非在"较少对较多"的关系上，而是在"此物对彼物"的关系上，即行政犯与刑事犯之间存在本质的不同，两者无交叉的可能。由于对"质"的理解和理论角度不同，又存在以下几种学说：自体恶与禁止恶、行为实质区别说、具体危险与抽象危险区别说、法益保护与公共福祉促进区别说、侵害规范性质区别说、社会伦理判断说、构成要件区别说。

（2）量的区别说。该说认为行政犯与刑事犯之间并无本质区别，两者之间只有量的差别。该说强调刑法体系的一体性，从根本上否认二者之间存有质的差异，认为行政犯也属犯罪的一种，当其与刑事犯同具构成要件该当性、违法性及有责性时，即应受到刑罚的科处，二者之间在质的方面并无不同，若两者存有差异，则必定是在行为、违法性与责任大小轻重程度标准上具有量的差异。该说具体又表现为严重事犯与轻微事犯差别说、违法性本质逐渐减弱说及危险性与非难性程度差异说三种不同观点。

（3）质量区别说。该说认为刑事犯与行政犯两者不但在行为的量上，而且在行为的质上均有所不同。刑事犯在质上显然具有较深度的伦理非价内容与社会伦理的非难性，而且在量上具有较高度的损害性与社会危险性；相对地，行政犯在质上仅具有较低的伦理可责性，或者不具有社会伦理的非价内容，而且它在量上并不具有重大的损害性与社会危险性。

不管是日本、德国还是我国，大部分学者都承认环境犯罪的行政犯罪属性。例如，在行政犯、自然犯理论研究比较深入的日本，学者们均认为环境犯罪具有行政从属性，属于典型的行政犯。日本学者藤木英雄就将公害犯罪定性为行政犯。德国学者海涅认为，环境刑法的行政从属性已在刑罚构成要件之问题上占有中心地位，如市民是否应具备或应具备何种行政法规知识，而该知识足以将刑罚规范具体化。但并非其理自明，因不少刑法仅概括将免于环境破坏之保护委示于行政法规。我国学者绝大部分也认定环境犯罪属于行政犯。如环境犯是一种新型的行政犯，它是指违反环境资源管理保护法规，造成环境污染和破坏环境资源的行为。环境犯罪是行政犯，即违反特定的环境保护行政法规作为犯罪构成的前提条件。

事实上，处罚破坏生态环境及其自然资源的行为，多数属于违反行政规范，其中，对于和保护规范抵触的行为大部分科以行政处罚，只有少数采取刑事制裁的方式。生态环境犯罪是否构成，全部或者部分取决于是否符合行政法上的要求，它的构成通常以违反森林资源行政法上的要求或者行政许可为前提的。具体而言，生态环境犯罪的行政从属性就是指生态环境犯罪的成立通常以违反生态环境行政法规范或基于该规范而发布的行政命令为前提，因此，生态环境行政机关的行政许可或核准往往能够排除严重危害环境行为的犯罪性。生态犯罪行为基本上属于行政犯，其存在与国家的社会制度和生态环境管理政策目的紧密关联，其具体内容、表现形式和构成要件，往往因为社会的发展或者国家对生态环境的管理政策的转换而反映出典型的目的性和明显的变动性，立法上因而经常出现行政违法的有罪化、非罪化或者重罪化、轻罪化的改变。

第二节　生态环境犯罪的行政从属性

生态环境犯罪行为是破坏生态环境行政违法行为的严重程度达到了应受刑罚处罚的程度而转化为行政犯罪的。尽管此种行政违法行为必须具备刑事违法性和刑事惩罚的必要性时才能被称为行政犯罪，但是它毕竟是行政违法向犯罪转化的结果。其存在是以行政违法为前提，因此，生态环境犯罪具有很强的行政从属性。

一、概念上的行政从属性

生态环境犯罪的构成要件中某一构成要件的概念，从属于行政法规范来确定。

鉴于行政法律法规所规定的概念在生态环境刑法概念确定中所起作用的不同，概念上的行政从属性又可分为两类，一是行政法规或行政命令规定的概念是环境刑法中的概念。如台湾《水污染防治法》第二条对"水""地面水体""地下水体""水污染"及"事业"等，均有明文规定，环境刑法的相关法条上如果有相同名词，也应当引用《水污染防治法》上的解释。如我国关于非法捕猎、杀害国家重点保护的珍贵、濒危野生动物犯罪中，"珍贵野生动物""濒危野生动物"等概念须参照国家重点保护的野生动物名录。二是环境刑法中的概念是以行政法中的相关概念为基础的。如我国《刑法》第三百三十九条第一款规定的非法处置进口的固体废物罪，该条规定"非法处置进口固体废物罪是指违反国家规定，将境外的固体废物进境倾倒、堆放、处置的行为"，而何谓固体废物，则需要根据《中华人民共和国固体废物污染环境防治法》（以下简称《固体废物污染环境防治法》）第二条、第七十四条、第七十五条和《废物进口环境保护管理暂行规定》第三十二条的规定来确定，但是仅依照这两个条例似乎还不能确定，依《固体废物污染环境防治法》第七十五条的规定"液态废物和置于容器中的气态废物的污染防治，适用本法"，而将液态废物、气态废物纳入了固体废物的范围之内。而此后《刑法修正案（四）》在将走私固体废物罪修改为走私废物罪时，专门用法律条文将废物的范围进行界定，将液态废物、气态废物与固体废物并列，要么解释为固体废物不包括液态废物、气态废物，要么解释为不同罪名中的固体废物包括的内容不一样。可见，环境刑法中相关概念的确定并不是直接依据行政法规或者行政机关的命令确定的，而是需要依据相关行政法规，结合有关刑法条文的理解后进一步规定出来的。

刑法上生态环境犯罪的用语中，"珍贵、濒危野生动物""国家重点保护植物""滥伐"等必须以森林资源和野生动物资源行政法上的解释为依据。《刑法》第三百三十八条污染环境罪中就涉及土地、水体、大气，有放射性的废物、含传染病病原体的废物，有毒物质等概念；第三百三十九条非法处置进口的固体废物罪中，涉及固体废物的概念；第三百四十条非法捕捞罪涉及禁渔区、禁渔期、禁用的工具方法等概念；第三百四十一条非法猎捕、杀害珍贵、濒危野生动物罪，非法收购、运输、出售珍贵、濒危野生动物及其制品罪中涉及珍贵、濒危野生动物的概念；第三百四十二条非法占用农用罪中涉及林地、耕地草原的概念；第三百四十三条非法采矿罪中涉及国家规划矿区、国家规定实行保护性开采的特定矿种等概念；第三百四十四条盗伐林木罪中涉及森林、林区、国家自然保护区的概念，等等。所有这些概念都需要从一些相关的生态环境行政法律法规中得到解释。

二、空白构成要件的行政从属性

《刑法》中没有具体明确规定生态犯罪的构成要件，必须依赖相关行政法规的规定来补充。在条文上通常表述为"违反某某法规""违反某某管理法规"，其包括行政法律及其法规。第一种形式"违反国家规定"。代表性的法条为《刑法》第三百三十八条规定的污染环境罪、第三百三十九条规定的非法处置进口的固体废物罪、擅自进口固体废物罪。第二种形式"违反……法规"。如我国《刑法》第三百四十条的"违反保护水产资源法规"，第三百四十一条的"违反狩猎法规"，第三百四十二条、第二百二十八条及第四百一十条的"违反土地管理法规"等诸多规定。第三种形式"违反……的规定"。以我国《刑法》第三十四十三条的"违反矿产资源法的规定"，第三百四十四条、第三百四十五条和第四百零七条的"违反森林法的规定"为代表。第四种形式"未经国务院有关主管部门的许可"，以《刑法》第三百三十九条第二款，擅自进口固体废物罪为代表。

除了上述法条中的规定外，还有两个立法解释。关于"违反国家规定"，我国《刑法》总则部分第九十六条明确规定，"本法所称违反国家规定，是指违反全国人民代表大会及其常务委员会制定的法律和决定，国务院制定的行政法规、规定的行政措施、发布的决定和命令"。另外，全国人民代表大会常务委员会

2001年对"违反土地管理法规"也作出了立法解释，即"违反土地管理法、森林法、草原法等法律中以及有关行政法规中关于土地管理的规定"。其他的"法规"或"规定"到目前为止，仍没有明确的立法解释与司法解释。

三、阻却违法的行政从属性

阻却违法之行政从属性是指在行政许可和行政义务上而阻却行政犯罪构成要件。

具体而言，具备行政许可和不违背行政法上的义务而排除行为的犯罪性，可能是阻却构成要件也可能是阻却违法。究竟什么情况下阻却构成要件，什么情况下阻却违法，德国刑法学界的通说认为应当个别认定，但原则上若犯罪构成要件的实现以欠缺特定的行政许可，或违背特定的行政规定为前提时，特定的行政许可或行政法规定的义务即成为阻却构成要件要素。若犯罪构成要件以"无权"的行为为前提，则"无权"属于违法性的要素，也有认为无权的要素具有双重性格，可能为违法性要素，也可能为构成要件要素。

此外，还有学者认为"应视行政许可和行政法上的义务，是预防的禁止规范还是抑制的禁止规范而定，具有预防性质的，是阻却构成要件要素具有抑制性的，是阻却违法事由。预防性规范指有事先监督功能的规定，如"无排放许可，且排放废水所含有害物质超过标准的……"中的"排放许可"和"排放标准"属预防规定。抑制性规范指具备事后审核功能的规定，如"排放有害人体健康的废污水的……不服从行政机关的部分或全部停工命令……"中的行政机关的命令，属于抑制性规范。

我国刑法理论一般认为，这类行为是法律本身所允许的行为，因为不具有社会危害性而排除其犯罪性质理所当然，因此不存在区分的问题，这也是由我国犯罪论体系与大陆法系国家犯罪构成体系不同导致的。如我国《刑法》第三百三十九条第二款："未经国务院有关主管部门许可，擅自进口固体废物用作原料，造成重大环境污染事故，致使公私财产遭受重大损失或者严重危害人体健康的，处五年以下有期徒刑或者拘役，并处罚金；后果特别严重的，处五年以上十年以下有期徒刑，并处罚金。"第三百四十三条："违反矿产资源法的规定，未取得采矿许可证擅自采矿的，擅自进入国家规划矿区、对国民经济具有重要价值的矿区和他人矿区范围采矿的，擅自开采国家规定实行保护性开采的特定矿种，经责令停止开采后拒不停止开采，造成矿产资源破坏的，处三年以下有期徒刑、拘役或者管制，并处或者单处罚金；造成矿产资源严重破坏的，处三年以上七年以下有期徒刑，并处罚金。"等等。可见，在这两个法条中，如果取得了相关的许可，则其本身就是法律所允许的，因而是合法行为。

当然，"违反国家规定""违反……法规""违反……的规定"这些只是生态环境刑法行政从属性的一个提示性标志。一般来说，生态环境刑法的行政从属性是以这个标志加以标识的，但是这并不意味着没有这个标识的刑法条文就不具有行政从属性。事实上还有一些环境犯罪并没有类似的提示性标志。

质言之，如果犯罪构成要件的成立以欠缺特定的行政许可，或以违背特定的行政规定为前提，行政许可的获得或者行政义务的履行则被称为阻却构成要件的要素，如滥伐林木罪中林木采伐许可证的审批核准，以及失火罪中野生用火的行政许可和核准。

第三节　生态环境犯罪的行政从属性对刑事立法的影响

通过生态环境刑事立法，突出以刑罚手段惩治危害生态环境行为的立法趋向。各国大规模的环境立法具有相同的立法背景，都是在 20 世纪 60 年代末 70 年代初进行的。各国的经济发展水平、政治制度模式、科技实力状况以及历史文化传统等方面的差异，导致各国的立法习惯、立法技术等有诸多不同。根据惩治破坏生态犯罪的立法方式的不同，可将立法模式分为三种形式。

第一种形式，由刑法典加以规定，这几乎是世界上绝大多数国家都已经采用的立法方式，即在刑法典中以专章或专节的形式，或者至少设置几个条款对破坏森林资源犯罪及其刑罚做出专门的规定。这样立法的优点是整体性强，直观明了，缺点是难以适应形势发展对规制行政犯的需要，要么使刑法典朝令夕改从而影响其稳定性和权威性，要么使刑法落后于时代的发展而丧失其应有的功能。如我国刑法分则第六章妨害社会管理秩序罪第六节破坏环境资源保护罪；其他国家如 1998 年《德国刑法典》第二十九章规定的污染环境犯罪；《芬兰刑法典》第四十八章环境犯罪；1996 年《俄罗斯刑法典》第二十六章生态犯罪等。

德国典型的采用以专章专节形式规定环境犯罪的立法模式。德国环境刑事立法的确立经历了一个从行政制裁到环境刑法法典化的阶段。在修订刑法时期，德国刑事政策上一项基本的决定是将环境刑法从环境行政法的附属范围内剔出，并将其放入主刑法内。但是就法律技术而言，环境刑法必然存在着行政从属性。因为将环境刑法从环境行政法的附属范围内抽出时，环境刑法里的环境犯罪构成要件依然明示的或默示的会牵涉到一些特别行政法，原则上对于这些法律的基本决定或使法规具体化的个别判决都得加以考虑，而且同时必须尽量确保法律秩序的无矛盾。因此，虽然最终在 1998 年《德国刑法典》中，第二十九章以专章的形式规定了污染环境犯罪，但是伴随之产生的环境刑法的行政从属性也就无法避免了。

第二种形式，行政法律中附属刑法规范通过依附性散在型模式来规定生态犯罪，在相关的行政法律中规定对破坏森林资源行为追究刑事责任。

大陆法系国家的附属环境刑法模式以法国为代表。法国是大陆法系国家附属环境刑事立法的先例。除了法国以外，附属环境刑法模式在日本的影响也比较大。如日本《森林法》第一百九十七条和一百九十八条规定了盗窃森林罪。这种立法模式的优点在于能够根据不同行政犯的特点将其规定在相应的行政法规中，针对性强，且比较灵活，可以根据保护森林资源的需要，在制定行政法规时对行政犯作出规定，避免了对刑法典的频繁修改。其缺点是比较分散、系统性较差，不利于社会公众及时全面地学习与掌握。

第三种形式，普通法系国家普遍实行的判例制度。英美法系国家主要以判例法和环境行政法中的环境刑事法规来惩治破坏生态环境犯罪，英国判例法作用较大，美国成文法作用较大。

附属环境刑法模式最初是以英美法系国家为代表的。附属环境刑法模式最先在英美法系国家产生是有一定原因的。英美法系国家多采用判例形式，缺少制定成文法的传统，因此在这些国家的刑法体系中没有明确地对环境犯罪进行规定，更没有独立的环境刑事立法。所以，不可能像大陆法系国家那样通过修订刑法典增加环境犯罪的内容，或者制订单独的环境犯罪惩治法。因此，英美法系国家的环境刑法只能以附属刑法为主，把大量的处罚环境犯罪的刑事罚则附属在环境行政法条文之中，在具体适用上以普通刑法及特别的原理为辅助。

结合目前的司法实践，可以说这样的破坏生态环境刑事立法对生态犯罪行为者可以起到一定的威慑作用，而且确实有一些单位和个人受到刑事制裁。但是，就总体而言，《刑法》中关于破坏生态环境犯罪的规定还没有充分发挥其应有的作用。大多数案件都由生态环境行政部门以罚（行政罚款）代刑（刑事制裁）的方式解决。这与我国破坏生态环境犯罪的刑法体系在设置之初就具有的行政从属性密不可分。如何完善生态环境刑法中必要的行政从属性，防止过多的行政从属性，以便于生态环境刑法有效地发挥刑罚功能，这是对我国目前生态环境犯罪刑法体系设置的重要挑战。

第四节　生态环境犯罪具有行政犯和自然犯的双重属性

目前，关于破坏生态环境犯罪是行政犯还是行政犯自然犯兼具，还存在争议。

我们认为，生态环境犯罪违反了国家相关的生态环境保护方面的法律法规，影响了国家对生态环境保护的法益，对于破坏生态环境的犯罪认定，必须依附于相关的行政法规，这一特征明显地说明破坏生态环境是典型的行政犯。但是自然犯与行政犯之间并不是绝对排斥的关系，"行政犯与行政罚则是否被制定，就在于要努力产生出合乎自己的新的道德感情，随着这种感情的成长就经常会转化为刑事犯[9]。"自然犯是基于违反社会伦理道德的属性来认定的，但伦理道德也不是一成不变的，从历史的角度来考察，它会随着社会的发展而发展。一定时期的行政犯随着社会的发展可能变成自然犯，当然也可能出现一定时期的自然犯非罪化的情形。实际上，随着社会的发展，传统的自然犯与行政犯根本对立的关系已经发生变化，行政犯的自然化现象呈增多趋势，当然主要是由于道德情感的认同接受和价值取向的认同。

正如行政犯与自然犯基本理论所述，随着社会历史的发展，行政犯与自然犯是会相互转化的。作为违反基本性生活秩序的刑事犯与作为违反派生性生活秩序的行政犯之间的对立不是绝对的、固有的，而是相对的、流动的。道德标准的变化，必然会导致环境犯罪的重新定位。在某种意义上我们也可以说，没有正当理由的破坏环境和污染环境的行为是不道德的，是一种本身即具有罪恶性的犯伤害了人们怜悯心等情感，而且是对他人利益的漠视与侵犯，因此我们可以说环境犯罪正逐渐向着自然犯的方向演化。德国刑法学者叶瑟认为："刑事政策上最重要的一项基本决定，是将环境刑法从行政法的附属范围提出，并将它放进主刑法之内。因为，如此一来，也给一般的环境意识带来一项讯号：环境犯罪不是单纯的违反秩序，而是和真正的刑事犯罪，如伤害、偷窃或诈欺一样可非难。此种籍提升环境犯罪的评价所追求的一般预防的目的，就两点来说，堪称已经达成，一是一般的环境意识已有改进，再其次是工业界对环境违法事件的刑事侦查措施也较有感应多了。"台湾学者郑昆山认为"环境公害"犯罪仅指狭义地破坏传统刑法法益，如健康或生命、财产法益等的与环境相关的破坏行为，而加刑事制裁的自然犯。

---

[9]［日］大隅健一郎，佐伯千仞. 新法学的课题［M］. 东京：日本评论社，1942：293.

破坏生态环境犯罪，已经不是局限于传统意义上的生态环境的经济价值角度，破坏生态环境犯罪也具有较强的伦理非难性，其行为也是危害社会、危害生态安全、危害个人法益的反社会性和反伦理性行为，它破坏人类生存的基本环境，也破坏了基本的生活秩序，是对基本的环境道德的违反。"破坏森林资源犯罪不单纯是违反秩序，还与伤害、盗窃、欺诈行为一样可以非难。"生态环境犯罪行政犯和自然犯的属性还可以通过环境刑事立法保护的法益性质体现出来。因此，破坏生态环境犯罪也具有自然犯的属性。

第三章

生态环境犯罪与刑法规制

第一节　生态环境犯罪刑事规制的进程

一、刑事立法进程

在我国，生态环境犯罪还不是独立的类罪，与生态有关的刑事犯罪刑法规制被纳入环境刑事立法当中。1979 年的《中华人民共和国刑法》是我国在环境与生态刑事立法方面的初次尝试。1979 年《刑法》没有直接规定"环境犯罪"或"破坏资源犯罪"，只是在若干条款中规定了类似环境犯罪的各种具体犯罪及处罚的内容，而且这些规定也包括普通的刑事犯罪。这一阶段，由于我国经济尚处于恢复时期，在环境保护和调控中，侧重于运用行政手段和民事制裁，环境刑事立法尚不健全，刑法关于环境资源犯罪的规定较为分散且过于简略，而且并不是基于环境保护的角度出发，而是从危害公共安全、破坏社会主义经济秩序和渎职角度去规定的，难以体现保护生态环境和生活环境的要求和特点。由于 1979 年《刑法》滞后于环境资源保护的客观需要，无法适应打击环境犯罪的需要，因此，在修订之前，立法机关通过制定单行刑法和附属刑法来对环境资源犯罪进行必要的补充，在一定程度上弥补了我国环境刑法的不足，也填补了环境刑法立法上的空白，并使我国的环境刑法日趋完善、形成体系。但是，在实际应用中环境刑事立法仍然显示出缺陷和不足，需要从立法上进行调整和修订。

进入 20 世纪 90 年代以后，我国确立了发展市场经济的方针，一些单位和个人受经济利益的驱动，往往置环境保护法的规定于不顾，该治理的不治理，该采取环保措施的不采取，肆意地排放废水、废气、废渣或者从事其他环境法律所禁止的活动，使得环境污染事故时有发生，给环境和国家、集体、个人的财产造成了重大损失，甚至危害公众的健康和生命，影响社会的安定。环境状况的恶化及其所造成的危害和损失引起了国家的高度重视，环境和资源的刑法保护问题成为一个迫切需要解决的问题。1997 年 3 月，全国人民代表大会通过了新修订的刑法典，这是我国刑事立法史上的重要事件，也是我国环境与生态刑事立法全新的发展阶段，它标志着我国环境与生态刑事立法模式的转变。新刑法规定了污染环境方面和破坏自然资源保护方面的犯罪，增设了单位环境犯罪，规定了负有特定环境资源保护义务的国家机关工作人员玩忽职守、滥用职权的相关犯罪。新刑法施行以后，通过修正案的方式增加了环境犯罪的罪状条款，对原有有关环境资源犯罪条款进行了罪状修改及法定刑补充，进一步扩大了刑法保护的范围，加大了打击生态环境犯罪的力度，使我国的环境与生态刑事立法更加系统化和科学化。

随后，为适应不断变化的社会状况，2001 年 8 月 31 日全国人民代表大会常务委员会通过了《刑法修正案（二）》，将《刑法》第三百四十二条非法占用耕地罪的行为对象，从耕地扩大到包括林地在内的"农用地"；在《刑法修正案（四）》中增加了非法的采伐、毁坏珍稀植物罪与非法收购、运输盗伐、滥伐林木罪，打击的范围和力度都加大了。《刑法修正案（八）》第四十六条对我国原《刑法》第三百三十八条的罪状进行了修改。由此，重大环境污染事故罪演变为污染环境罪。污染环境罪立法，对环境法益进行直接保护，反映了环境的独立价值，体现了生态中心主义的道德诉求，对我国生态环境保护和可持续发展事业意义深远。

综上，生态环境刑事案件，主要是指《刑法》分则第六章第六节专门规定的"破坏环境资源保护罪"，是 1997 年《刑法》增设的一类犯罪，共 15 个罪名，分别是：污染环境罪，非法处置进口的固体废物罪，擅自进口固体废物罪，非法捕捞水产品罪，非法猎捕、杀害珍贵、濒危野生动物罪，非法收购、运输、出售珍贵、濒危野生动物、珍贵、濒危野生动物制品罪，非法狩猎罪，非法占用农用地罪，非法采矿罪，破坏性采矿罪，非法采伐、毁坏国家重点保护植物罪，非法收购、运输、加工、出售国家重点保护植物、国家重点保护植物制品罪，盗伐林木罪，滥伐林木罪，非法收购、运输盗伐、滥伐的林木罪。在其他章节中，针对生态环境和自然资源的罪名有 30 个，分别是危害公共安全罪中的 12 个罪名，即放火罪，失火罪，决水罪，过失决水罪，爆炸罪，过失爆炸罪，投放危险物质罪，过失投放危险物质罪，以危险方法危害公共安全罪，过失以危险方法危害公共安全罪，消防责任事故罪，重大责任事故罪；破坏社会主义市场经济秩序罪中的 6 个罪名，即走私珍贵动物、珍贵动物制品罪，走私国家禁止进出口的货物、物品罪，走私废物罪，走私核材料罪，非法经营罪，非法转让、倒卖土地使用权罪；侵犯财产罪中的 7 个罪名，即盗窃罪、抢劫罪、抢夺罪、聚众哄抢罪、故意毁坏财物罪、破坏生产经营罪、侵占罪；妨害社会管理秩序罪中的 5 个罪名，即伪造、变造、买卖国家机关公文、证件、印章罪，掩饰、隐瞒犯罪所得、犯罪所得收益罪，盗掘古人类化石、古脊椎动物化石罪，妨害动植物防疫、检疫罪，非法种植毒品原植物罪。此外，还涉及渎职罪中的 10 个罪名：违法发放林木采伐许可证罪，环境监管失职罪，动植物检疫失职罪，非法批准征用、占用土地罪，非法低价出让国有土地使用权罪，放纵走私罪，动植物检疫徇私舞弊罪，徇私舞弊不移交刑事案件罪，滥用职权罪，玩忽职守罪。

二、刑事司法进程

生态刑事司法往往能够发挥生态刑事立法所不具有的作用。生态刑事司法较为稳定且不易变通，在应对具体生态环境问题时，司法人员只有通过生态环境刑事司法进行灵活应对。一起生态犯罪案件从发现查处到法院审判，要经历行政机关发现违法行为可能涉嫌构成犯罪而移送公安机关、公安机关侦查后将案件移送检察院、检察院审查之后决定提起公诉三个环节。这三个主体都对生态犯罪的打击与防控起到了关键作用，每一个环节都是至关重要的。

对于生态犯罪而言，最早介入的办案机关为公安机关。为了更好地打击生态犯罪，我国很多地方开始尝试设立环保警察。2013 年 9 月 18 日，全国第一支环保警察队伍——河北省公安厅环境安全保卫总队正式成立。随着新《环境保护法》的出台，各地打击环境犯罪的力量逐步加强。

环境行政违法案件的办案主体除公安机关外，还有生态环境部门等其他行政机关，而环境违法案件和环境犯罪案件是紧密相连的，有时候二者的界限并不那么清晰，需要初步调查取证之后才能判断案件的性质，因此存在环境行政执法机关在调查后发现涉嫌刑事犯罪从而需要将案件移送的情形。在当前的办案实践中，由于环境犯罪的认定具有一定的裁量空间，存在一定的模糊地带，再加上专业性及取证手段局限等原因，环境违法办案机关在案件办理时，可能存在未及时移送案件而导致证据被损毁、灭失的情况，甚至有个别案件存在应移送而不移送的情形，影响了环境犯罪的打击效果。基于上述原因，部分地区的公安机关如山东淄博、云南昆明等地创新工作机制，建立了公安机关和生态环境部门联合、联动的办案机制，在日常办案过程中加强合作，充分发挥各自优势，形成行政刑事案件办理的良好衔接。此外，面对生态环境纠纷日益增多的态势，多地法院在环境资源司法专门化方面也进行了积极探索。自 2007 年贵阳清镇市人民法院成立我国第一家生态保护法庭，2014 年 7 月 3 日，最高法院宣布成立专门的环境资源审判庭，可以说，我国环境司法专门化格局已经基本形成。环保法庭整合了环境审判的所有资源，极大推动了环境审判的专业化。

我国生态环境刑事立法的发展，虽然逐渐系统化和科学化，但实践中的问题远远比理论复杂。在最高检和最高法就环境犯罪案件出台具体司法解释之前，各地法院审理的生态犯罪案件大多为破坏资源型环境犯罪，具体包括非法采矿罪，盗伐林木罪，滥伐林木罪，非法收购、运输、加工、出售国家重点保护植物、国家重点保护植物制品罪和非法采伐、毁坏国家重点保护植物罪。而污染环境型环境犯罪案件存在入罪门槛高、取证难、隐蔽性强等特点，每年虽有重大环境污染事件经媒体披露，但却很少有事件进入刑事程序。

据统计，从 1997 年《刑法》首次明确规定了重大环境污染事故罪到 2000年，各级人民法院共判决了 6 起重大环境污染事故罪。根据历年《中国环境统计公报》的数据，从 2001 年至 2008 年，全国各地法院共审结环境犯罪案件 23 起。2013 年 6 月 8 日，最高人民检察院和最高人民法院就环境犯罪案件出台了具体司法解释，对"环境污染罪"中"严重污染环境"的具体 14 种情形进行了明确。该司法解释的颁布为司法部门惩治环境犯罪提供了更具体的操作标准，相关部门依据该解释加大了查处力度，污染环境型案件的数量得以大幅增加。该司法解释施行以来，各级公检法机关和环保部门依法查处环境污染犯罪，加大惩治力度，取得了良好效果。2013 年 7 月至 2016 年 10 月，全国法院新收污染环境、非法处置进口的固体废物、环境监管失职刑事案件 4636 件，审结 4250 件，生效判决人数 6439 人；年均收案 1400 余件，生效判决人数 1900 余人。

与此同时，近年来环境污染犯罪又出现了一些新的情况和问题，如危险废物犯罪呈现出产业化迹象，大气污染犯罪打击困难，篡改、伪造自动监测数据和破坏环境质量监测系统的刑事规制存在争议等。生态刑事立法对生态犯罪的罪状表述和构成要件做了重大调整，降低了入罪门槛，提升了环境犯罪的入罪概率。最高人民法院等有关机关也针对环境犯罪案件办理发布司法解释，加大对生态环境犯罪的打击力度。

为有效解决实际问题，进一步加大对生态环境的司法保护力度，2016 年最高人民法院、最高人民检察院出台了《关于办理环境污染刑事案件适用法律若干问题的解释》。该解释结合当前环境污染犯罪的特点和司法实践反映的问题，依照《刑法》《中华人民共和国刑事诉讼法》（以下简称《刑事诉讼法》）的规定，对相关犯罪定罪量刑标准的具体把握等问题做了全面、系统的规定。

各地公安机关也先后成立专门的办案队伍，应对生态环境违法犯罪行为，一些地方法院也成立了专门的环境审判庭。但是，当前我国对生态环境犯罪的打击力度和生态环境犯罪的现状仍不相协调，办案效果与人民群众的期待尚有差距。

第二节　生态环境犯罪刑事规制存在的问题

一、生态刑事立法的不合理

（一）刑事立法不够严密

生态环境刑事立法不严密主要体现在两个方面，一是现有生态犯罪罪名规制的范围较窄。在破坏自然资源犯罪中，现有生态犯罪罪名未能涵盖全部的自然环境要素，例如，湿地、海洋、草原、自然保护区等并未涵盖在现有的罪名之中；在侵害动物犯罪中，我国虽然也针对珍贵、濒危动物设立了独立的罪名，加大了对其的刑事保护力度，但在虐待动物这一方面还存在立法空缺。国外很多国家，如法国、芬兰、巴西等都针对虐待动物进行了刑事立法[10]。二是生态犯罪罪名的设置较为分散。现有《刑法典》在第六章第六节中集中规定了 14 种生态犯罪罪名，但是除此之外，《刑法典》中还包含了其他与环境要素保护相关的罪名，如第三章第二节中的走私珍贵动物、珍贵动物制品罪，走私废物罪，走私珍稀植物、珍稀植物制品罪；第六章第四节中的盗掘古文化遗址、古墓葬罪，故意毁损名胜古迹罪，盗掘古人类化石、古脊椎动物化石罪；第九章中的违法发放林木采伐许可证罪，非法批准征用、占用土地罪，环境监管失职罪，动植物检疫徇私舞弊罪，动植物检疫失职罪等。这些罪名都属于派生性的生态犯罪罪名，但现有《刑法典》均未进行集中规定，而是将其分散在各章节之中。这种分散的罪名分布模式不仅不能突出生态犯罪的客体特征，还对生态犯罪的集中惩治带来了不便。

（二）环境刑事立法未能体现预防原则

贝卡里亚认为：“预防犯罪比惩罚犯罪更高明，这乃是一切优秀立法的主要目的[11]。”刑法的基本功能之一就是预防犯罪，这一点对生态犯罪而言尤为重要。生态环境犯罪所造成的损害是不可逆的，如果等到危害结果出现才使用刑法进行惩罚就太晚了。因此，为了避免生态犯罪所带来的严重后果，环境刑事立法应当充分发挥其预防功能，尽量避免危害后果的产生。这一点的实现主要依靠危

---

[10]《巴西环境犯罪法》第三十二条规定：“对本国或外国野生、家养或驯养的动物实施凌辱、虐待、伤害或毁伤的，处以 3 个月至 1 年的监禁和罚金。”

[11]［意］贝卡里亚. 犯罪与刑罚［M］. 北京：中国法制出版社，2005：126-128.

险犯的设立。目前，我国环境刑事立法未能充分体现预防犯罪的功能，现有生态犯罪罪名大多针对的是危害后果已经发生的犯罪行为。这是对生态犯罪行为的事后惩治，而并非事前的预防。尽管刑法作为最严厉的惩罚手段，应当体现结果本位的立法理念，坚持谦抑性原则，但是由于生态犯罪所具有的潜在危险性，应当将其与普通犯罪区别对待。世界许多国家都意识到，生态环境犯罪一旦发生会带来不可预知的风险。因此，预防为主成为许多国家生态环境犯罪刑事立法力争贯彻的原则[12]。相比之下，我国现有环境刑事立法重点在于惩罚生态犯罪结果犯，而不是危险犯。这样的规定大大减弱了刑法的威慑功能，容易使人们存在侥幸心理，不利于预防和惩治生态犯罪。

（三）生态刑事立法缺乏针对性

现有生态环境犯罪刑事立法未能针对生态环境犯罪的特有属性规定相应的刑罚。一是现行《刑法典》未能在生态犯罪刑罚体系中规定资格刑。现行《刑法典》规定的资格刑主要为剥夺政治权利，而在生态犯罪的刑罚体系中并没有对资格刑的适用做出规定。即便现行《刑法典》针对生态犯罪规定了附加适用剥夺政治权利的资格刑，其实际效果也不会令人满意。生态环境犯罪行为人实施犯罪的主要目的是获取经济利益，剥夺其政治权利并不能对其产生较大的威慑作用。如果不能剥夺犯罪行为人从事某些活动的资格，就不能彻底消除犯罪行为人再次实施生态犯罪的风险。因此，现有《刑法典》所规定的资格刑存在较大缺陷。二是现行《刑法典》未能针对生态犯罪规定相应的非刑罚措施。尽管现行《刑法典》总则第三十七条对非刑罚措施进行了专门的规定，但只规定了训诫、赔偿损失、赔礼道歉、责令具结悔过、行政处罚和行政处分这几类。此外，这几类非刑罚措施只适用于犯罪情节轻微不需要判处刑罚的情形，因此生态环境犯罪基本不会适用这些非刑罚措施。即使对这些生态犯罪行为人配合适用非刑罚措施，上述几类非刑罚措施并不能起到很好的预防和惩戒效果。因此，在非刑罚措施的设置上，现行《刑法典》应当积极进行创新，针对生态犯罪设置符合其特性的非刑罚措施，才能对生态犯罪的预防起到更好的效果。

---

[12] 日本《公害罪法》第二条第一款规定："凡伴随工厂或事业单位的企事业活动而排放有损于人体健康的物质，给公众的生命或身体带来危险者，应处以3年以下的徒刑或300万日元以下的罚金。"

二、生态刑事司法存在的不足

（一）生态环境犯罪因果关系认定存在困境

根据我国现行《刑法典》的规定，可将生态环境犯罪分为环境污染型犯罪和破坏资源型犯罪[13]。在目前的环境刑事司法实践中，破坏资源型犯罪的数量远远超过了环境污染型犯罪。特别是在西部地区，两种类型的案件数量差距相当明显。相关数据显示，2008 年至 2012 年 5 年间，贵州省所有生态环境犯罪案件中，破坏资源型犯罪案件数量占到了全部生态环境犯罪案件总数的 94.7%，而 5 年内没有一起重大环境污染犯罪[14]。此外，许多案件以污染环境为由进入刑事司法领域，但最终却被当作行政案件进行处理。1997 年至 2010 年，以行政案件进行处理的环境案件数量高达 1094098 起，而这期间进入刑事司法领域并最终被定罪量刑的环境案件数量只有 37 起[15]。

为什么环境问题似乎每天都在被铺天盖地地报道，但实际上最终被定罪的生态环境犯罪案件却寥寥无几。究其原因，关键在于污染生态环境犯罪案件难以认定。与一般类型的犯罪不同，生态环境犯罪案件，特别是环境污染型犯罪，其犯罪结果具有隐蔽性。很多企业排放污水所造成的损害在几年，甚至十几年之后才被人们发现。这是由于许多污染物质要通过逐渐积累才会对自然环境和人的身体造成损害。更复杂的是，很多时候起作用的不是一种污染物，而是多种污染物相互发生作用，共同导致疾病的发生。在司法实践中，要证明之前企业的排污行为和当前的损害后果具有因果关系，就必须证实企业排放的污水中包含了特定的有毒物质，该物质通过空气、水、土壤等介质到达被害人身体里，并且被害人身体受到损害的情形必须与该种有毒物质所表现出来的毒性相一致。实际情况是，当大多数被害人发现自身遭受损害时，当初排放污水的企业早已不见踪影，或倒闭，或搬迁。在这种情况下，要想让每一个环节做到证据确凿、充分，难度相当大。

---

[13] 环境污染型犯罪包括：污染环境罪、非法处置进口的固体废物罪、擅自进口固体废物罪。破坏资源型犯罪包括：非法占用农用地罪；非法采矿罪；破坏性采矿罪；盗伐、滥伐林木罪；非法收购、运输盗伐、滥伐的林木罪；非法捕捞水产品罪；非法猎捕、杀害珍贵、濒危野生动物罪；非法收购、运输、出售珍贵、濒危野生动物，珍贵、濒危野生动物制品罪；非法狩猎罪；非法采伐、毁坏国家重点保护植物罪；非法收购、运输、加工、出售国家重点保护植物、国家重点保护植物制品罪。

[14] 吴大华. 贵州法治发展报告（2014）[M]. 北京：社会科学文献出版社，2014：306.

[15] 主要指的是环境污染型犯罪，不包括破坏资源型犯罪。见：蒋兰香. 污染型环境犯罪因果关系证明研究 [M]. 北京：中国政法大学出版社，2014：3.

（二）环境行政司法与刑事司法衔接不顺畅

环境行政司法会对环境刑事司法产生较大的影响，具体体现在两个方面：一是在立法层面。环境刑事司法在很大程度上依赖于环境行政司法，使得环境刑事司法处于极度被动的地位。生态环境犯罪在立法上具有很强的行政从属性，这意味着对生态环境犯罪的惩罚依赖于环境行政法规对该行为的规定及处分。也就是说，一个行为被认定为生态环境犯罪行为，它必须首先违反了环境行政法律法规的禁止性规定。这种"行政违法性"前提的设置使得刑罚手段变成了行政处罚的补充手段。一旦环境行政机构认定某种行为没有超过行政处罚标准时，该行为就不会进入环境刑事司法领域。这种立法层面的行政从属性使得环境刑事司法在很大程度上受制于环境行政司法，不利于环境刑事司法活动的顺利开展。二是在实践中，由于生态环境犯罪较为隐蔽且技术含量高，一般公众很难自行收集证据向警方报案，而检察机关多关注的是环境渎职犯罪，大部分的生态环境犯罪案件都要靠环境行政机构进行查处和移送。但在实践中，通过环境行政机构进入刑事司法领域的生态环境犯罪案件相当少。事实上，环境行政机关每年查处的环境污染案件数量很多，只是最终移送到公安机关的案件数量很少[16]。出现这种现象的原因主要是环境行政机构的"以罚代刑"。地方环境行政机构在人事调动及财务管理方面要受同级政府的制约，因此，在做出相关决定时通常会受到地方政府的影响。生态环境犯罪主体多涉及地方企业，而这些企业在很大程度上促进了当地经济的发展，是政府创收的主要来源。因此，在发现企业违法行为时，碍于地方政府的保护政策，环境行政机构往往"睁一只眼闭一只眼"，对应当移送的生态环境犯罪案件降格处理。

（三）专业公安设立的实践亟待推进

专业公安主要表现是成立环保警察。在省级层面成立环保警察的有河北省、辽宁省、江苏省等，在市级层面成立环保警察的有云南省、湖北省、贵州省、陕西省、广东省，在区县层面成立环保警察的有山东省、安徽省。2014 年 10 月 8 日，广东省佛山市公安局经济犯罪侦查支队环境犯罪侦查大队挂牌成立，旨在"便于执法人员能更顺利地进入企业检查，有效减少暴力抗法，遇到污染企业主涉嫌刑事违法时，联合执法可将相关人员进行前期控制；环境违法案件的查处不再受到环保部门行政执法权所限制，在警方提前介入和配合下，行动将更迅速高效"。

---

[16] 有的学者根据《全国环境统计公报》数据得出，1999 年至 2008 年的 10 年间，全国作出环境行政处罚决定的案件共计 739393 件。平均每天就有 200 起环境污染行为受到处罚。

此举虽然有针对性监管企业名录及排污信息，加大企业违法成本，压迫违法企业生存空间，但这支环保警察队伍并未能科学地涵盖"保护生态安全"和"惩治破坏生态资源违法犯罪"的外延。主要体现在：第一，环保警察未能立足于惩治破坏生态资源违法犯罪的源头。佛山地区本无用于制作陶瓷的原材料——瓷沙，真正能用于陶瓷加工的原材料大多是来自肇庆市德庆县、高要区等地，开采这类瓷沙必须砍伐林木、使用炸药或者大型挖掘机械刨掉土表植被。近年房地产市场的兴旺更增加了对瓷砖的需求量，不少经营者选择转移到林业和矿产资源相对丰富的肇庆地区进行开采瓷沙，再将瓷沙运到佛山进行制陶、加工、销售。在供需矛盾紧张、行政审批手续烦琐和高额的利润刺激下，违法破坏森林和土地植被肆意开采瓷沙的现象增多，造成水土流失、饮用水源污染。加之烧制陶瓷采用较为落后的粗犷型产能技术，导致空气质量差、群众呼吸道疾病频发的严重生态安全问题。然而，佛山市的环保警察并没有重视这样的问题，只是对加工、销售环节的陶瓷或其他排污企业进行监管和执法，对破坏生态环境的源头无异于隔靴搔痒，未能真正凸显其保护生态环境的责任和使命。第二，佛山市公安局将环境犯罪侦查大队设置在经济犯罪侦查支队的下属机构，反映出地方政府对生态保护问题仍未够重视。众所周知，污染和破坏生态环境，不应简单地等同于更不从属于经济犯罪，甚至不少地区因为环境污染付出了生命的代价。在经济犯罪侦查支队设置环保警察大队，执法权限亦未得到拓展与优化，执法过程中容易受到干扰，执法地位、力度和权威相对偏低，未必能达到预期理想的效果。由此可见，环保警察从属于经侦警种，采取零敲碎打式的执法，无法在最大限度上保护生态环境[17]。

看来由国家层面统一设立专门的生态环境犯罪侦查机构，明确职能任务，理清体制和机制问题，实属必要。

第三节　完善生态环境犯罪的刑事立法

一、刑法上生态环境犯罪设立专章

一般说来，我国生态刑法起步较晚，具体到司法实践而言，存在诸多问题，究其深层的原因，生态犯罪刑事立法的不完善是一个重要方面。从生态环境犯罪的立法宏观整体框架来看，对环境犯罪侵害的法益定位不准；从立法理念层面来

---

[17] 吴刚. 关于深化森林公安改革的思考 [J]. 森林公安，2015（10）：16.

看，没有体现环境刑法立法的价值理念，生态犯罪的罪名规定散乱，不成体系。

我国《宪法》中明确规定："国家保护、改善生活环境和生态环境，防治污染和其他公害。"可见，法律不仅保护人类环境，生态环境也被纳入法律所保护的范畴之内。改革开放以来，我国经济社会得到快速发展，但资源约束趋紧、环境污染严重、生态系统退化的形势日益严峻，生态安全问题已经成为关系人民福祉和民族未来的大事。可以说，中国为经济和社会的快速发展付出了沉痛的生态与环境的代价，因此，客观上有必要动用刑法这一"代价较大但却有效的措施"，以预防和控制资源破坏与环境污染日益严重、不断恶化的趋势。

1979年《刑法》只是在分则第三章"破坏社会主义经济秩序罪"第一百二十八条、第一百二十九条、第一百三十条分别规定了盗伐林木罪、滥伐林木罪，非法捕捞水产品罪以及非法狩猎罪，但没有专门针对破坏环境资源的行为规定独立的犯罪构成。因此，在司法实践中对严重过失污染环境的案件会选择适用了违反危险品管理规定肇事罪、重大责任事故罪或者玩忽职守罪予以追究刑事责任，对故意向水体倾倒有毒污染物的行为有时按照投毒罪追究刑事责任。另外，全国人民代表大会常务委员会通过的《关于惩治捕杀国家重点保护的珍贵、濒危野生动物的补充规定》，增设了非法捕杀珍贵、濒危野生动物罪的犯罪构成，同时规定对非法出售、倒卖、走私珍贵、濒危野生动物制品的行为以投机倒把罪、走私罪论处。从刑法制定的历程来看，我国1979年《刑法》中规定了环境资源类犯罪，却只是在破坏社会主义经济秩序罪这一章节中规定了几个相关罪名，并未设立专章专节对其进行系统的规定，并且这几个罪名也是以经济价值为主要内容，生态价值居于不重要的地位，这与环境法上的可持续发展原则是相违背的。

关于生态犯罪的保护法益，如上述具体包括纯粹人类中心的法益论、纯粹生态学的法益论和生态学的人类中心的法益论。破坏环境资源行为一方面使人类的生命、健康、身体机能等遭受实害，或者具有侵害这些法益的危险；另一方面如果环境资源被破坏，不但恢复原状需要较长的时间，甚至较大程度上可能无法恢复原状。可见，破坏环境资源行为不但危及人类自身的法益，而且具有侵害、破坏生态系统的危险。

因此，就应当立足于人类中心主义与生态中心主义双方，综合二者来理解生态犯罪的保护法益，即人类与生态系统只能共存共荣，生态系统的破坏属于直接或者间接引起人类生活水准降低的恶性事态。因而，应当从预防和控制因人类的各种活动致使环境资源遭受不必要的负荷这方面，来探求生态刑法的目的。

1997年《刑法》修正了这一点并取得了突破性进展，在第六章妨碍社会管理秩序罪中设立了专门的一节：破坏环境资源保护罪。1997年修订通过的现行

《刑法》，配合我国生态环境保护法律体系的构建，在分则第六章"妨碍社会管理秩序罪"第六节设置了"破坏环境资源保护罪"，从《刑法》第三百三十八条至第三百四十五条规定了 14 个罪名。另外，还在其他章节规定了相关生态犯罪。此后，《刑法修正案（二）》《刑法修正案（四）》和《刑法修正案（八）》对生态犯罪相关条文进行修改。但较之其他国家，我国《刑法》对破坏资源和污染环境的行为的规制相对较晚，存在起步时间短、经验不足等缺陷，并没有很好地准确把握生态犯罪所侵犯的法益，1997 年《刑法》中生态环境刑法这节的不足与局限性日益显现。从生态犯罪保护的法益概念来重新理解我国《刑法》中的生态犯罪条款，我国现行法律中所保护的法益仍只是以人类为中心，并未将生态环境纳入环境刑法法益所保护的内容当中。

　　另外，在第六章"妨碍社会管理秩序罪"中设立了专门的一节，其实依据《刑法》具体罪名分类的同类客体原则，《刑法》这样的章节设置与分类安排其实是不适合的，社会管理秩序无法涵盖生态安全的法益。其中，生态环境破坏行为所侵犯的客体是环境资源，而环境资源放在了与公共秩序一起，都属于社会管理秩序。事实上，社会管理秩序是国家对正常秩序的维护，环境类犯罪所侵害的是国家对生态环境的保护，所以环境类犯罪完全可以从妨害社会管理秩序章中分离出来，单独成章，如此生态环境法益与其他法益处于同等地位，更有利于对生态环境的保护。

二、增设新的生态环境犯罪罪名

　　生态环境犯罪刑事立法不严密会导致犯罪人存在侥幸心理，诱发其实施生态环境犯罪行为。目前我国《刑法典》中关于生态犯罪的罪名不够完善，在很多领域存在立法空白。在借鉴国外生态犯罪刑事立法的基础上，结合我国生态犯罪现状，我们认为应当增设下列 5 个罪名。

（一）虐待动物罪

　　近年来，网络上的"虐猫""虐驴"事件层出不穷，但是由于猫、驴等并不是受保护的野生动物，行为人并未受到相应的惩罚。事实上，国外很多国家，如德国、巴西、俄罗斯等都针对虐待动物进行了刑事立法[18]。自然生态的和谐共

---

　　[18]《巴西环境犯罪法》第三十二条规定："对本国或外国野生、家养或驯养的动物实施凌辱、虐待、伤害或毁伤的，处以 3 个月至 1 年的监禁和罚金。"《俄罗斯联邦刑法典》第二百四十五条规定："虐待动物，造成动物的死亡或残疾，如果此种行为是出于流氓动机或贪利动机的，或使用极其残忍的方法实施的或有幼年人在场时实施的，处数额为 8 万卢布以下或被判刑人 6 个月以下的工资或其他收入的罚金；或处 1 年以下的劳动改造；或处 6 个月以下的拘役。"

处要求所有的个体都能得到平等对待和相互尊重，动物作为这个生态系统的重要成员，是维护生态平衡不可或缺的主体之一。随着人们环保意识的增强和环保意识的更新，人们逐渐意识到人与动物和谐相处的重要性。对虐待动物的行为进行刑事立法不仅仅是出于道义上的关怀，更是人们环保理念更进一步的表现。此外，对虐待动物的行为进行刑事立法能够体现生态中心主义的理念。对于生态犯罪预防来说，生态中心主义的立法理念扩大了刑法惩治的范围，有利于生态犯罪预防活动的展开。具体来说，"虐待动物罪"指的是采取极其残忍的方式对动物进行虐待，使被虐待的动物承受了极大的痛苦，或导致动物身体遭受重大损害或生命遭受重大危险的行为。本罪的主观方面应为故意，主体应为自然人。客观方面表现为采取鞭打、刀划、杀害等残忍方式对动物的身体进行虐待的行为，客体则为动物身体的完整或生命的安全。

（二）破坏湿地罪

湿地被称为"地球之肾"，与海洋和森林并称为地球的三大生态系统。湿地不仅拥有极为丰富的动植物资源，更为人类的工业生产提供了大量的原料和能源，又被称为"金色 GDP"。中国拥有全球湿地资源的 10%，湿地总面积居世界第四位，如此庞大的数量使湿地资源成为我国生态环境体系中的重要组成部分。尽管目前各地建立了许多湿地公园、湿地自然保护区对湿地进行保护，但是不可否认的是，随着城市化进程的加快，湿地资源正面临着被开垦、填埋等威胁，约有一半的自然湿地已经遭受了人为的破坏。因此，为了加强对湿地资源的保护，维护湿地生态功能及生物多样性，保障生态安全应当在现行《刑法典》中增加"破坏湿地罪"，以最严厉的立法形式对湿地进行保护。

我们可以将"破坏湿地罪"定义为违反国家规定，以填埋、围垦、开垦或其他方式使湿地资源遭受严重破坏的行为。该罪的主观方面可以是故意的，也可以是过失的。主体为自然人或单位，客观方面为以填埋、围垦、开垦或其他方式使湿地资源遭受了严重破坏。本罪客体应当为湿地生态系统的安全。

（三）污染大气罪

大气作为生态环境的重要组成要素，是人类及地球上一切生物生存的基本条件。当今地球上的大气所受到的污染已达到危险的程度，尤其是世界能源消耗的增加和工业发展，使以二氧化碳为代表的温室效应气体猛增，大气污染严重，全球气候变暖。人类的经济活动，已经逼近甚至超出生态环境负荷承载力，触及生态的红线，因此，为了更好地维持清洁的空气、保持良好环境和人类生存的基础，对于污染大气的行为，《刑法》有必要予以规制。

我国有关大气污染方面的犯罪与刑事责任等规定只是在生态环境的《大气污染防治法》中予以规定，现行的1997年《刑法典》并没有明确规定污染大气罪这一罪名。从《大气污染防治法》规定的内容看，只是从附属《刑法》的角度规定了存在追究污染大气罪刑事责任的可能性，并且更多是侧重于污染大气重大责任事故的角度予以评价。因此，学界有很多学者建言应增加污染大气罪。

目前我国行刑分立的法律体系下，《大气污染防治法》所规定的内容是因大气污染导致公私财产重大损失或人身伤亡严重后果的情形，予以入罪化，强调的是严重的实害，这仅是污染大气犯罪的一部分，实务中还有未造成严重后果却有其他严重危害危险应予犯罪化的内容，并未纳入污染大气罪予以刑事规制。这部分比照一般的污染环罪的规定来说，是一个很大的欠缺。另外，司法实践中对于污染大气的定罪，有的按污染环境罪，有的按违反危险品管理规定肇事罪，有的以投放危险物质罪定罪，还有的直接援引环境保护法规和《刑法》有关条文处罚，造成了罪名认定的混乱，而正是因为污染大气罪的缺失，从反面说明我国刑法增加污染大气罪的必要性。因此，为了实现刑事立法的完整性与科学性，更为了加大对于大气环境的保护与整治，有必要在《刑法》中设立污染大气罪。

（四）污染水资源罪

我国是水资源短缺的国家，人均占有水资源量仅为世界平均水平的五分之一。从水资源空间分布来看，地域分布南多北少，东多西少；实践分布上呈现年际变化大，丰枯年水量相差高达几十倍；年内分配夏多冬少，致使可利用的天然水量比水资源总量少得多，我国的水资源在时空分布上存在不平衡。虽然我国政府在保护水资源和防治水污染方面做了大量工作，但水环境恶化的状况未能得到有效控制。目前，我国工业废水排放量大且污染浓度高，中国的水资源存在超限利用、水污染恶化和水质被污染的多重压力，饮用水和河流污染严重，已经危及基本的生存条件。另外，合理的污水处理方式、对水资源的无底线的浪费等都会造成一定的环境破坏。

近年来，水体污染事件频发，可以看出我国现行《刑法》对水体污染的规制情况存在严重的问题，严峻的水资源的破坏和污染现实迫使我们除了对管理水环境、防治水污染的手段进行反省外，也要对污染水资源的行为在法律控制上重新设计，纳入《刑法》的评价视野。

（五）污染海洋罪

海洋是地球生命的发源地，是人类社会得以繁荣兴旺的巨大支柱。海水和海底世界蕴藏着巨大的矿物资源，海底瀑布与海浪又是潜力巨大的动力资源。在现代工业社会里，可以说，海洋污染在某种程度上同人类在陆地上、海洋上的活动成正比，全球的海洋水域时刻受到通过河川流水、岸边排污、倾倒垃圾，以及大气运转带来的废弃物的污染。每年流入海洋的有机氯化物占年产量的 60% 左右，20 世纪末以来，世界大洋中的铅含量比天然含量高 2~3 倍，每年进入海洋的铜总量大约有 25 万吨，锌高达 393 万吨，汞达 1 万多吨。我国海域的污染问题也渐趋明显，此外，海洋污染可能造成巨大的物质损害，甚至直接对人体健康造成危害。海洋污染的现状及危害向调控海洋环境的法律措施提出了更高要求，从海洋污染形成的机制及危害看，仅依靠行政的、经济的手段难以体现社会公正，也不足以弥补污染海洋行为产生的危害，因此亟须借助刑罚手段保护海洋环境免受污染。

由于长期我国对海域污染现象的不重视，导致现今我国各个海域都遭受了一定程度上的污染，而且已有加重的现象，形势很不乐观。特别是人口密集的临海城市，由于人口众多，经济也较为发达，大量的生活垃圾、废水，以及工农业生产生活所产生的大量垃圾、废水，这些都对海洋造成了不可估量的污染。在此情况下，有必要增设污染海洋罪来规制海洋污染行为，以应对日益恶化的海洋类污染问题。

可见，由于大气污染、海洋污染、水污染行为的社会危害性、行为方式、危害后果、因果关系的认定等问题各有其独特性，因此设立不同的罪名对相关行为进行规制更为科学合理，也比较符合国际惯例。我国当前关于环境犯罪的刑事立法尚有很大的完善空间。

三、设立生态环境犯罪的危险犯

传统刑法理论认为，刑法的规定应以惩治实害犯为主。因此，现行的生态刑法也受此影响，生态犯罪基本上也是围绕实害犯进行设置的，而对于危险犯则未予以规定。随着生态环境日益恶化，生态环境问题凸显，使人们的生活与生存面临着越来越大的危险。人们越来越意识到如果仅仅只对实害犯予以惩治存在很大的局限性，意识到需要通过设置危险犯，将尚没有造成实际生态危害结果但却对生态环境产生了重大危险的行为纳入刑法调整的范围。

（一）危险犯确立的理论基础

根据犯罪构成要件规定的行为结果，刑法上的犯罪类型可分为实害犯和危险犯。而刑法理论上危险犯可以分为具体危险犯和抽象危险犯，以及故意危险犯和过失危险犯。在德国，《刑法》根据对行为客体侵害的严重程度，将构成要件类型区分为侵害犯和危险犯。侵害犯的构成要件是以被保护的行为客体受到实际损害为条件；危险犯则是以危害行为所造成的危险作为行为的结果即足以。在日本，危险犯是与实害犯相对应的概念。日本刑法理论一般以对法益的侵害作为处罚根据的犯罪，称为实害犯；以对法益发生侵害的危险作为处罚根据的犯罪，被称为是危险犯。可见，危险犯是指行为人实施的行为是造成某种实害结果的发生但实害结果尚未发生即构成既遂的犯罪，或者说，是以行为人实施的危害行为造成的危险结果作为犯罪构成条件的犯罪。一般认为，生态环境犯罪中的危险犯，实质上是危险刑法不再耐心地等待社会损害结果的出现，而是着重在行为的非价判断上，以制裁手段恫吓、震慑带有社会风险的行为，是通过对环境资源犯罪行为进行不法判断，将一旦产生实际危害、结果就极为严重的环境资源犯罪行为进行预防性调整，把行为具有造成重大危害结果的危险作为环境资源犯罪成立的条件。

无法益即无刑法，刑法本身功能是保护法益。然而，随着社会问题进一步的复杂化、危险化，应对不确定的风险和维护安全秩序已经成为刑法必须实现的目标，社会治理语境下的刑法的工具属性彰显重要，刑法规制的范围呈不断扩展的趋势，刑法干预社会生活和介入时间也进一步前置化。在面临不确定风险的情况下，社会公众为克服恐惧宁愿放弃一部分自由也要求社会对风险实行严格控制与有效预防。以保护法益为核心的传统刑法，在面对社会风险时存在相对滞后性。因为它往往在造成严重后果后才介入，这不符合社会治理的要求。在刑法功能主义趋势、刑法的刑事政策化动向、社会经济发展的现实需要等因素的共同作用下，传统刑法理论所支撑起的消极刑法立法观、刑法谦抑精神的过度强化、过于保守的犯罪化立场纷纷被部分搁置，以刑罚早期化、适当的犯罪化、立法的预防性倾向为代表的积极刑法立法观已现端倪[19]。

从生态安全法益保护角度看，传统刑法对危害环境资源犯罪的规定主要立足于人类中心主义的价值理念，而非为了保护纯粹生态环境保护。如上所述，其实，生态安全法益作为环境资源保护法益，是一种非个人的利益，是基于生态整体主义考虑。从这个意义上讲，对与人没有直接利益关系的环境资源要素的损

---

[19] 周光权. 积极刑法立法观在中国的确立 [J]. 法学研究，2016（4）：116.

害，意味着对整个生态系统的破坏，从而会间接影响人的利益。因此，在环境污染和资源破坏严重的当下，将生态刑法的立法视角转移到人类与生态并重的轨道上来，引入危险犯的规定，能更好地保护我们赖以生存的生态环境。

从可持续发展理念来看，可持续发展的基本内涵是既满足当代人的需求又不危及满足后代人的需求及发展，其最大价值在于充分认识到生态环境的不可逆转性和不可恢复性。而引入危害环境资源犯罪危险犯，可避免不可逆转的环境资源危害结果的发生，为人与自然和谐发展提供充分空间。

从环境刑法功能来看，生态刑法的功能不仅体现在惩治环境犯罪的强度和力度上，更体现在有效预防上。鉴于生态犯罪因果关系认定的专业性和复杂性，在现有结果本位的立法模式下，危害环境行为和危害结果之间存在因果关系认定在实践中操作较难。而引入危害环境资源犯罪危险犯则无须进行因果关系的认定，可改善刑法在保护生态环境时难以解决的问题。

我国刑法立法所具有的一个显著特点是结果本位。从刑法理论上看，我们可以将危害结果分为实害结果和危险结果[20]，但是在刑事立法实践当中，实害结果更受到了立法者的偏爱。要想更好发挥刑法的预防功能，我们需要采取一种更为积极的姿态，争取将危害性后果减少甚至消灭在萌芽状态。法益刑事保护提前化是在风险不断加剧的背景下，为充分保障国家安全和社会秩序而对法益刑事保护方式进行的调整。在我国，《刑法修正案（八）》和最高人民法院、最高人民检察院《关于办理环境污染刑事案件适用法律若干问题的解释》（法释〔2016〕29号）对环境资源犯罪具体罪名的修改和解释，既是对国家生态文明建设的规范回应，也是生态环境法益刑事保护提前化的立法体现。

现阶段，我国法益刑事保护提前化的主要任务是社会风险防控和环境风险防控。当前，社会风险表现得较为多元，主要包括来自恐怖行为的风险、来自危险物质的风险和来自网络的风险。环境风险包括生态破坏风险和资源枯竭风险。尽

---

[20] 所谓的实害，指的是犯罪行为对刑法保护的利益造成的实际、现实侵害。如故意毁坏财物罪，已经将财物损坏，造成了对公私财产权益的侵害。所谓的危险，指的是犯罪行为对刑法所保护的利益产生侵害的可能，客观上这种侵害并未实际发生，但对于法益已造成潜在的危害或者使法益处于危险状态之中。如放火罪，客观上并不要求造成致人重伤、死亡或者公私财产重大损失的结果，只要实施放火行为，可能危及公共安全，即可满足放火罪犯罪成立条件。目前《刑法》中，大多数犯罪行为都要求具备实害这一条件，即结果犯，但也存在部分因为具有法益侵害的危险性而被规定为犯罪，即危险犯。通常《刑法》上这种危险包括抽象的危险和具体的危险。危险犯突出《刑法》对于某些法益加大了保护的力度，如将危害国家政权、公共安全、特定的经济秩序作为重要的保护对象。通常，刑法理论上将受到刑法禁止的、可能造成危害的现实可能性称之为"危险性"，也即相当于实际的危害，特定的对象遭受侵犯的现实威胁或者因此形成的社会心理恐惧。也就是说，刑法理论中所谓的危害性是一种实际的损害，而危险性则为遭受侵犯的可能状态，是发生社会危害的现实可能性的一中特殊表现。

管环境风险一直存在于人类社会发展的诸阶段，但是随着人类改造自然能力的骤增，环境风险尤其是生态破坏风险空前加大。法益刑事保护的提前化通过刑法对犯罪完成标准的调整（处罚实害犯向处罚危险犯的转变和处罚具体危险犯向处罚抽象危险犯的转变）、对共犯进行正犯化处罚（教唆犯的正犯化和帮助犯的正犯化）和行为阶段处罚的提前化（预备行为的单独犯罪化和实行行为的提前犯罪化）等方式实现。"一种特别令人感叹的发展是，把保护相当严密地划定范围的法益特别是私人法益的刑法通过这种法益范围的延伸引向抽象的危险犯。"法益刑事保护提前化的重要表现之一为刑法由重点惩治实害犯向惩治危险犯（尤其是抽象危险犯）的转向，其本质是危险犯的扩张。

（二）危险犯确立的可行性分析

1. 危险犯的确立不违反刑法谦抑性原则

"在刑法观念逐步转向功能主义、刑法与政策考虑紧密关联的今天，刑法的谦抑性并不反对及时增设一定数量的新罪。"刑法的谦抑性并非绝对否定犯罪化。当前，在社会风险防控和环境风险防控领域，国家公权力发挥作用不足而非过度，刑事制裁整体适用缺位而非过严。"在环境、公共健康、市场和有组织犯罪等领域，刑法的扩张亦即新型犯罪的创设，非常明显地表明犯罪化的刑事政策比去罪化的刑事政策用得更多。"作为一种理念与制度的革新，法益刑事保护提前化在本质上是刑法理论对实践需求的理性回应。"德国刑法并非在谦抑，而是在不断向外扩展，其中包含了远远处于'古典'刑法理论之外的领域。"新型犯罪对法益的侵害呈现出空前的危害性，而传统刑法面对犯罪治理需求难以有所作为。为回应国家和公众对安全与秩序的强烈诉求，刑法理论不断自我更新，对同一法益的刑法保护在立法上就会体现为法益刑事保护的提前化[21]。

2. 从生态环境犯罪自身特点上看在环境资源犯罪中设置危险犯的必要性

生态环境犯罪，尤其是污染环境犯罪行为的持续时间长、危害大、涉及范围广等特点决定了在环境资源犯罪中有必要设置危险犯。一是鉴于污染环境犯罪的持续时间长，从立法上将其设置为危险犯，把污染环境行为犯罪成立的时间点提前，刑法提前介入，将环境危害控制在萌芽状态，甚至在行为发生的初始阶段就予以遏制，对于尽可能减少环境损害具有重要作用。二是鉴于污染环境犯罪危害结果的涉及范围广，将污染环境犯罪设置为危险犯，使环境危害行为在对大范围的环境产生侵害危险时即成立犯罪，把可能发生的大范围环境侵害控制在实际危

---

[21] 侯艳芳. 环境法益刑事保护的提前化研究 [J]. 政治与法律，2009（3）：111-120.

害结果发生之前，尽可能避免大规模环境实际危害结果的发生。

另外，污染环境危害结果具有不可逆转性和潜在性决定了在污染环境犯罪中设置危险犯的必要性。一是污染环境危害结果具有不可逆转性，这要求环境保护应重视环境危害的防治，事前预防重于事后惩治。为了防止出现难以逆转的环境实际危害结果，立法者应当将某些环境犯罪的停止时间点提前，适当规定危险犯，加大对环境犯罪的打击力度。二是污染环境危害结果具有潜伏性，污染环境行为对法益的实际危害结果在行为实施后相当长的时间内才会突显，危害行为和危害结果之间具有相当长的时间差距。将环境犯罪规定为实害犯，对犯罪成立的认定须等待实害结果的发生，这会造成时过境迁带来的取证困难、因果关系难以认定以及责任分配难以确认等弊端。将污染环境犯罪设置为危险犯，有利于及时、准确并高效地追究环境犯罪的刑事责任。

3. 从危险犯的功能看在环境资源犯罪中设置危险犯的可行性

我国将大部分环境资源犯罪设置为实害犯，这就在很大程度上限制了环境资源犯罪的成立范围，造成环境资源违法犯罪的制度缺陷。而在环境资源犯罪中设置危险犯，将具有重大环境资源实际危害结果发生的危险作为某些环境资源犯罪的成立条件，使环境资源刑法介入时间提前，从而适当地扩大环境资源刑法调整的范围，并且能够使人们依据环境资源侵害的特点更加具有针对性和可行性地追究环境犯罪的刑事责任。

一般说来，危险犯以发生侵害法益的危险状态为即可，换言之，只要行为人实施了侵害法益的作为或者存在不作为并将某种法益置于危险状态，而不以对法益产生实际的危害结果为必要。危险犯中的危险作为一种危害结果，有其自身的特点，作为危害行为引起的客观事实，具有不以人的意志为转移的客观属性。这正是由于危险犯中危险的客观性是危险犯的重要特征之一，也是环境资源犯罪中设置危险犯的重要原因。但该危险与实害犯所要求的有形的、可以具体测量的结果并不相同。实务中，环境资源违法犯罪行为具有导致重大实际危害结果发生的客观性，如果不是某个偶然因素的作用，这种造成重大实际危害结果的可能性就会转化为现实，危险就会转化为实害，所以生态安全保护这一亟须刑法发挥预防功能才更加需要设置危险犯。

（三）生态犯罪中设立危险犯的立法构想

具体到生态犯罪，应在对犯罪行为人施以刑罚时将具体的实害结果排除在外，只要行为本身被认定为可罚即可，而不是行为所引起的结果被认定为可罚。这样，只要实施了具有危险性的行为，就可以利用刑法对其进行规制。

1. 以设立具体危险犯为主、抽象危险犯为辅的原则

危险犯有两种表现形式，一个是具体危险犯，另一个是抽象危险犯。具体危险犯中的"危险"必须是真正危险，不仅是现实存在的，而且是即将发生的；抽象危险犯中的"危险"则是一种法律的拟制，即将原本不同的行为按照相同的行为进行处理，其中包括将原本不符合某种规定的行为按照该规定进行处理。因此，抽象危险犯中的"危险"并非真实存在的危险。如果某种不法行为经常发生，立法者就将其拟制为一种"危险"，只要该行为发生，就认为某种"危险"出现，可以直接定罪处罚，而不将行为的侵害结果作为归责要素。为了积极避免环境危害后果的发生，应当在生态犯罪领域进行抽象危险犯的立法扩张。由于环境危害的结果具有潜伏性和不可逆转性，需要在危险刚刚出现时就将其消灭。如果只是在出现危害结果时才对行为人予以处罚，那么行为人就会抱有侥幸心理，因为只要不造成严重危害结果就不会受到刑罚处罚，还能够获得巨大的经济利益。刑法所具有的威慑作用在大量的环境危害行为面前无计可施，增加生态犯罪人实施犯罪的概率。因此，在生态犯罪中设立抽象危险犯有利于体现刑法所具有的威慑力，在行为人实施危害环境的行为时使其所受惩罚远远大于其所获利益，从而减少司法实践中危害环境行为的发生。为了发挥生态刑法的保护作用，世界各国大多在环境资源犯罪中设置了危险犯，并且通常是具体危险犯而非抽象危险犯。各国环境资源犯罪中危险犯的设置主要采取具体危险犯的形式，当然，为了避免可罚性的过度扩张，具体罪名的设立要遵循具体危险犯为主、抽象危险犯为辅的原则。

2. 适当地设立过失危险犯

过失危险犯是指行为人由于过失而使行为引起危险状态，因而构成犯罪并给予处罚的情形[22]。传统刑法理论认为过失犯罪的成立必须要求造成危害结果，因而过失犯罪和危险犯从来都是泾渭分明的两种犯罪，但是过失危险犯却是过失犯罪和危险犯这两种形态的联合体。对于过失危险行为是否应该入罪，我国刑法学界的意见并不统一。有的学者坚持认为危害结果是追究过失犯罪责任范围的客观尺度，随性地扩大过失犯罪的责任范围是刑事立法的倒退。此外，过失犯罪中行为人并没有犯意，对过失危险犯追究刑事责任达不到特殊预防的目的[23]。有的学者则认为，现代社会充满的不确定性、复杂性使过失危险犯有其存在的理论和现实基础。危害结果不能只被理解为实际损害，危险状态也应当被看作是一种危害结果。危险犯其实也是一种结果犯，只是这种结果不是实害结果，而是一种

---

[22] 刘仁文. 过失危险犯研究 [J]. 法学研究，1998（3）：12.

[23] 孙国祥. 过失犯罪导论 [M]. 南京：南京大学出版社，1991：131-132.

危险结果[24]。笔者认为，生态犯罪造成的后果往往具有不可逆性，而且在很多情况下，行为人也许并没有意识到危险状态会发生，但对相关环境保护规定却是明知故犯。这种明知故犯的违法行为很容易引起严重的后果，只有对其发挥刑法的震慑作用，才有可能降低生态犯罪潜在风险转化为实际损害的概率，达到保护生态环境、预防生态环境犯罪的目的。

四、完善刑罚方式

（一）提高生态环境犯罪的罚金数额

由于现行《刑法典》未对生态环境犯罪的罚金数额做明确规定，因而在司法实践中，法官多是通过自由裁量来判定罚金数额。从司法实践来看，法官对生态环境犯罪判定的罚金数额过低，既不能使犯罪行为人受到应有的惩罚，也不能发挥刑罚的威慑作用。生态犯罪属于贪利性犯罪，只有判处数额较大的罚金刑，才有可能将犯罪行为人所赚取的利润剥夺，对其形成威慑作用。国外生态环境犯罪刑事立法所规定的罚金数额远远高出了我国司法实践中所判处的罚金数额，无论是对个人的罚金刑还是对单位的罚金刑。以澳大利亚新南威尔士州为例，未经授权的取水行为最高可判处 110 万澳元和 2 年监禁，公司犯罪则判处 220 万澳元。美国对于首次因过失违反《清洁水法》规定的行为人，处以每违法日 2500美元至 25000 美元的罚金，或处以一年以下监禁，或并处。再次违法者则判处最高罚金的双倍罚金。对于故意违法的行为，第一次处以每违法日 5000 美元至50000 美元的罚金和三年以下监禁，再次违法者则判处最高罚金的双倍罚金。高额的罚金刑对生态环境犯罪行为人起到了很好的震慑作用，也对一般公众起到了警示作用，从而能够实现惩治和预防生态犯罪的目的。

针对我国目前生态环境犯罪罚金数额较低的现状，应当对立法中生态环境犯罪的罚金刑进行完善。第一，应当以限额罚金制[25]对生态环境犯罪的刑罚数额做出规定。目前，我国对生态犯罪罚金刑采取的是无限额罚金制，即条文中并未对罚金数额做出具体规定，而是赋予了法官较大的自由裁量权，容易造成判决结果轻重不一。从司法实践来看，我国目前生态环境犯罪的罚金数额相对较低。应

---

[24] 俞利平，王良华. 论过失危险犯 [J]. 法律科学，1999（3）：21.

[25] 目前关于环境犯罪罚金数额主要采用以下几种确定方式：一是限额罚金制，即在刑罚中规定罚金的上限和下限；二是无限额罚金制，即指刑法中没有规定罚金的处罚数额，而仅仅规定"并处罚金"或"可以并处罚金"，至于实际判处罚金的数额，则由法院根据具体情况判处；三是倍比罚金制，即《刑法》规定以与犯罪有关的某一个数额为参照，再判处犯罪人该数的倍数或者一定比例的罚金；四是日额罚金制，又称日付罚金制，是按照确定缴纳罚金的天数和每天应当交付的罚金数额逐日缴付罚金的制度。

当采取限额罚金制对生态环境犯罪罚金数额的上限和下限做出规定，使判决结果基本统一且保证犯罪行为人不能通过犯罪行为获得任何利益，起到一般预防和特殊预防的效果。第二，应当同时判处自由刑和罚金刑。现行《刑法典》规定的罪名中，有 10 类生态犯罪在判处刑罚时可以选择性地适用自由刑或罚金刑，只有 4 类是同时判处自由刑和罚金刑。有的学者认为，鉴于生态环境犯罪是贪利性犯罪，应当将罚金刑上升为主刑。不管罚金刑的数额多大，自由刑的威慑力是远远超过罚金刑的。如果将罚金刑作为惩治生态犯罪的主要方式，那只会鼓励更多的人实施犯罪行为，因为最坏的结果也只是财产损失。应当将 14 类生态犯罪全部采取自由刑并处罚金刑的方式，对犯罪行为人起到威慑作用。如果犯罪行为人实在无力支付罚金，那么就通过增加自由刑的方式来达到平衡。

（二）增加资格刑、生态修复等责任方式

增设资格刑，保障污染环境罪刑罚执行到位。我国经常出现法院对已判案件执行不到位的情况发生，这其中就包括了环境类犯罪案件。环境破坏行为人对法院判决怠于或者执行不到位，无限期拖延应缴纳的罚金，导致生态环境的恢复不及时，进而引发更为严重的损耗。对此，可以在我国刑罚附加刑中增设资格刑，并重视资格刑的运用。采取剥夺资格刑的形式，设置准入机制，以防止犯罪行为人再次利用该资格实施犯罪行为，起到了一定的预防作用。资格刑的设立，对环境破坏行为人设立一定的准入障碍，比如，行业准入、经营范围的限定、职业资格证书以及荣誉的取消等，都可对行为人产生震慑力。

在生态环境刑事立法中，有必要细化环境类犯罪的刑罚体系，并提高环境类犯罪的法定刑幅度，依据环境破坏行为人的不同以及污染方式的不同，适用不同的刑罚，避免刑法打击不到的情况出现，也能使环境破坏行为人在作出行为之前，意识到环境污染的重要性，从源头根除环境污染的发生。

构建环境类犯罪刑事处罚方式的多元化，同时建立刑罚措施与非刑罚措施并举的刑事处罚模式，刑罚作为一项重要手段，在治理、预防生态环境类犯罪方面具有良好的效果。刑罚只是我国打击生态环境类犯罪众多手段中的一种，并不是唯一手段，然而刑罚的严厉性决定了适用的范围不大，所以完全以刑罚这一手段来根除生态环境类犯罪并不现实。从预防犯罪的角度出发，可以借鉴国外的相关规定，增设一定数量的资格刑，以避免将来可能出现的环境损害。采取一些非刑罚化的措施，比如恢复生态原状、公开道歉、限期整改等，可以在打击生态环境犯罪中发挥作用，也更有利于根据环境类犯罪的不同主体、原因、情节等要素，选择适用刑罚和刑罚对行为人进行处罚，对环境类犯罪进行规制，进而有效保护生态环境。

第四章

生态环境犯罪的司法完善

第一节　生态环境行政执法与刑事司法衔接程序

生态环境行政执法与刑事司法作为生态环境保护的两种重要手段，其协同运作是我国环境保护和生态文明建设的根本法治保障。我国法律、法规和其他规范性文件就环境行政执法与刑事司法衔接等方面做了具体规定。但我国生态安全行政执法与刑事司法衔接机制的实践运行面临诸多问题，突出表现在：多头执法、有案不移、以罚代刑的处理成为常态，生态安全"行政执法与刑事司法衔接不畅"等。鉴此，笔者通过考察我国环境行政执法与刑事司法衔接机制的运行现状及其存在的问题，具体分析我国环境行政执法与刑事司法衔接机制功能发挥受限的制约性因素，对当前理顺环境保护行政机关与司法机关的衔接理论展开理性思考，从完善我国生态安全行政执法与刑事司法衔接机制视角提出相应的对策与建议，具体包括：注重案件移送程序与移送标准的立法完善、完善执法信息共享机制、强化检察机关对案件移送的动态监控、完善不移送案件的刑事追究机制。另外，强调建设专业化、规范化的队伍是做好生态安全行政执法与刑事司法的重要保障，有必要在生态安全领域推行跨部门综合执法，探索建立以专业公安机关为主体刑事侦查部门。

一、我国生态安全行政执法与刑事司法衔接机制的制度规范和实务现状

（一）实体法规定

我国 1997 年《刑法》第六章第六节专门规定了"破坏环境资源保护罪"，2000 年最高人民法院出台了《关于审理破坏森林资源刑事案件具体应用法律若

干问题的解释》《关于审理破坏野生动物资源刑事案件具体应用法律若干问题的解释》，2006 年最高人民法院出台了《关于审理环境污染刑事案件具体应用法律若干问题的解释》，2013 年最高人民法院、最高人民检察院联合出台《关于审理环境污染刑事案件具体应用若干问题的解释》，在保留、完善 2006 年的《关于审理环境污染刑事案件具体应用若干问题的解释》有关内容的基础上，根据污染物排放地点、排放量、超标程度、排放方式以及行为人的前科，界定了"严重污染环境"的 14 项认定标准。为进一步提升依法惩治环境污染犯罪的成效，加大环境司法保护力度，有效保护生态环境，推进美丽中国建设，2016 年最高人民法院、最高人民检察院发布了《关于办理环境污染刑事案件适用法律若干问题的解释》，该解释结合当前环境污染犯罪的特点和司法实践反映的问题，依照刑法、刑事诉讼法的规定，对相关犯罪定罪量刑标准的具体把握等问题做了全面、系统的规定。

结合环境资源犯罪的立法实践，环境资源犯罪的立法趋势有以下特点：一是破坏环境资源犯罪的法律标准统一、明确。二是环境资源犯罪的入罪门槛一再降低，体现了从严打击环境资源犯罪思想。如环境污染犯罪不再将"严重污染环境"解释为必须造成公私财产重大损失或者人身伤亡的实际损害后果，司法解释也列举出只要有私设暗管排放有毒物质的行为即可定罪，同时环境监管失职罪的入罪门槛也相应降低，加大了对环境监管机构和人员的责任追究力度。

（二）程序法规定

从目前的法律规定来看，环境行政执法与刑事司法衔接机制逐步完善。行政法规方面，国务院于 2001 年 7 月 4 日通过了《行政执法机关移送涉嫌犯罪案件的规定》，以"保证行政执法机关向公安机关及时移送涉嫌犯罪案件"，规定了行政执法机关移送涉嫌犯罪案件的法律依据、法律程序、法律责任等内容；最高人民检察院分别于 2001 年 12 月、2004 年 3 月、2006 年 1 月单独或与其他部门联合发布了 3 部规范性文件人民检察院《办理行政执法机关移送涉嫌犯罪案件的规定》，最高人民检察院、全国整顿和规范市场经济秩序领导小组办公室、公安部《关于加强行政执法机关与公安机关、人民检察院工作联系的意见》，最高人民检察院、全国整顿和规范市场经济秩序领导小组办公室、公安部、监察部《关于在行政执法中及时移送涉嫌犯罪案件的意见》，这些都明确了人民检察院在行政执法机关移送涉嫌犯罪案件中的职责，将行政执法机关移送涉嫌犯罪案件的情况纳入检察监督的范畴；2007 年 5 月，国家环境保护总局、公安部、最高人民检察院联合出台《关于环境保护行政主管部门移送涉嫌环境犯罪案件的若干规定》

专门规范环境保护行政主管部门及时向公安机关和人民检察院移送涉嫌环境犯罪案件，明确环境保护行政主管部门移送涉嫌环境犯罪案件的法律程序、法律责任、证据要求等内容，我国环境行政执法与刑事司法衔接机制初步建立起来；2011 年 2 月，中共中央办公厅、国务院办公厅转发国务院法制办等部门《关于加强行政执法与刑事司法衔接工作的意见》，重点解决行政执法领域中有案不移、有案难移、以罚代刑的问题，进一步明确行政执法与刑事司法衔接工作机制所涉及的行政执法机关、刑事司法机关以及检察机关应当履行的职责及工作程序，并提出了监督制约措施和加强组织领导的措施；2013 年 11 月 4 日，环境保护部与公安部联合下发《关于加强环境保护与公安部门执法衔接配合工作的意见》，加强环境保护、公安两部门在环境执法工作中的衔接配合提出了 14 点意见，进一步完善了我国环境行政执法与刑事司法衔接机制。

二、我国环境行政执法与刑事司法衔接机制运行中存在的问题

从上述规范性法律文件的不断出台来看，一方面体现了国家不断从立法层面规范生态安全行政执法与刑事司法衔接机制，从另一方面也反映出当前我国生态安全行政执法与刑事司法衔接机制的实践运行效果不佳，正如 2011 年《关于加强行政执法与刑事司法衔接工作的意见》中明确指出："在一些行政执法领域，有案不移、有案难移、以罚代刑的问题仍然比较突出。"可见，我国环境行政执法与刑事法衔接机制并未按照立法的理想效果。当前，我国生态安全行政执法与刑事司法衔接机制的实践运行面临诸多问题，主要表现在以下 4 个方面。

（一）多头执法

如前所述，我国生态环境行政执法涉及众多部门。具体到生态环境行政执法领域，根据相关的法律规定，行政执法主体如下：环境保护方面《环境保护法》规定，县级以上地方人民政府环境保护行政主管部门，对本辖区的环境保护工作实施统一监督管理，即环境保护行政主管部门是环境执法的主体。海洋环境污染防治中《中华人民共和国海洋环境保护法》（以下简称《海洋环境保护法》）就规定了统一主管和分工负责相结合的监督管理体制，具体是由国务院环境保护部门主管，国家海洋行政主管部门、国家海事行政主管部门、国家渔业行政主管部门和军队环境保护部门共同分工负责的管理体制。自然资源保护领域生态监管主体就更为复杂，按照资源要素的不同，自然资源保护监管的主体也有所不同。土地资源保护领域其监管主体是国家土地行政主管部门；水资源保护是以国家水行政主管部门为主，国务院各有关部门按照职责分工，负责水资源开发、利用、节

约和保护的有关工作的管理体制；森林资源由国家林业行政主管部门为监管主体；草原资源由国家草原行政主管部门为监管主体；渔业资源管理中《中华人民共和国渔业法》（以下简称《渔业法》）规定，国务院渔业行政主管部门主管全国渔业工作；矿产资源保护实行主管与协管相结合的监督管理体制，即国家地质矿产部门主管，有关其他部门协助进行矿产资源勘查、开采的监督管理工作；野生动植物资源实行分部门和分级监督管理的体制，主要由国家林业、渔业、农业、建设、环境保护等行政部门分别主管。

一般来说，行政执法机关因为各自承担的执法任务不同，管理的权限差异，长期以来在一些立法工作中过于强调"条条"管理，法律、法规所规定的行政处罚权往往落实到政府的某一个具体部门。这样，在实践中造成制定一部法律、法规，就设置一支执法队伍。因而执法机构林立，力量分散，界限不清，缺少整合与协调，必然导致权责交叉。

这种现象在生态安全行政执法领域尤显突出，上述相关法律对生态安全执法主体都作出了相关规定，可以看出环境保护行政主管部门并不是唯一的生态执法主体，森林资源及野生动植物资源保护、防沙治沙的执法主体为林业和草原部门、水资源保护的执法主体为水利部门、农业环境的执法主体为农业部门、社会生活噪声的执法主体为公安部门、海洋污染防治的执法主体为海洋部门、土地利用和矿山开发环境的执法主体为国土资源部门等，此种情势不可避免地致使不同部门生态执法机构的职能交叉和重叠。而之所以会出现这种局面，是因为我国的生态管理体制是从各部门分工管理逐步转变为统一监督管理和分工负责相结合的管理体制，在体制转变过程中只注意对新机构的授权，不注意对原有机构及其相关职能的整合，从而就发生了某些生态管理机构重复设置的现象，导致了政府内部某些生态管理机构的职能错位、冲突、重叠等体制性障碍，造成国家公共利益和部门行业利益的冲突。因此，在实务中当多个执法机关就同一对象或者同一行为进行管理时，就会出现多头执法、权限冲突或者推诿塞责等问题。有关生态安全监管的权力分散于多个行政执法机关，环保、林业、农业、国土、水利等部门均拥有执法权力，但是，执法的依据不同、执法的方式各异，导致对于生态安全问题分段管理、各自为政，严重影响了执法效果，也损害了执法的权威，无法实现无缝隙的统一监管。

（二）以罚代刑

以罚代刑是生态环境执法常见的现象，其原因主要在于：

第一，行政执法的被动性。很多地方政府在发展经济优先的思维主导下，受政绩观影响，片面追求 GDP（国内生产总值）政绩观，甚至放纵当地企业的污染环境和破坏资源。而作为政府组成部门的相关资源保护、环境污染防治等部门受制于地方政府，在行政管理和行政执法中不得违背政府的意志。实务中，生态安全执法部门在移送当地企业，尤其是涉及国企和央企的环境资源涉罪案件经常受到相关部门的不法干涉。因此，在日常执法中，即使发现环境资源涉罪案件，执法部门也往往选择行政处罚的内部消化策略。

第二，行政执法的私利性。实务中，行政罚款往往是行政执法部门最常见的处罚手段，具有明显的功利性和天然的经济刺激性。有些行政执法部门为了部门利益，怠于移送涉罪的生态环境案件。实务中，很多生态环境行政执法部门不是将涉嫌犯罪的案件直接移送公安机关，而是采取行政罚款处罚了事。

第三，行政执法的相对独立性。鉴于行政执法资源的有限性、专业的局限性与信息来源的封闭性，检察机关往往难以及时、全面掌控环境资源部门的行政执法情况。尽管我国目前已经初步建立了生态安全"两法衔接"相关的信息共享机制、联席会议机制、情况通报交流机制、备案查询机制等，但在实践运行过程中，这些制度并未发挥其预期功效和作用。

（三）移送程序：涉罪案件移送难以有序移送

涉罪案件移送是行政执法与刑事司法衔接的前置程序，当前移送程序的法律规定和移送标准上还存在很多问题。主要表现在：

第一，案件移送程序法律规定的不匹配。其一，案件移送期限规定不一。国务院 2001 年出台的《行政执法机关移送涉嫌犯罪案件的规定》第五条规定"行政机关负责人批准移送的，应当在 24 小时内向同级公安机关移送"，而国家环境保护总局、公安部、最高检联合发布的《关于环境行政主管部门移送涉嫌犯罪案件的若干规定》第五条则规定"环保机关负责人应当在二个工作日内向公安机关移送"。这些具体规定不一致，导致环保资源部门在案件移送时无法操作。其二，案件移送证据转化难。根据《刑事诉讼法》第五十二条明确规定行政执法证据可作为刑事诉讼的证据使用。但在实际执法过程中，生态安全执法所获得的证据与刑事所要求的证据在证据能力和证据力等方面存在很大的差距，因此在行政证据和刑事证据转化与适用上存在较大困难。

第二，案件移送标准。根据《中华人民共和国行政处罚法》（以下简称《行政处罚法》）第二十二条规定，违法行为构成犯罪的，行政机关必须将案件移送司法机关。《行政执法机关移送涉嫌犯罪案件的规定》第三条规定，行政执法机关发现违法事实涉及的金额、情节、造成的后果涉嫌构成犯罪，也就是说，只有发现并查清违法犯罪事实，在此前提下行政机关才能移送涉罪案件。比较而言，《行政执法机关移送涉嫌犯罪案件的规定》第三条所确立的"移送标准"，门槛较高，更加严格。考虑到环境污染、资源破坏认定事实的及时性、专业性、复杂性，环境资源部门在移送案件之前不仅要查清案件事实，还要准确把握案件的情节、危害后果以及因果关系，这些对于环境资源部门来说难度较大，很大程度影响涉罪案件的移送。

根据刑法谦抑性原则，刑事手段是预防环境犯罪最有力的也是最后的一道防线，生态安全行政执法与刑事司法衔接机制运行高效、顺畅，生态安全法治化的程度会更高，毫无疑问，其威慑力也会大大加强。但环境生态安全行政处罚作为常规手段，而刑事手段阙如的境况，却将环境资源"两法衔接"不畅问题暴露无遗。因此，要想实现生态安全行政执法与刑事司法的有效衔接与高效运转，必须提高案件移送效率，规范移送程序，细化具体操作，保障案件顺利移送，进而保证环境资源涉罪案件得到及时、公正、高效的办理。

（四）检察监督不力

关于环境资源保护部门有效地移送涉嫌环境资源犯罪案件的问题，需要行政机关能依法自觉地、主动地移送涉嫌犯罪案件，除此之外，也需要外部的有效监督，尤其是作为专门的法律监督机关，人民检察院的监督极其重要。

但在实际执法过程中，人民检察院行使的法律监督权还需要进一步加强。如果不强化法律监督，则正好加重了相关部门的自利和侥幸的心理，环境资源部门常常会做出有案不移、以罚代刑的执法应对，使环境资源"两法衔接"机制运转不畅。

根据相关法律规定，我国人民检察院对生态安全行政执法的法律监督主要是立案监督。首先，在案件移送环节，《行政执法机关移送涉嫌犯罪案件的规定》第十四条规定，行政执法机关移送涉嫌犯罪案件，应当接受人民检察院和检察机关依法实施的监督。但应当如何进行操作，《行政执法机关移送涉嫌犯罪案件的规定》则没有作出详细具体的规定。最高人民检察院通过的《人民检察院办理行政执法机关移送涉嫌犯罪案件的规定》，国家环境保护总局、公安部、最高检联合出台的《关于环境保护行政主管部门移送涉嫌环境犯罪案件的若干规定》以及《关于加强环境保护与公安部门执法衔接配合工作的意见》也都笼统地规定了"移案监督"的方式与程序，但与法律法规相比较，由于这些规范性文件效力位阶过低，实务难以操作。

在"立案监督"层面，《行政执法机关移送涉嫌犯罪案件的规定》第九条规定，行政执法机关可以建议人民检察院依法进行立案监督，人民检察院的法律监督实际是被动的，检察机关主动介入监督的规定阙如。

三、完善我国环境行政执法与刑事司法衔接机制的对策建议

（一）注重案件移送程序的立法完善

从上述相关法律文件可以看出，我国当前关于环境资源涉罪案件移送程序方面存在很多冲突与矛盾，如果能够统一立法，当然是最好的选择，但是考虑到目前的现实，打破现有的立法体系去重构是非常困难的。我们认为，现阶段应当整合资源，形成合力，加强对现行环境资源涉罪案件移送程序立法的调整和统筹。

第一，实现移送标准的相对统一。我国《行政处罚法》《行政执法机关移送涉嫌犯罪案件的规定》《关于环境保护行政主管部门移送涉嫌环境犯罪案件的若干规定》《关于加强环境保护与公安部门执法衔接配合工作的意见》等规范性法律文件对案件移送程序都作了相关的规定。从内容上来看，很多规定都是重复的；从效力上来看，上述规范性法律文件有法律、行政法规、部门规范性文件，效力层次不一，并且也有法律效力从高到低的排序。但从实际操作来看，冲突矛盾之处较多。具体地说，《行政处罚法》法律位阶最高，但其相关规定过于笼统，缺乏操作性；《关于加强环境保护与公安部门执法衔接配合工作的意见》对涉罪案件移送程序的规定更为具体明确，但其法律位阶较低。为实现环境资源涉罪案件移送标准相对统一，必须对相关规范性文件进行宏观统筹：一是提高环境资源涉罪案件移送程序法律规定的效力层次，使其具有普遍约束力；二是相关规范性法律文件应依据《行政执法机关移送涉嫌犯罪案件的规定》的内容做出调整和修改，做到立法的相对协调和统一。

第二，降低涉罪案件的移送标准。《行政执法机关移送涉嫌犯罪案件的规定》第三条所确立的"移送标准"，相比较《刑事诉讼法》第一百一十条所规定的"立案标准"，显得过高。这样的移送标准，高门槛使得大量的环境资源涉罪案件很难被立案追诉，实务中，往往也会导致大量应当移送的案件无法进入刑事诉讼程序。因此，应当对《行政执法机关移送涉嫌犯罪案件的规定》第三条的移送标准的规定进行适当地修改，做到执法机关移送案件的标准适当低于刑事追诉的立案标准，降低涉罪案件的移送门槛。

（二）完善执法信息共享机制

执法信息是行政执法与刑事司法衔接的媒介和纽带。行政执法与刑事司法衔

接的各种机制要真正地实现良性运转，必须保持执法信息的交流和沟通。实务中，建立和完善行政执法与刑事司法案件信息共享平台是重要的方式，发挥其在行政执法与刑事司法之间起到交流、沟通、协调、共享等作用，这也是"两法衔接"的重要保障。回顾"两法衔接"立法历程，法律已经逐步趋于完善，但实务中"有案不移""有案难移""以罚代刑"等现象仍不同程度存在，其很大原因就在于未能建立一套科学的执法信息共享平台。执法信息共享是解决"两法衔接"瓶颈问题的突破口，不仅能做到信息交流和共享，还能成为司法机关提前介入的重要路径。以江苏省为例，公开行政执法信息被作为江苏省推进"两法衔接"的重要抓手，江苏省近年来着力打造覆盖全省的信息共享平台，2013年该省查处涉嫌环境犯罪案件51起，涉嫌环境犯罪立案数超过之前15年的总和，逐步形成行政机关不愿、不敢、不能以罚代刑的执法氛围。

环境资源涉罪案件信息共享平台的建立和完善，必须做到将所有的日常环境资源行政处罚案件均录入执法信息共享平台内，让侦查部门知晓所有行政处罚案件信息，并纳入人民检察机关的监督范围之内。因此，必须打破环境资源行政执法的闭塞性，建立一整套信息分享机制，包括行政执法通报制度、执法备案查询制度等。人民检察院依托这些制度平台，做到及时发现涉罪线索、督促案件移送，有效防止和纠正环境资源部门有案不移与以罚代刑现象。

（三）强化检察机关对案件移送的动态监控

一切的权力都存在滥用的可能，这是亘古不变的真理。除了立法上予以规范以外，加强检察机关的动态监督是案件移送的重要方式，应当做到以下三点。

第一，加强案件移送监督。司法实践中，人民检察院对环境资源涉罪案件的监督以"立案监督"为主，重心在于立案环节的监督，往往会忽略过程监督和动态监督。结合环境资源涉罪案件的实务，当前检察监督的重心应当放在案件移送监督上。人民检察院在履行公安侦查机关立案监督的同时，还应加强行政执法机关及时移送涉嫌犯罪的案件。检察机关除了履行对涉罪案件移送的监督法律规定的义务以外，应当探索建立专项立案监督制度、提前介入监督制度、联合执法制度等相应的配套制度，以保证人民检察院在环境资源"两法衔接"中的主动地位。

第二，健全联席会议机制。检察机关通过联席会议，针对行政执法与刑事司法衔接过程中存在的疑难问题进行定期的交流和研讨，这对于加强合作、促进衔接、提高效率具有重要的作用，具体包括对环境资源部门的案件处理以及其他各种有关涉罪案件线索进行探讨，厘清各类案件的难点疑点，同时开展刑事法律方面的业务指导。

第三，倡导检察机关提前介入。实务中，为了充分发挥检察机关对于案件定性、法律适用等方面的专业优势，对于造成严重后果、社会影响较大的环境资源涉罪案件，人民群众反映强烈、新闻媒体报道的案件等，检察机关可以派员主动提前介入，指导行政执法工作，引导行政执法机关围绕案件定性进行证据收集、固定和保全工作。同时，行政执法机关也可以主动邀请检察机关参与执法工作，进行联合执法及时根据案情对案件做出有效处理。这对于实现案件的准确定性和保证收集证据的效力具有重要作用。

第二节　生态犯罪刑事规制的司法专门化

随着日益严重的生态破坏和环境污染的形势，作为应对，我国各地陆续开始探索生态环境司法专门化的实践。可以说，生态环境司法专门化并非来自理论，也非常规的理论先行，它是由各地生态环境司法实践和司法专门化过程中有效结合而形成的，这都是源于解决环境纠纷和治理环境问题的时代需要而产生的。环境司法专门化是解决生态环境纠纷、预防和惩治生态破坏和环境污染违法犯罪行为的必然选择，是推进生态文明建设的重要法治保障。人民法院担负着保障法律实施的重要职责，在推进生态环境治理体系现代化进程中具有不可替代的重要作用[26]。应当说，在这个伟大的进程中，生态环境司法发挥不可或缺的保障作用的同时，更为推进环境司法专门化积累了大量的研究素材和实践经验。最高人民法院高度重视环境司法保障工作，近年来，为推进环境司法专门化做了大量重要工作。2014 年 3 月，《最高人民法院工作报告》中明确提出，要"加强知识产权和环境资源审判机构建设"和"做好环境资源案件审判工作"。2014 年 7 月，为回应人民群众环境资源司法新期待，为生态文明建设提供有力的司法保障，最高人民法院成立了专门的环境资源审判庭。2015 年 3 月，《最高人民法院工作报告》指出，最高人民法院设立环境资源审判庭。近年来，我国法院从树立现代生态环境司法理念、建立专门审判机构、依法公正审理案件、推进公益诉讼、深化司法改革等方面着手，构建包括审判机构、审判机制、审判程序、审判理论以及审判团队专门化在内的"五位一体"专门化体系，推动环境司法取得重要阶段

---

[26] 人民法院依法惩治污染环境、破坏资源等犯罪，监督行政机关依法履行环境资源保护职责，加大环境权益保护力度，为保障人民群众生命健康和财产安全，维护国家和社会公共利益，促进经济社会可持续发展作出了积极的贡献。2014 年 1 月至 2017 年 3 月，中国法院受理环境资源刑事、民事、行政一审案件 415089 件，审结 377258 件，切实维护人民群众环境权益，保障自然资源和生态环境安全。

性成果。

一、生态环境司法专门化的理论基础

第一，一般意义上的社会分工专门化需要生态环境司法的专门化。生态环境司法专门化的生成路径，客观上反映的是法律与社会现实之间的关系，体现了法律制度对现实社会的回应。现代社会，随着专业分工的精细化，社会纠纷也出现专业化和复杂化发展倾向，从而使传统的民事、行政、刑事审判庭难以应对一些专业领域内的问题。

法律向来就是一项精密的科目，内部分化很复杂，这要求执掌它的人必须经过长期的努力与积淀，才能成为某一方面的"专家"。由于我国法律职业共同体建设的时间还不长，法律职业的专业化远不如国外那么明显。随着社会经济的发展和对外开放的不断深入，社会纠纷的复杂程度越来越高，法律职业也开始表现出明显的细化趋势，在这种背景下，在原有审判机构的基础上，根据纠纷的密集程度分化出相关的业务审判庭，无疑有助于各类专业化领域问题的解决。因为这种审判机构的专门化，必将带来法官队伍的知识化，催生出一批在某一领域非常专业且深谙此类案件审判规律的专业型与经验型法官，从而为化解专业问题提供坚实的组织保障。总之，社会分工的细化体现了人类的发展和进步，而审判机构专门化也体现出司法的发展与进步。日益复杂而精密化的社会纠纷呼吁司法组织的专业化，反过来，审判机构的专门化也将有助于各类社会纠纷的有效解决。所以，根据社会纠纷的种类、特点和数量，适时分化出专门化审判庭，对于发挥司法的社会功能，促进司法自身的壮大发展，都具有深远的意义[27]。

第二，由于生态环境问题和违法犯罪案件的特殊性在客观上的要求。生态环境司法专门化所涉及的生态环境案件有其自身的特点，不但与自然资源的破坏、环境污染有关，而且涉及技术的运用，与科学技术发展相关。另外，关于生态环境损害的因果关系、责任专业认定、司法鉴定等都是专业性问题，这就决定了环境案件审理的复杂性，对司法人员需要有特殊要求，对程序也要有特殊要求，审判时要求专门化。

过去生态环境的案件涉及生态环境侵权、违法犯罪，往往由传统的民事、行政、刑事三大审判庭分别来审理一起环境案件，人为切割案件的整体性和统一性的评判，严重弱化生态环境案件审判的力度，也使得生态环境诉讼案件在司法审判过程中缺乏统一适用的标准。一般来说，生态环境侵权、违法犯罪行为跟其他

---

[27] 吕忠梅，等. 环境司法专门化现状调查与制度重构 [M]. 北京：法律出版社，2017：143-145.

的行为相比，具有专业性强、复杂程度高、知识构成广，存在更为专业的复杂的事实问题判断和法律问题判断，生态环境案件的间接性、累积性、滞后性、不确定性与科技性等特性，要求在审理程序、责任形式和救济方式上进行专门对待，直接沿用传统诉讼模式难以解决。因此，传统法院审理模式难以适应审理生态环境案件，并面临诸多的挑战，尤其是专业法律和技术专家、昂贵的诉讼成本、漫长的审判时间，缺乏专业生态环境的周全考虑等显示出需要有由专门的审判组织和专门审判人才来解决此类案件的必要。

生态环境方面的法律涉及大量的综合性法律法规和单行法律法规，体系庞大，内容复杂，即使是专业人士也不容易了解这类法律的全貌。尤其是生态环境行政执法机构众多，人员参差不齐，容易造成法律适用的标准和执法尺度不一。生态环境司法应客观考虑这方面的现实，避免在司法层面再出现同样的问题，成立专门生态环境法庭将相关的生态环境案件集中在一个审判平台，有助于统一司法和公正司法。

二、生态环境司法专门化的具体实施办法

贵州、江苏、云南、重庆、福建、海南等地较早开展生态环境司法专门化，其具体形式是设置专门审判机关或者设置专门的审判机构，司法实践中，主要表现为设置环保法院和环保法庭[28]。从理论研究和实践效果来看，环境司法专门化主要体现在环保法院或者环保法庭的设置上，其具体表现形式在于将环境民事、行政、刑事案件归口于一个审判机关或审判组织审理，即集中审理或"三审合一"归口审理[29]。当前我国环境案件审判专门化的发展和实践主要是在法院内部设置独立建制的环境资源专门审判机构，即环境资源审判庭，而对于设置类似海事法院和知识产权法院的专门环境法院，则应是环境司法专门化未来发展的愿景。2014年6月，最高人民法院设立环境资源审判庭，专门审理环境资源案件，这是世界上最高法院设立专门机构负责环境资源案件的一次创新。在最高人

---

[28] 同时，还包括环保巡回法庭和环保合议庭。环保巡回法庭是指法院为方便群众诉讼，在法院辖区内设置巡回地点，根据案件需要，定期或不定期到巡回地点受理并审判环境资源纠纷案件的制度。其设置的出发点是方便群众诉讼，并不包含环境案件专业审判的设想。

[29] 人民法院创新审判机制，将涉及环境资源的民事、行政案件，刑事案件统一归口一个审判庭审理的"二合一"或者"三合一"工作模式，在统一裁判尺度、优化审判资源方面取得了有益经验。最高人民法院环境资源庭实行环境资源民事、行政"二合一"模式。在18个已经成立环境资源庭的高级法院中，有5个高级法院实行民事、行政、刑事"三合一"模式，有7个高级法院实行民事、行政"二合一"模式。建立与行政区划适当分离的环境资源案件管辖制度，以流域等生态系统或者以生态功能区为单位的集中管辖或提级管辖，有效审理跨行政区划污染等案件。推动建立与公安机关、检察机关、环境资源行政主管部门之间的执法衔接、协调配合机制，推进构建环境资源纠纷多元共治机制。

民法院指导下，各级人民法院按照审判专业化要求，立足本地经济社会发展、环境生态保护需要和案件数量、类型特点等实际情况，探索建立环境资源审判专门机构。截至 2017 年 6 月，全国设立环境资源审判庭、合议庭或者巡回法庭共计956 个，其中，专门审判庭 296 个，合议庭 617 个，环境资源巡回法庭 43 个。福建、贵州、江苏、云南、重庆等法院还构建了涵盖三级法院的环境资源审判专门化体系。

生态环境司法专门化的内容主要有三点：一是设置专门审判机关或者设置专门的审判机构或组织，即设置专门的环保法院和环境法庭。二是司法职业人员专门化，即兼具法律知识与环境科学知识的法官。三是专门的环境司法制度，特别是环境诉讼制度。

环境审判机构专门化已渐成趋势。地方法院不约而同地走出了一条环境司法专门化的路子，设立环境法庭后，均将一定区域内的环境资源案件交由该法庭统一审判。由于环境法庭案件较少，且熟悉环境资源审判的法官也较少，环境法庭成立之后，逐步将涉环境资源的案件交由环境法庭审理，并最终形成了大致相似的所谓"三审合一"模式，即所有管辖范围内的环境资源案件，无论刑事、行政还是民事，一律交由该环境法庭审理。有些地方还将环境案件的执行职能也并入环境法庭，形成所谓"三合一"或"四合一"的专门化司法体制。

三、生态环境司法专门化与相关部门协同

生态违法犯罪行为决定了生态环境司法专门化与部门协同，主要体现在生态环境保护机关与公安机关之间的协作、生态环境保护机关与检察机关的协作、生态环境保护机关与审判机关的协作。

环境保护机关与公安、检察、审判机关之间的协作，从制度层面来看主要包括：联勤联动执法制度、联席会议制度、信息共享制度、紧急案件联合调查制度、案件查办协作和重大环境案件处置会商制度、案件移送制度、行政复议与行政诉讼配合衔接制度、立案调查制度、督促案件移送与移送备案制度、支持起诉制度、环境渎职犯罪案件启动制度、环境执法检察监督制度、派驻制度、介入引导取证制度、环境申诉案件优先办理制度、有条件推行环境公益诉讼制度、环境执法案件的司法执行制度、环保机关与司法鉴定部门的信息、技术共享制度、司法建议推动环境行政执法制度等。

四、成立生态环境损害司法鉴定机构

司法鉴定指的是"在诉讼活动中，鉴定人运用科学技术或者专门知识，对诉

讼涉及的专门性问题进行鉴别和判断并提供鉴定意见的活动[30]。"司法鉴定对案件的定性至关重要，是法官审理案件、查明事实的重要依据。随着科学技术的进一步发展，犯罪案件变得越来越复杂，司法鉴定也因此担负着更为重大的责任。

当前，随着我国公民法制意识和环保意识的加强，在遭受环境侵权并进行责任追究时，逐渐抛弃过往的行政申告转为利用诉讼等方式。作为新的犯罪类型——生态环境犯罪，因其存在巨大的法益侵害性引发了社会公众的密切关注。受我国近些年发生的一连串生态犯罪案件的影响，公众对生存环境的改善缺乏信心。我国环境污损司法鉴定体制并不完善，导致了生态犯罪案件立案难、定损难、责任认定难。其中，最主要的问题在于缺乏专门的司法鉴定机构，这里专门的司法鉴定机构指的是得到司法部授权的环境污损司法鉴定机构。由于司法部没有对鉴定机构做出具体的规定，因此现有环境污损司法鉴定机构存在国家环境标准不完备、相关机构推诿责任等问题。例如，对于社会上一些较为敏感的案件，相关机构为了避免陷入长期纠纷或者担心上级部门的压力而选择回避，拒绝承担相应的鉴定任务。许多被害人由于自身专业知识的缺乏很难确定犯罪行为人，也不能够寻求到有效的途径。生态环境犯罪，尤其是污染环境型犯罪的行为人多为具有一定经济实力的公司企业，他们很容易通过自身的社会优势打压被害人，拒绝承担相应的责任。加之现有环境污损司法鉴定机构还不具备较好完成鉴定任务的能力，生态犯罪被害人的权益很难得到维护。以江苏省为例，目前江苏省唯一具备环境污损司法鉴定资质，且可承担各级法院鉴定委托任务的机构只有江苏省环境科学学会。据不完全统计，该学会承接了包括噪声污染鉴定、空气污染鉴定、水质鉴定、治理工程质量鉴定、室内环境鉴定、电磁辐射污染鉴定、其他环境鉴定 7 类鉴定活动，分别占总鉴定数量的 33%、13%、17%、13%、10%、7%、7%。但能顺利开展并完成的鉴定活动只占鉴定总数的 33%，其余 67% 由于各种因素无法顺利完成，包括因鉴定申请人未交鉴定费用而被取消鉴定活动，因鉴定活动复杂，人、证、物不齐全而放弃鉴定，因监测机构不愿监测而未鉴定等[31]。

另外，首先生态环境的被破坏状态有别于普通财物的损毁，因为大自然本身带有一种自我恢复能力，在这种恢复能力没有彻底丧失殆尽前，受损的环境和动植物能得到一定程度的修复。比如，大气和水体可以将污染进行自净，动物受伤后有可能逐渐恢复健康，树木被砍伐的枝叶可以重新长出。这就意味着某些鉴定

---

[30] 参见《全国人民代表大会常务委员会关于司法鉴定管理问题的决定》。

[31] 周杰. 环境司法鉴定案例分析与思考 [J]. 环境监测管理与技术，2010（3）：9-10.

机会可能只有一次，如果案件后期对关键的鉴定结果出现质疑或者争议，无法像普通物品有机会进行二次或者多次鉴定。其次，生态环境的专业性强，对鉴定机构和鉴定人员的资质都有较高的要求，如果选择低资质机构鉴定很容易因为缺乏权威性在后期被直接做排非处理，但选择高鉴定资质鉴定机构则又会因为费用给公权力机关带来高昂的司法成本。最后，生态环境带有经济价值和生态价值双重价值，现有的鉴定多只能对经济价值给予准确评估，后者则因为缺乏客观标准而难以进行估算。

鉴于目前我国环境污损司法鉴定存在的问题，首先应当创设专业规范、职责明确的环境污损司法鉴定机构。当前环境司法鉴定主要依赖于质检部门所确认的监测机构的检测结果，如果这些部门由于害怕承担责任而拒绝进行鉴定，那么后续的调查起诉等工作也无法顺利开展。因此，在与环境保护相关的法律法规中，应当把承担相关鉴定任务确立为有鉴定资质机构的义务。其次，逐步规范环境司法鉴定的程序。当前司法鉴定程序主要由 2001 年出台的《人民法院司法鉴定工作暂行规定》予以调整。由于制定时间较久，难以应对环境司法鉴定工作的发展。如该条文并未对环境司法鉴定实践中出现的鉴定环境争议或被鉴定人不配合甚至阻挠鉴定工作的情况作出规定，不利于环境司法鉴定工作的开展。因此，应依据最高人民法院出台的相关规定或司法解释，尽快制定逻辑合理、结构完备的环境司法鉴定程序，保障鉴定工作公平、中立、专业、确切。最后，建立环境司法鉴定援助制度。一般来说，环境司法鉴定的费用从几千到几万元不等，对于因遭受环境污染而导致物质损害的鉴定申请人而言，则是一笔不小的开支。一旦败诉，他们还要按规定承担鉴定费。如江苏省环境科学学会每年都会因为鉴定当事人拖欠鉴定费用而不得不取消一些鉴定活动。因此，对于那些经济困难的鉴定申请人，相关部门应当及时为其提供经济支援与法律帮助。

2019 年 2 月，最高人民法院、最高人民检察院、公安部、司法部、生态环境部联合印发《关于办理环境污染刑事案件有关问题座谈会纪要》。习近平生态文明思想确立以来，这是"两高三部"第一次就办理环境污染刑事案件有关问题联合出台专门文件。其中，关于鉴定的问题予以明确。

司法实践中，鉴定难是环境污染刑事案件办理过程遇到的难题之一。为解决这一环境污染鉴定难的问题，最高人民法院、最高人民检察院对环境污染专门性问题确立了鉴定与检验"双轨制"的原则。对此，最高人民法院、最高人民检察院《关于办理环境污染刑事案件适用若干法律问题的解释》第十四条规定："对案件所涉的环境污染专门性问题难以确定的，依据司法鉴定机构出具的鉴定意见，或者国务院环境保护主管部门、公安部门指定的机构出具的报告，结合其他证据作出认定。"

在此基础上,《关于办理环境污染刑事案件有关问题座谈会纪要》针对环境污染犯罪案件的司法鉴定问题作出进一步规定。

一是规范环境损害司法鉴定工作。2016年1月,最高人民法院、最高人民检察院、司法部和环保部,就环境损害司法鉴定实行统一登记管理并对规范环境损害司法鉴定工作作出明确规定。司法部会同生态环境部,依法准入了一批诉讼急需、社会关注的环境损害司法鉴定机构。截至2019年1月底,全国经省级司法行政机关审核登记的环境损害司法鉴定机构达109家,鉴定人2000余名,基本实现省域全覆盖,环境损害司法鉴定的供给能力大大提升,为打击环境违法犯罪提供了有力支撑。另外,环保部依据《关于办理环境污染刑事案件适用若干法律问题的解释》规定,于2014年1月和2016年2月分两批指定了29家环境损害鉴定评估推荐机构(第一批12家机构,协作单位7家;第二批17家机构,协作单位2家),目前大多数已审核登记成为环境损害司法鉴定机构。《关于办理环境污染刑事案件有关问题座谈会纪要》要求进一步规范环境损害司法鉴定工作,加快准入一批诉讼急需、社会关注的环境损害司法鉴定机构,加快对环境损害司法鉴定相关技术规范和标准的制定、修改和认定工作,规范鉴定程序,指导各地司法行政机关会同价格主管部门制定出台环境损害司法鉴定收费标准,加强与办案机关的沟通衔接,更好地满足办案机关需求。

二是强化对环境损害司法鉴定机构的监管。《关于办理环境污染刑事案件有关问题座谈会纪要》要求司法部会同生态环境部,加强对环境损害司法鉴定机构的事中事后监管,加强司法鉴定社会信用体系建设,建立黑名单制度,完善退出机制,及时向社会公开违法违规的环境损害司法鉴定机构和鉴定人行政处罚、行业惩戒等监管信息,对弄虚作假造成环境损害鉴定评估结论严重失实或者违规收取高额费用、情节严重的,依法撤销登记。鼓励有关单位和个人向司法部、生态环境部举报环境损害司法鉴定机构的违法违规行为。

三是妥当把握司法鉴定的范围。根据《关于办理环境污染刑事案件适用若干法律问题的解释》和《关于办理环境污染刑事案件有关问题座谈会纪要》的规定,司法鉴定限于涉及案件定罪量刑的核心或关键专门性问题难以确定的情形。实践中,这类核心或关键专门性问题主要是案件具体适用的定罪量刑标准涉及的专门性问题,比如,公私财产损失的数额、超过排放标准的倍数、污染物性质判断等。对案件的其他非核心或关键专门性问题,或者可鉴定也可不鉴定的专门性问题,一般不委托鉴定。比如,适用《关于办理环境污染刑事案件适用若干法律问题的解释》第一条第二项"非法排放、倾倒、处置危险废物三吨以上"的规定对当事人追究刑事责任的，除可能适用公私财产损失第二档定罪量刑标准的以外，则不应再对公私财产损失数额或者超过排放标准倍数进行鉴定。涉及案件定罪量刑的核心或关键专门性问题难以鉴定或者鉴定费用明显过高的，司法机关可以结合案件其他证据，并参考生态环境部门意见、专家意见等作出认定。

第三节　生态犯罪刑事追诉主体的专业化

生态安全问题已经成为威胁人类生存的全球性问题。传统的民事赔偿与行政处罚手段对于环境问题的解决日显无力，民事与行政制裁的式微使我们把目光转向具有严厉惩罚性与威慑力的刑事手段。刑罚方法成为弥补民事与行政制裁不力的重要方法。我国1997年《刑法》第六章"妨害社会管理秩序罪"中把破坏环境资源保护罪作为独立的一节予以列出，2002年12月对《刑法》进行第四次修正后环境刑事法网进行了较大的扩展、弥补与加强。但在生态安全刑事立法繁荣的背后，生态安全犯罪依然问题严峻，生态状况继续恶化，严重的生态犯罪非但没有减少，相反却在不断蔓延。

对于上述生态问题的原因，有学者认为是在司法过程中片面追求经济增长的地方保护主义，或者是因为有法不依、执法不严、违法不究、违法成本低等原因，加上普遍存在以罚代刑，即使是行政处罚也明显偏轻，导致新的刑事立法十多年来，对生态犯罪的惩治并不多见。这其中与打击生态犯罪的专门行业公安队伍——生态安全刑事执法力量的缺失有着重大关系，目前世界上一些发达国家建立了本国的生态警察或环境警察制度，对严重的环境污染、自然资源和能源的进一步破坏进行有针对性专门预防。

根据上述分析，我国生态安全刑事执法力量也与行政执法领域一样，存在多头执法、力量分散，造成打击生态犯罪不力，实务中执法取证能力低。即使目前地方公安机关承担部分生态犯罪的侦查取证工作，但由于地方公安面临的众多治安问题，无暇顾及相对于社会正常秩序危害和影响较小的、比较隐蔽的生态环境犯罪的侦控，进而面对生态环境犯罪也常显力不从心。因此，由专门行业公安队伍——生态安全刑事力量承担控制生态环境犯罪的职能已经势在必行，其对于犯罪的打击、威慑、预防有着重要意义。

一、专业公安承担生态环境犯罪刑事执法权的理论探讨

环境是指人类赖以生存的地球自然环境，包括陆地、水域、空气三维环境以及其中的生物环境，即与人类共存的动植物环境。环境保护就涵盖土环境保护、

水环境保护、气环境保护以及生物环境保护四个层面。

目前，全球范围内的土环境保护，关键是在森林保护，因为森林是保护土壤、防止沙漠化的天然植被。同时，森林又是保持空气中新鲜氧气不断生成的源泉，因而成为气环境保护的极其重要的天然屏障。从动态的环境链角度来看，土壤、水分和空气的三维环境相辅相成，其中，森林是关键，尤其需要加强保护。生物环境保护是自然界生态平衡的必要条件，由于环境的恶化，导致很多生物绝种，最终影响生态平衡。为此，国际上已有相关保护公约，如1950年《国际鸟类保护公约》（珍稀鸟类）、1973年《保护北极熊协定》（北极熊）等。1992年第一次"地球峰会"通过了《生物多样性公约》，生物多样性保护中尤其要保护一些特定的动物物种。

我国环境保护中，破坏土环境与生物环境的犯罪案件主要由森林公安管辖，森林公安机关是打击破坏森林资源与野生动植物资源、具有武装性质的重要行政与刑事执法力量。无论从队伍的素质、打击能力还是技术手段、知识构成方面，森林公安都具备了从事控制环境犯罪的专业水平，因此，森林公安完全可以在目前承担打击破坏森林资源与野生动植物资源的基础上，担负起打击破坏水环境和气环境犯罪的任务。

另外，从综合生态系统管理角度，森林公安参与打击环境犯罪也具有重要意义。综合生态系统管理要求在制定国家土地退化防治规划时，要从生态环境的整体性上去综合考虑，权衡各种因素间的相互关系，将跨部门、行业和区域参与到自然资源管理中，积极探索优化资源配置、创新管理体制、完善运行机制，进而从源头上防治土地退化的综合措施。

二、专业公安承担涉生态犯罪刑事执法权的可行性

森林公安机关是打击破坏生态环境犯罪的重要力量。20世纪中期，森林公安队伍从无到有、从小到大，在恶劣的自然条件和艰苦的工作环境下，忠诚履行职责，与各类违法犯罪分子顽强抗争，在防范和打击破坏森林和野生动植物资源的违法犯罪活动、保护生态环境、维护国土生态安全和维护林区社会稳定、保障林业改革建设等方面开展了大量卓有成效的工作，发挥了不可替代的作用，取得了显著成绩。

根据1998年《公安机关办理刑事案件程序规定》，林业系统的公安机关负责其辖区内的盗伐、滥伐林木、危害陆生野生动物和珍稀植物刑事案件的侦查；大面积林区的林业公安机关还负责辖区内其他刑事案件的侦查。《中华人民共和国刑法》《中华人民共和国森林法》《中华人民共和国野生植物保护条例》《中华人

民共和国野生动物保护法》《中华人民共和国陆生野生动物保护实施条例》以及最高人民法院《关于审理破坏森林资源刑事案件具体应用法律若干问题的解释》、最高人民法院《关于审理破坏野生动物资源刑事案件具体应用法律若干问题的解释》、最高人民法院《关于审理破坏林地资源刑事案件具体应用法律若干问题的解释》等一系列法律法规，为森林公安刑事执法活动提供了具体的法律依据。

30 年来，全国森林公安机关深入贯彻落实中央有关生态文明建设和林业工作的大政方针，始终把维护国土生态安全和林区社会稳定、保障林业健康快速发展摆在重要位置。与海关、工商、国土、民航等部门紧密协作，针对不同时期、不同地方违法犯罪活动的特点，相继开展了春雷行动、绿盾系列行动、飞鹰行动、春季行动、亮剑行动等三十余次专项严打整治行动，积极回应和解决领导关注、媒体热议、公众关心的涉林犯罪热点问题，严厉打击了乱砍滥伐林木、乱采滥挖野生植物、乱捕滥猎野生动物、乱批滥占林地等"四乱四滥"行为。通过长期不懈的严格执法和大力保护，在经济高速增长、人口不断增多的巨大压力下，我国森林资源实现了持续快速增长，林地资源得到了有效保护，一些濒危野生动植物资源开始恢复和增长，生态安全逐步好转。

据统计，1984 年至 2014 年，全国森林公安共查处破坏森林和野生动物资源案件 456.8 万起，打击处理违法犯罪人员 667.3 万人（次），收缴林木树木 1416.3 万立方米、野生动物 7286.4 万头（只），涉案金额高达 672.7 亿元。森林公安执法成果受到各级领导和社会各界的充分肯定，获得克拉克·巴文野生生物执法奖、斯巴鲁生态保护奖、CITES 秘书长表彰证书、"中国边境野生生物卫士"奖、全国"追逃"先进基层单位等殊荣，受到中央政府网、新华网、人民网、中央电视台、香港大公报、星岛日报、中国时报等境内外媒体广泛报道。国家林业局森林公安局成立后，在打击破坏森林和野生动植物资源犯罪领域，不断加深与非政府组织、政府间国际组织、区域性执法组织及有关国家和周边地区的联系与合作。会同国际野生物贸易研究组织、国际爱护动物基金会、国际野生生物保护学会等非政府组织，开展了执法培训、市场监测、信息交流、执法评估、宣传表彰等工作。会同国际刑警组织，开展了"老虎行动""旋梯行动""眼镜蛇行动"等专项行动，严厉打击了盗猎，非法贸易老虎、两栖爬行类动物等违法犯罪。参与承办了国际刑警组织打击野生动植物犯罪工作组有关会议，主动承担与我国发展水平相适应的强化边境执法、保护全球生态环境的国际义务，充分展现了我国政府打击破坏森林和野生动植物资源犯罪的坚定立场和丰硕成果，为提升我国林业国际话语权、维护国家权益作出了贡献。

可见，无论是探究其历史还是考察其现状，也无论是分析其理论还是判断其实践，森林公安作为一支与生态安全联系最为紧密的执法部门，是打击破坏生态环境的重要力量。各地应在现有森林公安的基础上，积极作为，乘势而上，逐步转型为生态环境领域的刑事执法主体，由森林公安或者以森林公安为基础组建专业公安来全面查处生态领域的违法行为，打击破坏生态安全的犯罪活动。

根据我国生态文明体制改革的新进展，必须有一个强力队伍来承担"山水林田湖草"等生态领域的刑事执法职责，避免生态领域存在的交叉执法和多头执法。

森林公安与生态保护有着天然的联系，现有的林业行政处罚职能与生态领域的行政处罚职能相通相近，实现转轨变型不会大费周章。森林公安恢复组建30多年来，始终保持对涉林违法犯罪活动的高压打击态势。近五年，在全国相继开展了"亮剑""清网""天网""利剑"等一系列严打专项行动，特别是2016年严厉打击非法占用林地等涉林违法犯罪专项行动声势大、力度大，社会反响效果好，有力地捍卫了生态文明建设的成果。2012年以来，全国共受理涉林案件120余万起，打击处理违法犯罪人员236万人次，涉案总金额129亿元。森林公安先后荣获克拉克·巴文野生生物执法奖、福特环保奖、斯巴鲁生态保护奖、中华宝钢环境奖、中国边境野生生物卫士奖等奖励。

此外，森林公安机关机构健全、装备优良、训练有素，完全能够胜任生态领域综合行政执法的艰巨任务。森林公安在建制上自成体系，有着独立的治安、刑侦、法制、政工、保障、技术等部门，基层广布派出所（森林警察大队），配有独立的业务用房和规范的执法办案场所，加之编制统一，执法制度配套，这几年又推进了警务信息化建设，办案理念先进，执法经验丰富，已具备承担生态安全保卫职责的基础和条件。而且，这几年江西等地试点了以森林公安为主的生态综合执法，取得了良好的社会效果，凸显了森林公安在生态领域综合行政执法的优势，争取与所承担的执法任务相匹配的执法主体资格地位，或许可成为这些地方今后努力的方向。

三、专业公安承担生态环境犯罪刑事执法实践

从实务上来看，以森林公安为主体承担生态安全执法职能的成功实践，是解决生态安全综合执法的最佳方案，其中部分地区以森林公安为基础构建生态综合行政执法以及成立生态安全警察有效探索就是例证。

（一）广西钦州市浦北县生态安全警察大队

2017年11月2日，浦北县公安局生态安全警察大队和浦北县生态安全综合

执法大队正式挂牌成立。浦北县总结多年以来守护绿水青山的经验，成立了浦北县公安局生态安全警察大队、浦北县生态安全综合执法大队，并挂牌在浦北县森林公安局。大队领导由浦北县森林公安局领导兼任。实行"三块牌子，一套人马"的管理体制。生态安全警察大队除履行森林公安局原有工作职责外，集中办理破坏生态环境资源保护类的刑事案件，受理农业、林业、水利、国土、环保、畜牧等部门或生态综合执法大队移交的刑事案件。生态安全综合执法大队则主要承担生态领域疑难或重大行政处罚案件的查处，与相关部门开展行政联合执法。

2017 年 11 月 14 日，浦北县生态安全警察大队、生态安全综合执法大队在全县范围内开展生态安全综合执法整治专项行动，有效打击和震慑破坏浦北县生态安全违法犯罪活动。此次行动共出动车辆 30 辆次、警力 100 人次，对涉及农、林、水、土、环保、畜牧等领域的生态安全违法犯罪行为进行了强力整治，切实担负起新时代赋予生态警察的使命和责任。据了解，生态安全警察组建不久，查处破坏生态安全领域违法犯罪案件 15 起，责令关停、制止 50 多处非法采砂、采矿、占用耕地林地行为。其中，刑事案件 3 起、治安案件 1 起、行政案件 11 起，行政拘留违反《环境保护法》嫌疑人 1 名。通过生态安全综合执法整治，有效打击和震慑了破坏生态安全的违法犯罪活动，为浦北县良好的生态环境提供了强有力的法治保障。

生态警察的前身就是森林公安，这支队伍多年来打出了自信、打出了声威，彰显了新时代维护生态安全主力军的作用。浦北县生态安全综合执法队伍自组建以来，切实担负起新时代赋予生态警察的历史使命和重大责任，在全县范围内先后开展了"非法占用林地清理排查""卫拍执法专项行动""国门利剑 2018""绿网·飓风 2018""神剑·绿盾 1 号""非法采砂集中整治""南流江流域水环境综合治理""小散乱污企业集中整治"等生态领域保护专项行动 70 多次，严厉打击破坏生态安全的违法犯罪行为，有效维护了生态领域的良好秩序。特别是环保类治安案件及刑事案件均有了零的突破，治安拘留多人，追究刑事责任多人，打击多起水域犯罪案件，追究多人刑事责任，这是前所未有的业绩。到目前为止，共受理或指导办理破坏生态安全领域违法犯罪案件 1089 起，其中，立刑事案件 106 起，追究刑事责任 82 人，立行政案件 276 起，行政处罚 298 人，治安拘留 12 人，责令关停非法采砂、占用耕地、林地 700 多处，参与铲除小散乱点 267 个，罚没款 273.5798 万元，为国家挽回损失 5000 多万元。通过这支生态"铁军"介入生态安全综合执法专项整治后，浦北县的生态优势更得以彰显，有效地维护了浦北县的绿水青山。

（二）福建生态环保警察

1. 泰宁市生态环保警察

为深化生态环境综合执法体制改革，有效破解生态环境执法领域职能交叉、多头执法、衔接不力等问题，泰宁县启动生态领域执法体制改革工作，于 2018 年 1 月 10 日挂牌成立泰宁县公安局生态分局。

创新生态综合执法机制，是加大生态执法力度、保障生态环境安全、加快推进生态文明建设的重要举措。森林公安作为森林资源保护的主力军，如何在生态文明建设中寻求更大的发展空间，向外拓展更多的执法职能，这是亟须解决的。近年来，广西浦北、江西安远、福建永安、福建沙县等地森林公安积极探索，相继成立生态综合执法大队或生态分局。泰宁县于 2018 年 1 月 10 日挂牌成立泰宁县公安局生态分局和生态综合执法大队。公安生态分局作为生态环境领域执法机关，在森林分局原有案件管辖范围基础上，扩大职能范围，依法侦办泰宁县境内涉及破坏生态环境、妨害生态资源管理的公安行政案件，以及污染环境、擅自进口固体废物、非法捕捞水产品、非法采矿、破坏性采矿、非法占用农用地等破坏环境资源刑事案件。泰宁生态综合执法实现了从多头执法向集中执法转变、从形式执法向专业执法转变、从单一执法向综合执法转变、从探索路子向扩大职能转变、从林业领域执法扩展到生态领域，有效破解生态环境执法领域职能交叉、多头执法、衔接不力等问题，为今后森林公安体制机制改革探路先行打下基础。在生态执法过程中，泰宁生态公安（森林公安）坚持山、水、林、田、湖、草"六元共连"，采取严格管山、依法治水、全面育林、"红线"护田、综合控湖、平安景区等一系列有效措施，严厉打击各类破坏生态环境的违法犯罪行为。

泰宁全面落实"河长制"，建立"河长+河道警长"模式。围绕"河畅、水清、岸绿、景美"目标，在全县 9 条河流选派出 18 名民警任"河道警长"，开展河道巡查，协助"河长"开展工作，重点严厉打击非法采砂采矿、电鱼毒鱼、乱排乱放等破坏生态环境资源违法行为。2018 年 1~8 月，生态分局成功破获非法采砂刑事案件 2 起、行政案件 5 起；协同水利部门制止、查处 6 起非法采砂案件；协同国土部门责令 5 家不规范采矿的矿企停产整顿；协同环保局开展环境检查 7 次；抓获 3 起非法电鱼案件，并及时移送农业部门处理。2018 年 6 月，泰宁县生态分局成功破获一起非法采砂刑事案件，犯罪嫌疑人雷某在 2017 年 7 月至 2018 年 6 月，在未办理的河道采砂许可证的情况下，擅自安排工人在泰宁县大龙乡附近河段非法捞河砂共 12 船，约 2400 立方米，非法获利约 16.7 万元，被依法起诉。

2. 永安生态环保警察

2017 年 4 月 25 日，经永安市委常委会议研究决定，永安市在全省率先成立生态环保警察队伍。这支队伍在永安市公安局森林分局内组建，旨在创新生态领域执法体制，推动永安市生态文明建设和环境保护，为永安生态建设和环境保护添翼。

在福建成为首个国家生态文明实验区的大背景下，永安这一森林覆盖率高达 76.25% 的重要生态区域、全国集体林区改革先行区域，永安市委、市政府主动融入生态文明实验区建设，大胆探索建立环境资源保护行政执法与刑事司法衔接的有效机制。在新一轮的生态文明建设改革中，永安市加大步伐，把解决群众感受最直观、反映最强烈的生态环境问题作为突破口，积极探索在生态环境领域中建立生态环境跨流域及跨行政区域的协同保护、立体保护、全方位保护制度，健全完善林业、环保、国土、农业、水利等行政执法协调制度。

永安市于 2011 年 4 月成立永安市人民法院生态资源审判庭，2014 年 7 月成立永安市检察院生态资源科，2016 年起永安市环保局与市法院、检察院、公安等建立生态环境保护联席会议制度，每季度召开一次会议，形成生态保护联合执法机制，并于尼葛开发区等重点区域成立相应联席会议制度，将生态保护执法延伸到最底端。

永安市生态环保警察队伍整合森林公安、治安、刑侦等执法力量，加大森林、大气、水、土壤、海洋、矿产等领域的各类环境资源刑事案件侦办力度，扩大职能范围，依法侦办永安境内破坏环境资源保护类的污染环境等 10 种刑事案件，以及涉及破坏生态环境、妨害生态资源管理的公安行政案件。在整合生态执法资源过程中，永安市还因地制宜，充分发挥永安市森林巡防大队的作用，利用现有森林巡防大队的"巡防网"，进行多方位的现场巡防、实时监控，以提高生态执法实效。2013 年以来，永安市委、市政府针对环保领域重点问题，着力开展生态文明"1+5"活动。创建国家生态市和环保模范城市，加大水环境综合整治、矿山修复整治、规模畜禽养殖污染整治、盗伐林木专项整治、集镇环境综合整治。"五项整治"工作成绩明显，共实施废弃矿山治理 900 亩，关闭取缔非法开采矿点 23 个，关闭拆除畜禽养殖场（户）136 家，减少畜禽养殖近 10 万头（只），查处各类涉林案件 476 起，使这里的水更清山更绿。

（三）江西省共青城市、安远县、会昌县、宜黄县和大余县试点以森林公安为主的涉及生态领域的跨部门综合执法体制改革

2015 年 8 月，共青城市委办公室、市政府办公室印发《共青城市森林公安局主要职责内设机构和人员编制规定》的通知，从推行综合行政执法体制改革出发，在主要职责中，明确共青城市森林公安局贯彻执行林业、农业、水利、渔业等生态管理保护法律、法规，行使林业、农业、水利、渔业行政案件处罚等职权。

2016 年 4 月 1 日，中共安远县委办公室、安远县人民政府办公室印发《安远县生态综合执法大队组建方案》，决定成立安远县生态综合执法大队，作为县政府生态环境领域综合行政执法机关，与县森林公安局共同构建组成生态综合执法联合体，实行合署办公、两块牌子、一套人马，由县森林公安局主要负责人担任队长，具体负责开展生态环境综合整治工作，实施相对集中行政处罚权[32]。

2017 年 3 月 13 日，中共会昌县委办公室、会昌县人民政府办公室印发《关于成立会昌县生态环境综合执法大队的实施方案》，决定成立会昌县生态环境综合执法大队，为县政府生态环境领域综合行政执法正科级单位，与县森林公安局共同构建成一个生态环境综合执法联合体，实行两块牌子合署办公[33]。

2017 年 3 月 15 日，中共宜黄县委办公室、宜黄县人民政府办公室印发《宜黄县生态综合执法大队组建方案》，决定成立宜黄县生态综合执法大队，作为县生态文明建设工作领导小组办公室领导下的生态环境领域综合行政执法机关，由县森林公安局局长担任大队长，政委担任教导员。大队具体负责开展生态环境综合整治工作，实施相对集中行政处罚权[34]。

大队组建以来，切实强化队伍内部管理、积极开展日常监督巡查、严厉打击破坏生态环境违法犯罪活动，在社会上引起了强烈反响，树立了全新的执法形象，全县生态综合执法工作取得了初步成效。

1. 行政执法体制改革取得初步成效

安远县生态综合执法大队作为县政府生态环境领域综合行政执法机关，与县森林公安局共同构建成一个生态综合执法联合体，由县森林公安局主要负责人担

---

[32] 参见中共安远县委办公室、安远县人民政府办公室印发《〈安远县生态综合执法大队组建方案〉的通知》（安办字〔2016〕38 号）。

[33] 参见中共会昌县委办公室、会昌县人民政府办公室印发《〈关于成立会昌县生态环境综合执法大队的实施方案〉的通知》（会办字〔2017〕37 号）。

[34] 参见中共宜黄县委办公室、宜黄县人民政府办公室印发《〈宜黄县生态综合执法大队组建方案〉的通知》（宜办字〔2017〕28 号）。

任队长，采取"集中办公、统一指挥、统一行政、统一管理、综合执法"的运行机制，实行合署办公，两块牌子，一套人马。工作人员严格按照"素质高、能力强、业务熟、服务优"的总体要求，分别从水利、环保、林业、国土、矿管、农粮、市场监督管理、森林公安8个部门单位抽调23名具备行政执法资格的在编干部组成；同时，从县公安局选调4名民警到县森林公安局，以加强生态综合执法力量。大队具体负责在全县范围内开展生态环境综合整治工作，以国土空间生态环境执法为重点，承担生态领域重大、疑难行政处罚案件。行使森林采伐、水污染防治、河道管理、渔业保护、畜禽养殖、水土保持、土地管理、矿产资源开采8个方面法律、法规、规章规定的行政处罚权，并协助森林公安局查办上述行政执法过程中发现的污染环境、非法处置进口的固体废物、擅自进口固体废物、非法捕捞水产品、非法采矿、破坏性采矿、非法占用农用地7类破坏环境资源犯罪案件。同时，大队还负责开展"三百山"赣南脐橙早采早购、催熟染色、使用甜蜜素等违禁药物等行为联合执法，对违反相关法律法规的企业、单位及个人依法进行查处。相对集中行政处罚权由各行政主管部门（单位）依法委托县生态综合执法大队实施，相对集中破坏环境资源保护案件刑事管辖权由县公安局指定县公安局森林警察大队（森林公安局）行使，从而进一步完善了行政执法和刑事司法的衔接机制，实现了行政执法和刑事司法的无缝对接。大队成立以来，得到了上级领导的关心支持和社会各界的广泛关注，省、市、县各级有关领导亲临大队调研指导工作，中央、省、市多家媒体记者纷至沓来采访报道全市生态综合执法工作，云南省文山市、黑龙江省杜尔伯特县来函来电咨询了解大队运行情况，河南省泌阳县、福建省泰宁县、沙县等省外相关部门单位以及江西省多个兄弟县（市）单位派员前来开展实地考察、学习与交流。

2. 生态环境保护建设得到全面加强

大队组建以来，累计开展执法巡查352车/次，制止破坏生态环境行为289起，受理、查处行政案件27起，行政处罚30人，刑事立案2起，取保候审2人，移送起诉1起，有效遏制了各类破坏生态环境事件的发生。

一是切实保护河流水质环境。为确保全县河流水质安全，大队将日常执法巡查与河长制工作相结合，把全县主要河流及其支流列为执法巡查重点区域，根据河段划定责任区，实行全天候、无死角的巡查机制，严厉打击非法采砂洗砂、非法侵占河道等各类破坏河道违法犯罪活动以及非法电、毒、炸、网鱼等破坏渔业资源行为。累计制止破坏水质环境行为99起（非法采砂洗砂18起，侵占河道9起，电鱼53起，毒鱼3起，网鱼16起），查处行政案件20起（非法采砂洗砂案件6起，非法侵占河道案件2起，非法电鱼案件10起，非法毒鱼案件2起），责令恢复河道 216 米，收缴渔网 16 张，没收电瓶、电鱼杆和捞鱼杆 49 套，移交森林公安局刑事立案 1 起（非法捕捞水产品），有效保护了全县水生物种资源多样性和河流水质安全。

二是依法规范矿产资源开采。2013 年，全县开展稀土矿产资源专项整治工作，并对 104 个非法稀土开采点实施了生态恢复治理。为进一步巩固生态恢复治理成效，维护矿产资源开发秩序，防止非法开采现象死灰复燃，大队采取责任到人、定点巡查的工作机制，及时开展稀土矿区执法巡查工作。累计制止、查处利用废旧稀土矿点非法收取尾水行为 30 起，现场拆除取水管道 120 余米，破除塑料膜 90 余平方米，捣毁沉矿池、取液池 47 个，扣押皮卡车 1 辆、摩托车 6 辆，现场摧毁微型面包车 1 辆、摩托车 13 辆，收缴稀土原矿 360 余公斤（1 公斤 = 1 千克，以下同）。与此同时，大队进一步加大了全县各类矿产资源保护和执法巡查力度，查处非法采矿政案件 2 起（非法开采花岗岩矿石 1 起，越界开采红砂岩 1 起），严厉打击了破坏矿产资源违法犯罪活动，有效保护了县矿产资源。

三是严格控制土地开发利用。近年来，猪肉市场价格大幅上涨，受利益驱动，县北片乡（镇）村民未经批准擅自开挖林地、农用地建设养猪场所的现象日趋严重。针对这一情况，县政府出台了《安远县畜禽养殖污染综合整治工作实施方案》，大队在开展畜禽养殖污染综合整治过程中，将查处违建畜禽养殖场所与全县违法用地、违法建设"两违"整治工作相结合，进一步加大日常执法巡查力度，发现违规建设畜禽养殖场所行为立即予以制止，并将相关情况及时反馈至乡（镇）政府、主管部门，同时积极配合乡（镇）政府以及相关行政主管部门做好后续监管和清理整治工作。累计制止非法占用林地、农用地建设畜禽养殖场所行为 69 起，移交森林公安局刑事立案 1 起，协助乡（镇）政府强制拆除违法建筑 9 处。

四是全面扼制环境污染行为。大队坚持"预防为主，打防并举"的原则，以开展日常执法巡查为抓手，切实加大对耗能企业、排污企业的监管力度，严厉查处各类生态环境污染行为。累计制止、查处企业和个人造成生态环境污染行为 49 起（畜禽养殖污染 35 起，塑料加工污染 8 起，金属电镀污染 2 起，废旧轮胎加工污染 1 起，造成水土流失 3 起），受理和协办环境污染行政案件 5 起（金属电镀污染案件 2 起，水土流失案件 3 起）。

五是积极开展联合执法行动。大队会同林业局、森林公安局、市场监督管理局联合开展了代号为"雷霆""绿盾""清网"等野生动物保护专项行动，制止非法出售野生动物行为 31 起，扣留非法贩卖野生动物人员 5 名，缴获短耳鸮（猫头鹰）、环颈雉、长脚秧鸡、红嘴蓝鹊、斑鸠、画眉、喜鹊、中华竹鼠、野兔等野生动物活体 94 只、死体 9 只；会同县林业局、森林公安局在全县范围内开展毁林种果违法行为集中整治行动，严厉打击涉林违法犯罪。累计开展联合执法行动 8 次，出动执法巡查车辆 36 车次，抽派执法人员 98 人次，查处行政案件 8 起，行政处罚 13 人，刑事立案 6 起，刑事拘留 2 人，取保候审 7 人；会同鹤子镇政府、县果业局联合开展了"三无"苗木执法行动，清除 1 处非法育苗基地，销毁"三无"苗木 4.5 亩，在市场收缴"三无"苗木 3 万余株；会同果业局开展"三百山"赣南脐橙早采早购、催熟染色、使用甜蜜素等违禁药物等行为联合执法行动，制止果农早采青果行为 3 起，查处脐橙加工企业收购、催熟青果行为 2 起；会同果业局、市监局开展"打击假冒赣南脐橙品牌"联合执法行动，查处企业虚假宣传行政案件 1 起。

3. 生态综合执法工作树立全新形象

作为县政府生态环境领域综合行政执法机关，大队在提高生态综合执法水平、快速打击生态违法行为等方面发挥了不可替代的重要作用，在社会上引起了强烈反响，树立了全新的执法形象。大队严格按照"理顺执法体制，明确执法责任，加强队伍建设"的建队方针，全面贯彻"执法为基，服务为本，生态为重，创新为魂"的工作理念，切实强化队伍内部管理，积极开展日常监督巡查，坚决守住生态保护红线，重拳出击，绝不手软，始终保持打击破坏生态环境违法行为的高压态势。同时，在不影响生态环境的前提下，大队注重采取法制宣传教育的方式，做到提前介入，靠前服务，加强对相关企业经营管理和农民产业发展进行政策引导和服务，避免对周边环境的影响，减小投资风险，这一举措得到了企业和群众的普遍认可，在社会上树立了生态行政综合执法良好形象。

改革开放以来，特别是进入 21 世纪以来，在党中央、国务院的高度重视下，中央统一核定了全国森林公安政法专项编制，经费逐步纳入各级财政预算予以保障，森林公安由"杂牌军"成为"正规军"，由吃"杂粮"变为吃"皇粮"，队伍生存发展问题得到有效解决。在此期间，森林公安机关和广大民警围绕中心、服务大局，解放思想、与时俱进，积极探索警务体制机制改革，不断创新工作思路方法，森林公安工作和队伍建设取得长足进步。中央"四个全面"战略布局对森林公安工作提出的新要求，遵循国家司法体制改革、生态文明体制改革、公安改革、国有林场国有林区改革有关精神，统筹当前需要解决的突出问题和长远发展目标之间的关系，系统提出深化森林公安改革的一系列思路和举措，确保了改革方向与中央的有关决策部署精神相一致，改革内容与林业、公安等领域改革政策相衔接和配套，涉及森林公安工作和队伍建设方方面面工作，而维护国家的生态安全无疑成为森林公安机关一个重要改革发展方向。

党的十九大报告第九部分内容指出"加快生态文明体制改革，建设美丽中国"，着力强调了"推动绿色发展，着力解决突出环境问题，加大生态系统保护力度，改革生态环境监管体制"四个方面的内容。"保护优先""坚决制止和惩处破坏生态环境行为"直指森林公安使命。新时代中国特色社会主义赋予森林公安更为神圣的使命，更加艰巨的任务，也给森林公安机关带来了新的机遇和挑战，森林公安机关充分发挥自身的优势和作用，大胆创新，拓展执法职能，打击各类破坏生态违法犯罪，切实保护好生态资源，还生态以宁静、和谐、美丽。森林公安是我国公安机关的重要组成部分，是具有武装性质的兼有刑事执法和行政执法职能的专门保护森林和野生动植物资源、保护生态安全、维护林区社会治安秩序的重要力量。在保护生态环境、建设生态文明和实现美丽中国中，森林公安发挥其不可替代的作用。

正如一线森林公安机关民警所描述的：森林公安的工作空间就是广袤的森林，在这里山水林田湖草共生共长，森林资源保护是生态保护的立足点和重中之重。森林公安转隶后，生态文明保护将成为公安新的使命和担当。森林公安是政府公共安全的守护者。森林防火、松材线虫病防控是政府的重要工作。无论是防火还是防虫，森林公安都起着举足轻重的作用，只有封好山、管住人、管好火，才能大大减少失火因素，严查火灾、依法追究、打击震慑，才能广泛教育广大群众；森林公安是国际公约的维护者。森林公安承担的野生动物保护工作，不仅仅是对野生动物保护本身，更重要的是涉及国家和城市的国际形象。森林公安义不容辞要维护好这一形象；森林公安是公安各警种的情报收集者。随着天网工程的完善，违法犯罪及影响社会稳定的不安定因素更多地转移和隐蔽到山林之中。森林公安凭借森林保护的优势，全业态管控林区，所有违法犯罪嫌疑和不安定因素，第一时间介入，第一时间掌控，为其他诸警种提供信息源，补上天网工程的林区"缺口"；森林公安是旅游管理的辅助者。重点风景名胜区、旅游区基本都在林地范围内经营，旅游秩序管理正日益成为新的社会稳定需求和舆情焦点。

实践证明专业公安——森林公安机关是打击破坏森林资源与野生动植物资源、具有武装性质的重要行政与刑事执法力量。无论从队伍的素质、打击能力还是技术手段、知识构成方面，森林公安都具备了从事控制生态违法犯罪的专业水平。因此，森林公安可以在目前承担打击破坏森林资源与野生动植物资源违法犯罪的基础上，积极探索承担打击破坏自然资源保护和惩治环境污染犯罪的生态安全保护任务。

2019年2月27日，中国共产党中央委员会办公厅、中华人民共和国国务院办公厅印发《公安部职能配置、内设机构和人员编制规定》，决定撤销国家林业和草原局森林公安局，组建公安部食品药品犯罪侦查局，承担食品药品、知识产权、生态环境、森林草原、生物安全案件侦查职能，即掌握食品药品、知识产权、生态环境、森林草原、生物安全等领域犯罪的动态，拟定预防、打击对策，组织、指导、监督公安机关开展对食品药品、知识产权、生态环境、森林草原、生物安全等领域犯罪案件和制售伪劣商品犯罪案件的侦查工作。森林公安队伍成建制划转省级公安厅（局）。当前，各地森林公安队伍正处于转隶进程中。未来，专业公安——食品药品侦查机关将统一履行打击与预防生态环境犯罪的职能。

目前，我国经济社会得到快速发展，但资源约束趋紧、环境污染严重、生态系统退化的形势日益严峻，生态安全问题已经成为关系人民福祉和民族未来的大事。习近平总书记指出，既重视传统安全，又重视非传统安全，构建集政治安全、国土安全、军事安全、经济安全、文化安全、社会安全、生态安全、核安全等于一体的国家安全体系。明确将生态安全纳入国家安全体系之中。这是在准确把握国家安全形势变化新特点、新趋势基础上作出的重大战略部署，对于提升生态安全重要性认识，破解生态安全威胁，意义重大。

我国政府采取按生态和资源要素分工的部门管理模式，生态安全管理职能分散在各个部门，在国家层面缺乏统一决策、统一监督管理的体制和机制，造成国家公共利益和部门行业利益的冲突，不利于国家对生态安全的宏观调控。生态安全保护是一项庞大的系统工程，将生态安全纳入国家安全管理框架，有利于整合资源开发利用、环境管理、生态保护等众多领域，协调各主管部门的职责与利益，建立起分工明确、协调统一的国家生态治理体系，促进生态治理现代化。面对新的形势和问题，我们不是在迷惘中等待，而是以自身的勇气、智慧和探索精神，通过理念重建和制度设计，约束人类的不理性行为，寻求人与自然的和谐发展之道，维护生态安全。我们以"问题意识"为导向，对全国各地进行了调研，生态环境刑事司法专门化，积极回应了生态安全执法实务中存在的问题，提出了解决问题的方案与路径。

第五章

污染环境罪

生态文明建设在我国国家安全建设中逐渐占据重要地位。近年来，我国加快完善了环境保护领域的立法。2018 年 6 月 16 日，中共中央国务院《关于全面加强生态环境保护坚决打好污染防治攻坚战的意见》明确指出，生态文明建设要注重依法监管，要完善生态环境保护法律法规体系，健全生态环境保护行政执法和刑事司法衔接机制，依法严惩重罚生态环境违法犯罪行为。在环境立法上，我国制定《环境保护法》《中华人民共和国核安全法》《中华人民共和国土壤污染防治法》等多部法律。2020 年 5 月 28 日通过的《民法典》确立了"绿色原则"为民事主体从事民事活动的基本原则。

在刑法上，1979 年《刑法》中并未规定关于污染环境方面的犯罪。1995 年《中华人民共和国固体废物污染环境防治法》（以下简称《固体废物污染环境防治法》）第七十二条规定："违反本法规定，收集、贮存、处置危险废物，造成重大环境污染事故，导致公私财产重大损失或者人身伤亡的严重后果的，比照刑法第一百一十五条或者第一百八十七条的规定追究刑事责任。单位犯本条罪的，处以罚金，并对直接负责的主管人员和其他直接责任人员依照前款规定追究刑事责任。"1997 年《刑法》吸收了 1995 年《固体废物污染环境防治法》规定的精神，增加了污染环境的犯罪，即重大环境污染事故罪。

为依法惩治环境污染和环境监管失职犯罪行为，最高人民法院于 2006 年 7 月 21 日发布了《最高人民法院关于审理环境污染刑事案件具体应用法律若干问题的解释》（法释〔2006〕4 号），明确了 1997 年《刑法》规定的重大环境污染事故罪、非法处置进口的固体废物罪、擅自进口固体废物罪和环境监管失职罪的定罪量刑标准，为统一法律适用、依法惩治环境污染犯罪奠定了重要基础。

重大环境污染事故罪在实际执行中遇到一些问题，不能适应日益严峻的环境保护形势的需要。例如，依照重大环境污染事故罪的规定，只有行为人污染环境的行为造成重大环境污染事故，致使公私财产遭受重大损失或者人身伤亡的严重后果时，才构成犯罪，即将本罪定位为结果犯。在司法实践中，一般只有发生了突发的重大环境污染事件，才追究刑事责任。对于不是突发的环境污染事故，而是长期累积形成的污染损害，即使给人们的生命健康、财产安全造成了重大损失，但是由于对重大污染事故的损失难以评估以及难以确定污染行为与损害结果之间的因果关系等原因，导致难以追究行为人的刑事责任，这在很大程度上影响了对污染环境犯罪行为的追究。上述原因，在很大程度上影响了对环境污染犯罪行为的定罪量刑。

随着经济社会发展，为进一步强化对环境的保护，加大对环境污染犯罪的打击力度。2011 年 5 月 1 日起施行的《刑法修正案（八）》对 1997 年《刑法》规定的"重大环境污染事故罪"做了进一步完善。《刑法修正案（八）》不仅将原该条的"重大环境污染事故罪"修改为"污染环境罪"，而且从行为对象、行为模式、行为危害程度等方面大大拓宽了该罪的适用范围，彰显了国家保护环境资源的决心与力度。

2013 年，为确保法律准确、统一适用，依法严厉惩治、有效防范环境污染犯罪，最高人民法院、最高人民检察院会同公安部、原环境保护部等有关部门在深入调研的基础上，对迫切需要解决的法律适用问题进行了认真梳理，经广泛征求意见并反复研究论证，制定了《关于办理环境污染刑事案件适用法律若干问题的解释》（法释〔2013〕15 号）（以下简称《2013 年环境污染犯罪解释》）。《2013 年环境污染犯罪解释》根据法律规定和立法精神，结合办理环境污染刑事案件取证难、鉴定难、认定难等实际问题，对有关环境污染犯罪的定罪量刑标准作出了新的规定，进一步加大了打击力度，严密了刑事法网。制定《2013 年环境污染犯罪解释》，是人民法院、人民检察院充分发挥刑事司法职能、积极回应人民群众关切的一项重要举措。《2013 年环境污染犯罪解释》共计十二条，主要规定了八个方面的问题。包括：界定了严重污染环境的十四项认定标准；依法严惩非法处置进口的固体废物罪、擅自进口固体废物罪、环境监管失职罪；对于环境污染犯罪的四种情形应当酌情从重处罚；从严惩处单位犯罪；加大对环境污染共同犯罪的打击力度；对于触犯多个罪名的从一重罪处断；明确界定了"有毒物质"的范围和认定标准；规范环境污染专门性问题的鉴定机构及程序。最高人民法院、最高人民检察院《关于办理环境污染刑事案件适用法律若干问题的解释》（法释〔2013〕15 号）发布实施后，《最高人民法院关于审理环境污染刑事案件具体应用法律若干问题的解释》（法释〔2006〕4 号）同时废止。

2017 年 1 月 1 日起施行的最高人民法院、最高人民检察院《关于办理环境污染刑事案件适用法律若干问题的解释》（以下简称《2016 年环境污染犯罪解释》），在定罪位刑标准、从重或从宽的处罚情节、单位犯罪的定罪量刑标准、构成想象竞合犯时的处理规则、相关专业名词的概念界定及程序问题等方面作出具体说明，解决了相关构成要件"认定难"的问题，对之后的司法实务产生了重要的指导作用。

为深入学习贯彻习近平生态文明思想，认真落实党中央重大决策部署和全国人大常委会决议要求，全力参与和服务保障打好污染防治攻坚战，推进生态文明建设，形成各部门依法惩治环境污染犯罪的合力，2018年12月，最高人民法院、最高人民检察院、公安部、司法部、生态环境部在北京联合召开座谈会。会议交流了当前办理环境污染刑事案件的工作情况，分析了遇到的突出困难和问题，研究了解决措施，对办理环境污染刑事案件中的有关问题形成了统一认识。2019年2月20日，最高人民法院、最高人民检察院、公安部、司法部、生态环境部印发《关于办理环境污染刑事案件有关问题座谈会纪要》的通知。

2019年，最高人民法院、最高人民检察院、公安部、司法部、生态环境部《关于办理环境污染刑班案件有关问题座谈会纪要》对单位犯罪，犯罪未遂，主观过错，生态环境损害标准，本罪与非法经营罪、投放危险物质罪、涉大气污染环境犯罪的关系，非法排放、倾倒、处置行为的认定，有害物质、从重处罚情形，严格适用不起诉、缓刑、免予刑事处罚等方面进行了专门界定。

近年来，为落实中央要求，在认真研究、广泛征求地方生态环境部门和有关方面意见的基础上，生态环境部提出了增加环境污染罪的处罚情形以及提高相应的刑罚档次的建议。《刑法修正案（十一）》对第三百三十八条污染环境罪的修改，旨在加大污染环境罪的惩处力度，保护生态环境。修改主要涉及三个方面：

一是设置了更高的法定刑幅度，加大了环境保护力度。在修改之前，本罪分两个量刑档次，即基本构成要件规定和"后果特别严重的"规定；相应的最高法定刑是7年。在修改之后，本罪分三个量刑档次，分别是基本构成要件规定、"情节严重的"和"情节特别严重的"；相应的最高法定刑提高至15年。

二是细化了"情节特别严重的"构成要件的行为类型，为本罪的适用提供了更明确的指引。需要注意的是：《刑法修正案（十一）（草案）》一次审议稿第一项所指向的行为对象主要包括两类，即饮用水水源保护区和自然保护区核心区；草案二次审议稿在此基础上增加了"等依法确定的国家重点生态保护区域"兜底性的规定。同时，该案还将第一项的"自然保护区核心区"修改为"自然保护地核心保护区"，使之与修正后的"破坏自然保护地罪"相衔接，并将"造成特别严重后果"修改为"情节特别严重"；草案一次审议稿和草案二次审议稿第二项要求"造成特别严重后果"，而最终修改为"情节特别严重"；草案一审议稿第三项所指向的对象范围是"大量基本农田"，草案二次审议稿期间将其修改为"大量永久基本农田"，与《中华人民共和国土地管理法》相衔接；草案一次审议稿第四项的规定为"致人重伤、死亡的"，草案二次审议稿期间将其修改为"致使多人重伤、严重疾病，或者致人严重残疾、死亡的"。

三是增加一款作为注意规定，即若行为人实施该款规定的行为，同时又构成其他犯罪的，属于刑法上的想象竞合犯，应当在竞合之罪中从一重罪处罚。

第一节　污染环境罪的犯罪构成

污染环境罪，是指违反国家规定，排放、倾倒或者处置有放射性的废物、含传染病病原体的废物、有毒物质或者其他有害物质，依照法律应受到刑事处罚的行为。

一、客观要件

（一）违反国家规定

即指违反全国人大及其常务委员会制定的有关环境保护方面的法律，以及国务院制定的相关行政法规、行政措施、发布的决定或命令。这些法律、法规主要包括《环境保护法》《大气污染防治法》《水污染防治法》《海洋环境保护法》《固体废物污染环境防治法》等法律，以及《工业"三废"排放试行标准》等一系列专门法规。对于向环境排放、倾倒或者处置有放射性的废物、含传染病病原体的废物、有毒物质或者其他有害物质，未违反国家有关规定的，属于对于环境的合理利用，不构成犯罪。

（二）实施排放、倾倒或者处置有放射性的废物、含传染病病原体的废物、有毒物质或者其他有害物质的行为

其中排放是指把各种危险废物排入土地、水体、大气的行为，包括泵出、溢出、泄出、喷出、倒出等，倾倒是指通过船舶、航空器、平台或者其他载运工具，向土地、水体、大气倾卸危险废物的行为；处置是指以焚烧、填埋或其他改变危险废物属性的方式处理危险废物或者将其置于特定场所或者设施并不再取回的行为。行为人只要实施了排放、倾倒或者处置有放射性的废物、含传染病病原体的废物、有毒物质或者其他有害物质的其中任何一种行为即可构成本罪，实施两种以上行为的，仍为一罪，不实行数罪并罚。

（三）严重污染环境

严重污染环境，既包括发生了造成财产损失或者人身伤亡的污染环境事故，也包括虽然还未造成环境污染事故，但是已经使环境受到严重污染或者破坏情形。根据《关于办理环境污染刑事案件适用法律若干问题的解释》实施《刑法》第三百三十八条规定的行为具有下列情形之一的应当认定为"严重污染环境"：在饮用水水源一级保护区、自然保护区核心区排放、倾倒、处置有放射性的废物、含传染病病原体的废物、有毒物质的；非法排放、倾倒、处置危险废物三吨以上的；排放、倾倒、处置含铅、汞、镉、铬、砷、铊、锑的污染物，超过国家或者地方污染物排放标准三倍以上的；排放、倾倒、处置含镍、铜、锌、银、钒、锰、钴的污染物，超过国家或者地方污染物排放标准十倍以上的；通过暗管、渗井、渗坑、裂隙、溶洞、灌注等逃避监管的方式排放、倾倒、处置有放射性的废物、含传染病病原体的废物、有毒物质的；二年内曾因违反国家规定，排放、倾倒、处置有放射性的废物、含传染病病原体的废物、有毒物质受过两次以上行政处罚，又实施前列行为的；重点排污单位篡改、伪造自动监测数据或者干扰自动监测设施，排放化学需氧量、氨氮、二氧化硫、氮氧化物等污染物的；违法减少防治污染设施运行支出一百万元以上的；违法所得或者致使公私财产损失三十万元以上的；造成生态环境严重损害的；致使乡镇以上集中式饮用水水源取水中断十二小时以上的；致使基本农田、防护林地、特种用途林地五亩以上，其他农用地十亩以上，其他土地二十亩以上基本功能丧失或者遭受永久性破坏的；致使森林或者其他林木死亡五十立方米以上，或者幼树死亡二千五百株以上的；致使疏散、转移群众五千人以上的；致使三十人以上中毒的；致使三人以上轻伤、轻度残疾或者器官组织损伤导致一般功能障碍的；致使一人以上重伤、中度残疾或者器官组织损伤导致严重功能障碍的；其他严重污染环境的情形。

二、主体要件

本罪主体是一般主体，既可以是自然人，也可以是单位。凡年满 16 周岁、具备刑事责任能力的人均可成为本罪的主体。

三、主观要件

本罪主观罪过通常是故意，但也可以由过失构成。本书主张混合罪过，包括故意和过失两种罪过形式。

污染环境罪的犯罪故意是指犯罪主体在实施行为时明知自己实施的行为，可能或者必然会对环境生态造成一定的危害结果，而希望或者放任对环境造成损害的结果的发生。其中包括对于污染环境的结果所持的直接故意和间接故意。在直接故意的支配下将"污染环境罪"的故意理解为犯罪主体明知自己实施的排放等处置危险物质的行为必然会发生危害生态环境的结果，并可能会危及不特定人的人身、财产安全而对这种危害结果的发生持希望的态度。而在间接故意的支配下可以将"污染环境罪"的故意理解为犯罪主体明知自己实施的排放等处置危险物质的行为可能会发生环境被破坏的结果，而对这种危害结果的发生持放任的态度。

实务中，行为人并非积极主动追求污染环境的结果，他们是在追求经济利益的同时间接带来的负面影响，是过失造成严重污染环境的结果。因而，对于其主观方面的认定应当具备过失的心理即可成立犯罪。在德、日刑法中，都明确规定了行为人实施污染环境的行为时所持的心态既包括故意，也包括过失，从而为司法实践中行为人主观方面的认定提供了法律支撑。该说认为，污染环境罪的主观方面同时包括故意和过失，而单纯将"污染环境罪"的主观方面理解为只具备故意或者只具备过失，都无法全面地应对司法实践中的现实需要，而将"污染环境罪"的主观方面理解为混合罪过则是我国刑事法治的大胆尝试，有效回应了当代司法实践中所面临的一些问题。

第二节　司法适用中需要注意的问题

一、关于单位犯罪的认定

办理环境污染犯罪案件，认定单位犯罪时，应当依法合理把握追究刑事责任的范围，贯彻宽严相济的刑事政策，重点打击出资者、经营者和主要获利者，既要防止不当缩小追究刑事责任的人员范围，又要防止打击面过大。

为了单位利益，实施环境污染行为，并具有下列情形之一的，应当认定为单位犯罪：①经单位决策机构按照决策程序决定的；②经单位实际控制人、主要负责人或者授权的分管负责人决定、同意的；③单位实际控制人、主要负责人或者授权的分管负责人得知单位成员个人实施环境污染犯罪行为，并未加以制止或者及时采取措施，而是予以追认、纵容或者默许的；④使用单位营业执照、合同书、公章、印鉴等对外开展活动，并调用单位车辆、船舶、生产设备、原辅材料等实施环境污染犯罪行为的。

单位犯罪中的"直接负责的主管人员"，一般是指对单位犯罪起决定、批准、组织、策划、指挥、授意、纵容等作用的主管人员，包括单位实际控制人、主要负责人或者授权的分管负责人、高级管理人员等；"其他直接责任人员"，一般是指在直接负责的主管人员的指挥、授意下积极参与实施单位犯罪或者对具体实施单位犯罪起较大作用的人员。

对于应当认定为单位犯罪的环境污染犯罪案件，公安机关未作为单位犯罪移送审查起诉的，人民检察院应当退回公安机关补充侦查。对于应当认定为单位犯罪的环境污染犯罪案件，人民检察院只作为自然人犯罪起诉的，人民法院应当建议人民检察院对犯罪单位补充起诉。

二、关于犯罪未遂的认定

当前环境执法工作形势比较严峻，一些行为人拒不配合执法检查、接受检查时弄虚作假、故意逃避法律追究的情形时有发生，因此对于行为人已经着手实施非法排放、倾倒、处置有毒有害污染物的行为，由有关部门查处或者其他意志以外的原因未得逞的情形，可以按污染环境罪（未遂）追究刑事责任。

三、关于主观过错的认定

判断犯罪嫌疑人、被告人是否具有环境污染犯罪的故意，应当依据犯罪嫌疑人、被告人的任职情况、职业经历、专业背景、培训经历、本人因同类行为受到行政处罚或者刑事追究情况，以及污染物种类、污染方式、资金流向等证据，结合其供述，进行综合分析判断。

实践中，具有下列情形之一，犯罪嫌疑人、被告人不能作出合理解释的，可以认定其故意实施环境污染犯罪，但有证据证明确系不知情的除外：企业没有依法通过环境影响评价，或者未依法取得排污许可证，排放污染物，或者已经通过环境影响评价并且防治污染设施验收合格后，擅自更改工艺流程、原辅材料，导致产生新的污染物质的；不使用验收合格的防治污染设施或者不按规范要求使用的；防治污染设施发生故障，发现后不及时排除，继续生产放任污染物排放的；生态环境部门责令限制生产、停产整治或者予以行政处罚后，继续生产放任污染物排放的；将危险废物委托第三方处置，没有尽到查验经营许可的义务，或者委托处置费用明显低于市场价格或者处置成本的；通过暗管、渗井、渗坑、裂隙、溶洞、灌注等逃避监管的方式排放污染物的；通过篡改、伪造监测数据的方式排放污染物的；其他足以认定的情形。

四、关于生态环境损害赔偿的认定

生态环境损害赔偿制度是生态文明制度体系的重要组成部分。党中央、国务院高度重视生态环境损害赔偿工作，党的十八届三中全会明确提出对造成生态环境损害的责任者严格实行赔偿制度。2015 年，中央办公厅、国务院办公厅印发《生态环境损害赔偿制度改革试点方案》（中办发〔2015〕57 号），在吉林等 7 个省市部署开展改革试点，取得明显成效。2017 年，中央办公厅、国务院办公厅印发《生态环境损害赔偿制度改革方案》（中办发〔2017〕68 号），在全国范围内试行生态环境损害赔偿制度。

《2016 年环境污染犯罪解释》将造成生态环境损害规定为污染环境罪的定罪量刑标准之一，是为了与生态环境损害赔偿制度实现衔接配套，考虑到该制度尚在试行过程中，《2016 年环境污染犯罪解释》作了较原则的规定。司法实践中，一些省市结合本地区工作实际制定了具体标准。2018 年 12 月，最高人民法院、最高人民检察院、公安部、司法部、生态环境部在北京联合召开座谈会认为，在生态环境损害赔偿制度试行阶段，全国各省（自治区、直辖市）可以结合本地实际情况，因地制宜，因时制宜，根据案件具体情况准确认定"造成生态环境严重损害"和"造成生态环境特别严重损害"。

五、关于非法经营罪的适用

要高度重视非法经营危险废物案件的办理，坚持全链条、全环节、全流程对非法排放、倾倒、处置、经营危险废物的产业链进行刑事打击，查清犯罪网络，深挖犯罪源头，斩断利益链条，不断挤压和铲除此类犯罪滋生蔓延的空间。

准确理解和适用《2016 年环境污染犯罪解释》第六条的规定应当注意把握两个原则：一要坚持实质判断原则，对行为人非法经营危险废物行为的社会危害性作实质性判断。比如，一些单位或者个人虽未依法取得危险废物经营许可证，但其收集、贮存、利用、处置危险废物经营活动，没有超标排放污染物、非法倾倒污染物或者其他违法造成环境污染情形的，则不宜以非法经营罪论处。二要坚持综合判断原则，对行为人非法经营危险废物行为根据其在犯罪链条中的地位、作用综合判断其社会危害性。比如，有证据证明单位或者个人的无证经营危险废物行为属于危险废物非法经营产业链的一部分，并且已经形成了分工负责、利益均沾、相对固定的犯罪链条，如果行为人或者与其联系紧密的上游或者下游环节具有排放、倾倒、处置危险废物违法造成环境污染的情形，且交易价格明显异常的，对行为人可以根据案件具体情况在污染环境罪和非法经营罪中择一重罪处断。

六、关于投放危险物质罪的适用

目前我国一些地方环境违法犯罪活动高发多发，刑事处罚威慑力不强的问题仍然突出，现阶段在办理环境污染犯罪案件时必须坚决贯彻落实中央领导同志关于重典治理污染的指示精神，把刑法和《2016 年环境污染犯罪解释》的规定用足用好，形成对环境污染违法犯罪的强大震慑。

司法实践中对环境污染行为适用投放危险物质罪追究刑事责任时，应当重点审查判断行为人的主观恶性、污染行为恶劣程度、污染物的毒害性危险性、污染持续时间、污染结果是否可逆、是否对公共安全造成现实、具体、明确的危险或者危害等各方面因素。对于行为人明知其排放、倾倒、处置的污染物含有毒害性、放射性、传染病病原体等危险物质，仍实施环境污染行为放任其危害公共安全，造成重大人员伤亡、重大公私财产损失等严重后果，以污染环境罪论处明显不足以罚当其罪的，可以按投放危险物质罪定罪量刑。实践中，此类情形主要是向饮用水水源保护区，饮用水供水单位取水口和出水口，南水北调水库、干渠、涵洞等配套工程，重要渔业水体以及自然保护区核心区等特殊保护区域，排放、倾倒、处置毒害性极强的污染物，危害公共安全并造成严重后果的情形。

七、关于涉大气污染环境犯罪的处理

打赢蓝天保卫战是打好污染防治攻坚战的重中之重。各级人民法院、人民检察院、公安机关、生态环境部门要认真分析研究全国人大常委会大气污染防治法执法检查发现的问题和提出的建议，不断加大对涉大气污染环境犯罪的打击力度，毫不动摇地以法律武器治理污染，用法治力量保卫蓝天，推动解决人民群众关注的突出大气环境问题。

司法实践中打击涉大气污染环境犯罪，要抓住关键问题，紧盯薄弱环节，突出打击重点。对重污染天气预警期间，违反国家规定，超标排放二氧化硫、氮氧化物，受过行政处罚后又实施上述行为或者具有其他严重情节的，可以适用《环境解释》第一条第十八项规定的"其他严重污染环境的情形"追究刑事责任。

八、关于非法排放、倾倒、处置行为的认定

司法实践中认定非法排放、倾倒、处置行为时，应当根据《固体废物污染环境防治法》和《2016 年环境污染犯罪解释》的有关规定精神，从其行为方式是否违反国家规定或者行业操作规范、污染物是否与外环境接触、是否造成环境污染的危险或者危害等方面进行综合分析判断。对名为运输、贮存、利用，实为排放、

倾倒、处置的行为应当认定为非法排放、倾倒、处置行为，可以依法追究刑事责任。比如，未采取相应防范措施将没有利用价值的危险废物长期贮存、搁置，放任危险废物或者其有毒有害成分大量扬散、流失、泄漏、挥发，污染环境的。

九、关于有害物质的认定

办理非法排放、倾倒、处置其他有害物质的案件，应当坚持主客观相一致原则，从行为人的主观恶性、污染行为恶劣程度、有害物质危险性毒害性等方面进行综合分析判断，准确认定其行为的社会危害性。实践中，常见的有害物质主要有：工业危险废物以外的其他工业固体废物；未经处理的生活垃圾；有害大气污染物、受控消耗臭氧层物质和有害水污染物；在利用和处置过程中必然产生有毒有害物质的其他物质；国务院生态环境保护主管部门会同国务院卫生主管部门公布的有毒有害污染物名录中的有关物质等。

十、关于新增规定与《2016 年环境污染犯罪解释》的区别

《2016 年环境污染犯罪解释》是司法机关适用环境污染罪的重要依据，其对《刑法》第三百三十八条在构成要件内容作了大量细致化的规定。然而，《刑法修正案（十一）》所增加的行为类型在诸多方面都不同于《环境污染解释》，需要进行仔细分辨。具体而言：

第一，《2016 年环境污染犯罪解释》第一条第（一）项将《刑法》第三百三十八条构成要件的"严重污染环境"界定为"在饮用水水源一级保护区、自然保护区核心区排放、倾倒、处置有放射性的废物、含传染病病原体的废物、有毒物质的"行为，而根据《刑法修正案（十一）》的修改，"在饮用水水源保护区、自然保护地核心保护区等依法确定的重点保护区域排放、倾倒、处置有放射性的废物、含传染病病原体的废物、有毒物质，情节特别严重的"作为加重构成要件处七年以上有期徒刑，并处罚金；根据水污染防治法等法律的规定，饮用水水源保护区分为一级保护区和二级保护区，而《刑法修正案（十一）》的规定不再局限于"饮用水水源一级保护区"，就此而言，"严重污染环境"的界定也不应当局限在《2016 年环境污染犯罪解释》中规定的"饮用水水源一级保护区"。

第二，《刑法修正案（十一）》将《2016 年环境污染犯罪解释》第一条第一项规定的"自然保护区核心区"修改为"自然保护地核心保护区"。"自然保护地"是一个内涵相当丰富的概念，它不仅包括"自然保护区"，还包括国家公园和自然公园。2019 年 6 月，中共中央办公厅、国务院办公厅《关于建立以国

家公园为主体的自然保护地体系的指导意见》指出，我国将逐步建成"以各类国家公园为主体、自然保护区为基础、各类自然公园为补充的自然保护地分类系统"。《刑法修正案（十一）》关于本条的修正，并没有像"破坏自然保护地罪"一样，将《刑法》保护的范围严格限定于"国家级自然保护区"和"国家公园"这两种"自然保护地"，实质上扩大了《2016 年环境污染犯罪解释》第一条的规定，加大了对污染环境的惩处力度。

第三，《2016 年环境污染犯罪解释》第一条第一项仅仅包括"饮用水水源一级保护区"和"自然保护区核心区"两类，而《刑法修正案（十一）》不但在实质上拓展了这两类区域，而且进一步使用了兜底性的、概括性的语言，即"依法确定的重点保护区域"。这意味着，与"饮用水水源保护区"和"自然保护地核心保护区"属于同种类的其他保护区域亦有可能成为该罪保护的对象。

第四，《刑法修正案（十一）》规定的"向国家确定的重要江河、湖泊水域排放、倾倒、处置有放射性的废物、含传染病病原体的废物、有毒物质情节特别严重的"在《2016 年环境污染犯罪解释》中并没有明确的规定，是修正案的新增内容。《2016 年环境污染犯罪解释》中的"基本农田"被《刑法修正案（十一）》修改为"永久基本农田"，根据 2019 年修订的《土地管理法》，应当认为这两个概念没有实质区别；但修正案规定"大量"的认定标准能否直接采纳《2016 年环境污染犯罪解释》第三条"后果特别严重"的相关标准是有争议的，因为《刑法修正案（十一）》不但将"后果特别严重"改成了"情节严重"，而且"大量永久基本农田"出现在比"情节严重"更高一级的法定刑行列。同样地，"致使多人重伤、严重疾病，或者致人严重残疾、死亡的"的"多人"的认定标准也会产生争议。这些问题都有待最高司法机关的进一步明确。

十一、关于污染环境罪的因果关系认定

污染环境罪经常面临着因果关系难以证明的问题，即由于司法人员的有限理性，事实上不可能查明危害行为和危害结果之间存在百分之百的、必然的因果关系；所谓的"不可能查明"，是指根据目前的刑事证据手段原则上不可查明，也没有希望查明。这时候，在对污染环境案件因果关系进行判断时应当采纳刑法理论上的风险升高理论。无论将这个风险升高理论理解成规范性的，还是现实性的，都不要求危害行为与危害结果之间存在百分之百的关联。所以，实践上应当认为只要行为人实施了危害行为，并且该行为高概率地提升了此结果出现的可能性，就认为危害结果已经实现了。

十二、相关犯罪关系的处理

《2016 年环境污染犯罪解释》第八条规定："违反国家规定，排放、倾倒、处置含有毒害性、放射性、传染病病原体等物质的污染物，同时构成污染环境罪、非法处置进口的固体废物罪、投放危险物质罪等犯罪的，依照处罚较重的规定定罪处罚。"在此基础上，《刑法修正案（十一）》新增一款注意规定："有前款行为，同时构成其他犯罪的，依照处罚较重的规定定罪处罚。"本款存在的意义在于，司法机关工作人员应充分注意：根据想象竞合原理的要求，司法机关要对涉及竞合的诸构成要件展开详细审查，并作出从一重罪处罚的判决。具体而言，比如，在饮用水水源保护区、自然保护地核心保护区等依法确定的重点保护区域排放、倾倒、处置有放射性的废物、含传染病病原体的废物、有毒物质，或者向国家确定的里要江河、湖泊水域排放、倾倒、处置有放射性的废物、含传染病病原体的废物、有毒物质，有可能同时构成《刑法》第三百三十条的"妨害传染病防治罪"，也有可能同时构成《刑法修正案（十一）》新增的第三百四十二条之一，还有可能构成《刑法》第一百一十五条的"投放危险物质罪"，此时应当从一重罪论处；污染环境致使多人重伤、严重疾病，或者致人严重残疾、死亡的，有可能同时构成《刑法》第二百三十三条的"过失致人死亡罪"或第二百三十五条的"过失致人重伤罪"，此时也应当从一重罪论处。

除此之外，还需要注意的是，若环境影响评价机构或其人员，故意提供虚假环境影响评价文件，情节严重的，或者严重不负责任，出具的环境影响评价文件存在重大失实，造成严重后果的，应当依照《刑法》第二百二十九条、第二百三十一条的规定，以"提供虚假证明文件罪"或"出具证明文件重大失实罪"定罪处罚。

同时构成污染环境罪、投放危险物质罪、非法经营罪、擅自进口固体废物罪、走私废物罪根据具体情况，可能实行并罚或者从一重处罚。

（1）所谓擅自进口，即应当取得进口许可而未取得进口许可擅自进口，没有许可，即谈不上擅自的问题。目前，我国已经全面禁止以任何方式进口固体废物。禁止我国境外的固体废物进境倾倒、堆放、处置。因此，凡有废物进口，即构成走私废物罪。

（2）明知他人无危险废物经营许可证，向其提供或者委托其收集、贮存、利用、处置进口危险废物，严重污染环境的，受委托方并不知晓处置的废物属于进口废物的，对受委托方以污染环境罪犯罪论处；受委托方知道或者应当知道处置的废物属于进口废物的，以走私废物罪的共同犯罪论处。

（3）非法处置的进口固体废物属于有放射性的废物、含传染病病原体的废物、有毒物质，具有以下情形的，以污染环境罪处理：

①情节严重的；

②在饮用水水源保护区、自然保护地核心保护区处置，情节特别严重的；

③向国家确定的重要江河、湖泊水域排放、倾倒、处置，情节特别严重的；

④致使大量永久基本农田基本功能丧失或者遭受永久性破坏的；

⑤致使多人重伤、严重疾病，或者致人严重残疾、死亡的。

逃避海关监管将境外固体废物、液态废物和气态废物运输进境，情节严重的，处五年以下有期徒刑，并处或者单处罚金；情节特别严重的，处五年以上有期徒刑，并处罚金。

第三节　构成要件证据指引

一、主体要件证据

一般主体，包括自然人和单位。

（一）自然人

1. 自然人刑事责任年龄、身份等情况的证据

包括身份证明、户籍证明、任职证明，工作经历证明、特定职责证明等，证明行为人的姓名（曾用名）、性别、出生年月日、民族、籍贯、出生地、职业（职务）、住所地（居所地）等证据材料，如户口簿、居民身份证、出生证、工作证、专业或技术等级证、干部履历表、职工登记表、护照、港澳居民往来内地通行证、台湾居民往来大陆通行证等。

涉及人大代表、政协委员犯罪的案件，应注明身份，并附身份证明材料。

2. 自然人刑事责任能力的证据

证明行为人对自己行为的辨认能力与控制能力，如是否属于间歇性精神病人，尚未完全丧失辨认或者控制自己行为能力的精神病人的证明材料。

（二）单位

（1）单位是否依法成立，及其名称、住所地、性质、业务范围、成立时间等证据材料，如法人社会统一机构代码证、法人设立证明、国有公司性质证明及非法人单位的身份证明等。

（2）单位法定代表人、负责人或直接责任人员等身份、任职、职责、负责权限的证明材料。包括身份证明、户籍证明、任职证明等，如户口簿、居民身份证、护照、专业或技术等级证、干部履历表、职工登记表、任命书、业务分工文件、委派文件、单位证明、单位岗位职责制度等。

（3）根据最高人民法院、最高人民检察院、公安部、司法部、生态环境部《关于办理环境污染刑事案件有关问题座谈会纪要》，注意取得以下证据：

● 单位决策机构作出决策的证据，如会议记录、会议纪要、备忘录、单位有关决策性文件等。

● 经单位实际控制人、主要负责人或者授权的分管负责人决定、同意的证据，如单位实际控制人、主要负责人或者授权的分管负责人就相关决策性文件的联签批准情况等。

● 单位实际控制人、主要负责人或者授权的分管负责人得知单位成员个人实施环境污染犯罪行为，并未加以制止或者及时采取措施，而是予以追认、纵容或者默许的证据。

● 使用单位营业执照、合同书、公章、印鉴等对外开展活动，并调用单位车辆、船舶、生产设备、原辅材料等实施环境污染犯罪行为的证据。

（三）共同犯罪

包括犯意的提起、策划、联络、分工、实施等情况的证据材料。

二、主观要件证据

污染环境罪并不要求造成重大环境污染事故，只要严重污染环境就可成立此罪。《刑法修正案（八）》使之从结果犯演变至行为犯，从过错责任原则到带有严格责任性质的过错推定原则。本罪主观罪过通常是故意，但也可以由过失构成。

擅自进口固体废物罪是结果犯，对于擅自进口固体废物，但没有造成严重后果的，不构成本罪；只有造成重大环境污染事故，致使公私财产遭受重大损失或者严重危害人体健康的，才构成本罪。在主观方面行为人对造成的严重危害后果主观上不希望发生。对于未经国务院有关部门许可，擅自进口固体废物用作原料是法律禁止的，行为人则是明知的、故意的。

非法处置进口的废物罪是行为犯，违反国家规定，将境外的固体废物进境倾倒、堆放、处置的即构成本罪。主观方面表现为故意，过失不构成本罪。

为准确认定犯罪嫌疑人、被告人主观过错，应当收集的证据包括但不限于证明故意的证据、认定过失的证据、共同犯罪中主观故意的证据。根据最高人民法院、最高人民检察院、公安部、司法部、生态环境部印发《关于办理环境污染刑事案件有关问题座谈会纪要》，应当注意取得以下证据：

（1）犯罪嫌疑人、被告人的任职情况、职业经历、专业背景、培训经历、本人因同类行为受到行政处罚或者刑事追究情况以及污染物种类、污染方式、资金流向等证据。

（2）企业是否通过环境影响评价的证据；已经通过环境影响评价并且防治污染设施验收合格后，擅自更改工艺流程、原辅材料，导致产生新的污染物质的证据；未依法取得排污许可证排放污染物的证据。

（3）不使用验收合格的防治污染设施或者不按规范要求使用防治污染设施的证据；发现防治污染设施发生故障后，未及时排除故障，继续生产排放污染物的证据。

（4）经生态环境部门责令限制生产、停产整治或者予以行政处罚后，未限制生产、停产整改，或者虽经整改但未达到规定标准，继续生产放任污染物排放的证据。

（5）将危险废物委托无资质的第三方处置，或者虽然委托适格的第三方处置但委托处置费用明显低于市场价格或者处置成本的证据。

（6）通过暗管、渗井、渗坑、裂隙、溶洞、灌注等逃避监管的方式排放污染物的证据。

（7）通过篡改、伪造监测数据的方式排放污染物的证据。

（8）其他足以认定主观过错的证据。

三、客体要件证据

通过犯罪嫌疑人、被告人的供述和辩解、证人证言、书证、物证、鉴定意见、视听资料、电子数据等证据，证明行为人的行为侵犯了国家的环境保护制度、固体废物污染环境的防治制度的证据。

四、客观要件证据

（一）犯罪行为

1. 污染环境罪

排放、倾倒、处置有放射性的废物、含传染病病原体的废物、有毒物质的时间、地点、数量；排放、倾倒、处置含重金属污染物所含重金属的种类，超过国家或者地方污染物排放标准倍数；逃避监管的方式排放、倾倒、处置有放射性的废物、含传染病病原体的废物、有毒物质的时间、方式、数量或结果等证据。

2. 擅自进口固体废物罪

固体废物来源、种类及数量；进口固体废物的运输工具、到港时间；报关手续、海关缴纳关税的凭证、检验检疫证明文件、通关手续、通关时间等的证据。

3. 非法处置进口的废物罪

进口的固体废物的名称、来源（国家）、种类、数量、有害程度、用途；非法处置进口的固体废物的方式（倾倒、堆放、处置）、设施、设备及其运行情况。

（二）污染环境行为的行政违法性

（1）排放、倾倒、处置、进口废物行政许可情况；超出行政许可的范围、方式、标准、数量，排放、倾倒、处置、进口废物的情况等证据。

（2）处置进口的固体废物产生的固体废物、废液、废气的排放方式，是否具有防治环境污染的设施、设备、场所，防治环境污染的设施、设备运行是否正常，重点排污单位的监测设备是否运行正常；处置固体废物是否符合国家环境保护的标准情况的证据。

（三）后果和情节

违法减少防治污染设施运行支出费用、违法所得或者致使公私财产损失金额、致使乡镇以上集中式饮用水水源取水中断时长；致使基本农田、防护林地、特种用途林地基本功能丧失或者遭受永久性破坏的数量；致使森林或者其他林木死亡数量；致使疏散、转移群众人数；致使中毒人数、致使残疾、器官组织损伤的程度及人数；其他严重污染环境的情形的证据。

（四）量刑情节

量刑情节，分为法定量情节和酌定量刑情节。量刑方面的证据，围绕量刑情节而来。法定情节包括法定从重情节；可以从轻；可以从轻或减轻；应当从轻或者减轻；可以从轻、减轻或者免除处罚；应当从轻、减轻或者免除处罚；可以减轻或者免除处罚；应当减轻或者免除处罚；可以免除处罚。最高人民法院印发的《人民法院量刑指导意见（试行）》（法发〔2010〕36号）、《关于常见犯罪的量刑指导意见》（法发〔2013〕14号）和《关于实施修订后的〈关于常见犯罪的量刑指导意见〉的通知》（法发〔2017〕7号），均未明确涉及环境污染类犯罪具体量刑的相关内容。因此，相关犯罪的量刑适用《量刑指导意见》的一般规定，量刑时要充分考虑各种法定和酌定量刑情节，根据案件的全部犯罪事实以及量刑情节的不同情形，依法确定量刑情节的适用及其调节比例。具体确定各个量刑情节的调节比例时，应当综合平衡调节幅度与实际增减刑罚量的关系，确保罪责刑相适应。

根据《量刑指导意见》，量刑情节主要的证据应当侧重于以下内容：

（1）对于未成年人犯罪，应当着重取得未成年人对犯罪的认识能力、实施犯罪行为的动机和目的、犯罪时的年龄、是否初犯、偶犯、悔罪表现、个人成长经历和一贯表现等方面的证据。

（2）从犯，应当着重取得在共同犯罪中的地位、作用等情况的证据。

（3）对于自首情节，着重取得自首的动机、时间、方式、罪行轻重、如实供述罪行的程度以及悔罪表现等证据。是否恶意利用自首规避法律制裁等的证据。

（4）对于坦白情节，区别如实供述自己罪行、如实供述司法机关尚未掌握的同种较重罪行、因如实供述自己罪行，避免特别严重后果发生等具体情形，着重取得如实供述罪行时的案件侦查阶段、程度、罪行轻重以及悔罪程度等证据。

（5）对于立功情节，着重取得立功的大小、次数、内容、来源、效果以及罪行轻重等证据。

（6）对于积极恢复土地原状或者恢复土地种植条件、赔偿被害人经济损失并取得谅解的，综合考虑犯罪性质、恢复土地原状或者恢复土地种植条件的时间节点的面积、赔偿数额、赔偿能力以及认罪、悔罪程度等证据。

（7）对于累犯，应当着重取得前后罪的性质、刑罚执行完毕或赦免以后至再犯罪时间的长短以及前后罪罪行轻重等证据。

（8）对于有前科的，取得前科的性质、时间间隔长短、次数、处罚轻重等证据，如刑事判决书、裁定书；释放证明书、假释证明书；行政处罚决定书；其他证明材料。

（9）在重大自然灾害、预防、控制突发传染病疫情等灾害期间犯罪的证据。

第六章

非法捕捞水产品罪

　　非法捕捞水产品罪侵犯的法益是国家保护水产资源及其管理制度。水产资源，包括具有经济价值的水生动物和水生植物，是国家的一项宝贵财富。为了加强对水产资源的保护，国家通过立法对水产资源繁殖、养殖和捕捞等方面作了具体的规定。国家鼓励、扶持外海和远洋捕捞业的发展，合理安排内水和近海捕捞。在内水、近海从事捕捞业的单位和个人，必须按照捕捞许可证关于作业类型、场所、时限和渔具数量的规定进行作业。不得在禁渔区和禁渔期进行捕捞，不得使用禁用的渔具、捕捞方法和小于规定的最小网目尺寸的网具进行捕捞。不得急功近利，竭泽而渔，非法捕捞水产品，破坏国家对水产资源的管理制度，危害水产资源的存留和发展。因此，必须依法对非法捕捞水产品的犯罪予以惩罚。

　　2020年12月17日，最高人民法院、最高人民检察院、公安部、农业农村部印发了《依法惩治长江流域非法捕捞等违法犯罪的意见》（以下简称《意见》）。

　　《意见》围绕非法捕捞犯罪、危害珍贵濒危水生野生动物资源犯罪、非法渔获物交易犯罪、危害水生生物资源的单位犯罪及渎职犯罪等，细化了法律适用依据和定罪量刑标准，并对相关违法行为的处罚作出规定。其中，列举了构成非法捕捞水产品罪的5种情形，明确了非法猎捕、杀害珍贵濒危野生动物罪的定罪量刑起点和"情节严重"情形，为严格区分罪与非罪、准确把握定罪量刑提供了法律政策依据。

　　《意见》明确了办理非法捕捞案件中相关证据的收集转化、种类规格及审查标准，要求加强证据审查工作。同时，对涉案渔获物价值认定作出规定，明确对国家重点保护的珍贵濒危水生野生动物以外的其他渔获物，优先以销赃数额认定；无销账数额、销账数额难以查证或者根据销赃数额认定明显偏低的，根据市场价值核算；仍无法认定的，由有关主管部门认定或者价格认证机构认证。

　　《意见》严格贯彻执行宽严相济的刑事政策，对行为追诉、从重从轻处罚等重点问题予以明确。在办理非法捕捞案件时，要求综合考虑行为人的主观罪过、犯罪动机、行为手段、获利数额、危害后果以及认罪悔罪态度、修复生态环境等因素，准确认定犯罪事实，依法做出妥当处理，确保"不拔高""不降格"。但对于暴力抗法、屡教不改、对水域生态造成严重损害或者存在其他恶劣情节的，明确从重处罚，一般不适用不起诉、缓刑、免予刑事处罚。

《意见》规定，各部门要在做好协作配合的基础上，强化监督制约，对水生生物资源保护负有监管职责的行政机关违法行使职权或者不作为，致使国家利益或者社会公共利益受到侵害的，检察机关可以依法提起行政公益诉讼。对于实施危害水生生物资源的行为，致使社会公共利益受到侵害的，检察院可以依法提起民事公益诉讼。

为确保检察机关正确理解和准确适用《刑法》《中华人民共和国长江保护法》以及《依法惩治长江流域非法捕捞等违法犯罪的意见》等规定，2021年3月2日，最高检专门研究制定了《检察机关办理长江流域非法捕捞有关法律政策问题的解答》（以下简称《解答》）。

《解答》明确指出，根据《意见》，"长江流域重点水域"禁捕范围包括五类区域：长江流域水生生物保护区、长江干流和重要支流、长江口禁捕管理区、大型通江湖泊、其他重点水域，同时"对于涉案的禁捕区域，检察机关可以根据《意见》规定，结合案件具体情况，商请农业农村（渔政）部门出具认定意见"。

《意见》明确了办理长江流域非法捕捞案件，如何准确把握非法捕捞水产品罪入罪标准的问题。对此，《解答》强调，检察机关要依照《刑法》和《意见》相关规定，根据案件具体情况，从行为人犯罪动机、主观故意、所使用的方法、工具、涉案水生生物的珍贵、濒危程度、案发后修复生态环境情况等方面，综合判断其行为的社会危害性。既要用足用好法律规定，总体体现依法从严惩治的政策导向，又要准确把握司法办案尺度，切实避免"一刀切"简单司法、机械办案。

《解答》要求，检察机关办理非法捕捞水产品案件，应当贯彻宽严相济的刑事政策，准确判断行为人的责任轻重和刑事追究的必要性，综合运用刑事、行政、经济手段惩治违法犯罪，做到惩处少数、教育挽救大多数，实现罪责刑相适应。对于不同性质案件的处理，要体现区别对待的原则：一方面，要从严惩处有组织的、经常性的或者形成产业链的危害水生生物资源犯罪；另一方面，对个人偶尔实施的不具有生产性、经营性的非法捕捞行为要慎用刑罚，危害严重构成犯罪的，在处罚时应与前一类犯罪案件有所区别。

为了更好地落实"在办案中监督、在监督中办案"的检察理念，《解答》特别强调，各级检察机关要深刻认识到法律监督与诉讼办案职能一体两面的特性，重点做好五项工作：一是加强"行刑衔接"。健全与行政执法机关、公安机关执法司法信息共享、案情通报、案件移送制度，推动实现行政执法与刑事司法的无缝对接、双向衔接。二是加强立案监督。注重监督实效，切实防止和纠正有案不立和违法立案的情况。三是加强引导取证和侦查监督。在"捕、运、销"形成链条的共同犯罪案件中，注意引导侦查机关全面收集各环节实施犯罪的证据，查明犯罪团伙各成员的地位、作用，准确判断共同犯罪故意。四是加强审判监督。进一步明确认罪认罚从宽的具体标准，统一司法尺度，减少量刑分歧。重点加强对涉长江流域重点水域非法捕捞案件诉判不一、量刑畸轻畸重、判处缓免刑不当的监督。对符合法定抗诉情形的，要依法进行抗诉。五是加强执行监督。完善执行监督机制，确保刑罚（包括财产刑）以及刑事附带民事公益诉讼裁判执行到位。

第一节　非法捕捞水产品罪的犯罪构成

非法捕捞水产品罪，是指违反保护水产资源法规，在禁渔区、禁渔期或者使用禁用的工具、方法捕捞水产品，情节严重的行为。

一、客观要件

本罪在客观方面表现为违反保护水产资源法规，在禁渔区、禁渔期或者使用禁用的工具、方法捕捞水产品的行为。为了保护水产资源，1979 年 2 月 10 日国务院公布了《水产资源繁殖保护条例》，明确规定了保护的对象，对捕捞的时间、水域、工具、方法等提出了具体要求，并做了一系列禁止性规定。1979 年 9 月 13 日全国人大常务委员会通过试行的《中华人民共和国环境保护法（试行）》第十一条第二款规定："保护、发展和合理利用水生生物，禁止灭绝性的捕捞和破坏。"1986 年 1 月 20 日全国人大常委会通过并公布了《渔业法》，对渔业生产的领导、管理、监督、养殖业和捕捞业的管理，渔业资源的增殖和保护以及法律责任等方面，都做了明确的规定。1987 年 10 月 14 日国务院批准发布的《渔业法实施细则》进一步具体划分了近海渔场与外海渔场，强调了国家对捕捞业实行捕捞许可证制度，规定了对非法捕捞水产品的具体处罚方法。

所谓禁渔区，是指由国家法令或者地方政府规定，对某些重要鱼、虾、蟹、贝、藻等，以及其他重要水生生物的产卵场、索饵场、越冬场和洄游通道，划定一定的范围，禁止所有渔业生产作业的区域，或者禁止某种渔业生产作业的区域。

所谓禁渔期，是指对某些重要水生生物的产卵场、索饵场、越冬场和洄游通道，规定禁止渔业生产作业或者限制作业的一定期限。

所谓禁用的工具，是指禁止使用的超过国家对不同捕捞对象所分别规定的最小网目尺寸的渔具。所谓禁用的方法，是指禁止采用的损害水产资源正常繁殖、生长的方法，如炸鱼、毒鱼、电鱼等。在实践中，犯罪分子往往使用禁用的工具和方法，在禁渔区、禁渔期非法捕捞水产品，严重地破坏我国的水产资源。

故意非法捕捞水产品的行为必须达到情节严重的程度，才构成犯罪。所谓情节严重，主要是指非法捕捞水产品数量较大的，一贯或多次非法捕捞水产品的，为首组织或聚众非法捕捞水产品的，采用炸鱼、毒鱼、滥用电力等方法滥捕水产品，严重破坏水产资源的，非法捕捞、抗拒渔政管理的，等等。

二、主体要件

本罪主体是一般主体，既可以是自然人，也可以是单位。凡年满 16 周岁、具备刑事责任能力的人均可成为本罪的主体。

三、主观要件

在主观方面表现为故意，至于是为了营利或者其他目的，均不影响本罪的成立。过失不构成本罪。

第二节 司法适用中需要注意的问题

一、主观故意证据的认定

实践中，许多非法捕捞的犯罪嫌疑人常常辩解不知道禁渔区、禁渔期规定，称自己的行为不具有主观故意。湖北省武汉市江汉区人民法院审理被告人方建国犯非法捕捞水产品罪一案（2019 鄂 0103 刑初 901 号刑事判决）中，被告人方建国的辩解就很有代表性，方某称相关部门没有在江边张贴通告，自己不知禁渔相关规定，因此无主观恶性，且情节显著轻微、危害不大，不构成犯罪。

主观故意是指行为人明知自己的行为会发生危害社会的结果，行为人希望或放任危害结果的发生，其中"明知"包括知道或应该知道。实践中，推定认定明知禁渔区、禁渔期可以从以下方面认定：

（1）特定区域的广告牌、宣传画告示。

（2）公共告示栏张贴的相关行政处罚决定书或刑事判决书。

（3）捕捞证或捕捞证注明的相关事项。

（4）渔业主管部门对特殊人员的宣传记录。

（5）证人证言表明行为人应该知道的证言。

（6）非法捕捞行为人非法捕捞的时间、地点。

（7）行为人逃避检查、抛弃非法捕捞的水产品、毁弃捕捞设备等。

从实践中看，对非法捕捞水产品行为的查获通常是当场查获，为此只要证明行为人在禁渔公告规定的时间或区域实施了以禁用工具或禁用方法非法捕捞行为则可认定具有主观故意。关于一些禁渔的规范性文件颁布实施后，行为人主观上对规范性文件内容是否应该知道，应结合实际情况认定，例如，（2019）苏 01 刑终 404 号判决书，其中检察员当庭出示了南京大胜关港港口员工证言、《南京市关于 2018 年长江南京段禁渔的通告》、视频截图、农业局渔政部门宣传 2018 年长江禁渔期制度的致全市市民朋友的一封信，证明南京的媒体和相关主管部门对长江段的禁渔期、捕捞工具、捕捞方法都进行了广泛宣传，张某等三人应当对禁渔期和非法捕捞的工具知晓，这样的证据才有证明效力。又如，《黑龙江省齐齐哈尔市中级人民法院刑事判决书》[（2019）黑 02 刑终 213 号]，《黑龙江省禁渔期通告》《齐齐哈尔市禁渔期通告》《甘南县禁渔期通告》，证实齐齐哈尔市辖区内嫩江及其所属支流、水库、湖泊、水泡等自然水域的禁渔期时间，且案发时间为禁渔期内，《甘南县 2019 年禁渔期通告》在电视台连续播报 22 天，并于禁渔期前在各乡镇、村屯以及一江三河醒目地点发放、张贴省、市、县禁渔期通告，这样的证据很有效力地证明了犯罪嫌疑人在禁渔期实施非法捕捞的主观故意。

二、禁渔期和禁渔区的认定

（一）关于禁渔期

《渔业法》第三十条规定："重点保护的渔业资源品种及其可捕捞标准，禁渔区和禁渔期，禁止使用或者限制使用的渔具和捕捞方法，最小网目尺寸以及其他保护渔业资源的措施，由国务院渔业行政主管部门或者省、自治区、直辖市人民政府渔业行政主管部门规定。"《渔业法实施细则》第二十一条的规定，"县级以上人民政府渔业行政主管部门，应当依照本实施细则第三条规定的管理权限，规定禁渔区和禁渔期""禁止使用或者限制使用的渔具和捕捞方法，最小网目尺寸，以及制定其他保护渔业资源的措施"。

综合上述法律法规的规定，内陆水域除国务院和省级直接管辖的水域外，县级以上人民政府有权规定禁渔期、禁渔区、禁用的工具和方法。但是，县级政府对流经本县范围的河流段不能擅自规定禁渔区和禁渔期，禁止使用或者限制使用的渔具和捕捞方法，需要与相邻的有河流共同管辖权的县政府协商，或者由共同的上级政府作出规定。例如，《浙江省渔业管理条例》第四十六条规定，禁止在禁渔区、禁渔期进行捕捞。除国家有关禁渔区、禁渔期规定外，县级以上人民政府可以根据本地区渔业资源和渔业生产的实际情况设立禁渔区、禁渔期。县级以上人民政府设立的禁渔区、禁渔期应当报省渔业行政主管部门批准。

1. 内水水域禁渔期的规定

禁渔期一般针对水域中主要鱼类的繁殖期。

一是内陆水域的认定问题：在司法实践中，对于内陆水域中自挖沟渠、人工池塘、积水洼等水域中的水产品是否属于《刑法》所保护的法益存在不同认识，此时可以结合犯罪嫌疑人非法捕捞的水域是否有河长告示牌、水域是否有名称、水域是否自然流向的动态河流等综合作出判断。若涉案水域系有名称的河道、湖泊，应当在《受案登记表》中予以明确，除刑事摄影件和犯罪嫌疑人依法予以辨认外，无须对该水域是否系内陆水域采集其他证据，如犯罪嫌疑人有合理辩解的，应当予以核实；若涉案水域系无名河道、湖泊，应当有证据证明该水域与外界自然水域联通，并由政府的水利行政主管部门（水务部门）、河长制办公室或其他行政部门管理明确上述涉案水域是否需非法捕捞水产品罪保护的范围。

二是禁渔期的法律适用问题：禁渔期的规定是保护水产资源和水域生态环境，保护水产品的正常生长或繁殖，保证水产资源得以不断自然恢复和发展。所以禁渔期一般针对重要江河湖泊水域范围适用，与禁渔区同时出现，是空间和时间的组合。例如 2019 年农业农村部《关于实行海河、辽河、松花江和钱塘江等 4 个流域禁渔期制度的通告》规定，钱塘江流域将首次实行禁渔期制度，钱塘江干流列入禁渔区，统一禁渔时间为每年 3 月 1 日 0 时至 6 月 30 日 24 时。又如黑龙江（2019）黑 02 刑终 213 号刑事判决书：《黑龙江省禁渔期通告》《齐齐哈尔市禁渔期通告》《甘南县 2019 年禁渔期通告》规定的禁渔期为 2019 年 5 月 16 日 12 时至 7 月 31 日 12 时，嫩江同时属于禁渔区。《追诉标准（一）》规定，在禁渔区内使用禁用的工具或方法、在禁渔期内使用禁用的工具或方法捕捞的，均构成本罪。那么，在禁渔期间，例如每年 3 月 1 日 0 时至 6 月 30 日 24 时，但不在禁渔区内使用禁用的工具或方法捕捞水产品是否构成本罪呢？答案是否定的，不能机械理解、适用该项法律规定，如王某某在禁渔期期间在人工鱼塘电鱼，不构成非法捕捞水产品罪。

2019 年《关于长江流域重点水域禁捕范围和时间的通告》规定自 2020 年 1 月 1 日 0 时起 10 年禁渔，长江流域重点水域是禁渔区，10 年为禁渔期。

2. 海洋休渔期的规定

休渔期制度是我国相关行政管理部门针对海洋水产资源保护专门设立的一项禁渔期制度。海洋伏季休渔是国家渔业行政主管部门为保护国家海洋主要经济鱼类资源的亲体繁殖和幼体生长，每年夏季禁止拖网、帆张网等作业渔船在黄海、东海、南海部分海域作业的禁渔期制度。

就休渔期、禁渔期制度产生背景来看，这两种禁渔制度之所以用了不同的法律用语表达完全是因为相关部门行政管理权限的分工不同而引起的，即禁渔期是基于对内陆水域的水产资源保护而设立的行政管理制度，其行政权主要由农业农村部门内设的渔业管理部门管辖，如我国长江实施的是禁渔期制度；而休渔期则是基于对海洋水域的水产资源保护而设立的行政管理制度，其行政权主要由海洋渔政部门管辖，如我国南海的伏季休渔。但无论是禁渔期还是休渔期制度，二者的立法目的均是一致的，即通过在内陆水域、海洋水域实施禁渔、休渔制度保护国家的水产自然资源。因此，非法捕捞水产品罪中的"禁渔期"这一罪状表述显然是从广义上来理解的，即包括休渔期在内的禁渔期。例如，农业部《关于调整海洋伏季休渔制度的通告》（农业部通告〔2018〕1号）规定，渤海、黄海、东海及北纬12°以北的南海（含北部湾）海域，北纬35°以北的渤海和黄海海域为5月1日12时至9月1日12时，北纬35°至26°30′的黄海和东海海域为5月1日12时至9月16日12时；北纬26°30′至"闽粤海域交界线"的东海海域为5月1日12时至8月16日12时。

（二）关于禁渔区

禁渔区是为了保护水生经济动物繁殖及其幼体成长，法令规定禁止捕捞的区域，禁渔区一般是针对重要的江河湖泊、海洋区域。非法捕捞水产品罪，前提要以违反保护水产资源法规为前提，自挖沟渠、人工池塘、积水洼等水域，若不具有自然动态流向，不属于禁渔区。此外，禁渔区还具有时间限制。

1. 十年禁渔区

一是鱼类国家级自然保护区10年禁渔。农业农村部《关于长江流域重点水域禁捕范围和时间的通告》（农业农村部通告〔2019〕4号）规定，长江上游珍稀特有鱼类国家级自然保护区等332个自然保护区和水产种质资源保护区，自2020年1月1日0时起，全面禁止生产性捕捞。二是长江干流和重要支流10年禁渔。除水生生物自然保护区和水产种质资源保护区以外的天然水域，长江干流和重要支流最迟自2021年1月1日0时起实行暂定为期10年的常年禁捕，期间禁止天然渔业资源的生产性捕捞。长江干流和重要支流是指农业部《关于调整长

111

江流域禁渔期制度的通告》（农业部通告〔2015〕1号）公布的有关禁渔区域，即青海省曲麻莱县以下至长江河口（东经122°、北纬31°36′30″至北纬30°54′的区域）的长江干流江段；岷江、沱江、赤水河、嘉陵江、乌江、汉江、大渡河等重要通江河流在甘肃省、陕西省、云南省、贵州省、四川省、重庆市、湖北省境内的干流江段；大渡河在青海省和四川省境内的干流河段；以及各省确定的其他重要支流。三是大型通江湖泊10年禁渔。鄱阳湖、洞庭湖等大型通江湖泊除水生生物自然保护区和水产种质资源保护区以外的天然水域，由有关省级渔业主管部门划定禁捕范围，最迟自2021年1月1日0时起，实行暂定为期10年的常年禁捕，期间禁止天然渔业资源的生产性捕捞。简称为"一江两湖七河禁渔"。

2021年3月，《检察机关办理长江流域非法捕捞案件有关法律政策问题的解答》明确指出，根据《依法惩治长江流域非法捕捞等违法犯罪的意见》，"长江流域重点水域"禁捕范围包括五类区域：长江流域水生生物保护区、长江干流和重要支流、长江口禁捕管理区、大型通江湖泊、其他重点水域，同时"对于涉案的禁捕区域，检察机关可以根据《依法惩治长江流域非法捕捞等违法犯罪的意见》规定，结合案件具体情况，商请农业农村（渔政）部门出具认定意见"。

还有一些地方水域主管部门在农业农村部统一公告的10年禁渔区基础上，发布公告进一步明确各自辖区的10年禁渔区域，例如岳阳县人民政府《关于在全县重点水域实行全面禁捕的通告》规定，自2019年12月20日0时起，岳阳县东洞庭湖水生生物保护区（具体为洞庭湖口铜鱼短颌鲚国家级水产种质资源保护区，东洞庭湖鲤、鲫、黄颡国家级水产种质资源保护区，东洞庭湖中国圆田螺国家级水产种质资源保护区，岳阳市东洞庭湖江豚自然保护区等）水域，永久性全面禁止生产性捕捞；东洞庭湖与长江、湘江、沅江岳阳县段除上述水生生物保护区以外的水域，暂定10年全面禁止天然渔业资源的生产性捕捞。

2. 季节性禁渔区

季节性禁渔区是指在鱼类主要繁殖阶段禁渔区域。根据2019年农业农村部《关于实行海河、辽河、松花江和钱塘江等4个流域禁渔期制度的通告》：

一是海河流域禁渔期制度。禁渔区有滦河、蓟运河、潮白河、北运河、永定河、海河、大清河、子牙河、漳卫河、徒骇河、马颊河等主要河流的干、支流，位于上述河流之间独立入海的小型河流和人工水道，以及主要河流干、支流所属的水库、湖泊、湿地；禁渔期为每年5月16日12时至7月31日12时；禁止作业类型为除钓具之外的所有作业方式。

二是辽河流域禁渔期制度。禁渔区有辽河及大凌河、小凌河和洋河水系。辽河包括西辽河、东辽河、辽河干流，西拉木伦河、老哈河、教来河、布哈腾河、招苏台河、清河、柴河、秀水河、柳河、绕阳河、浑河、太子河等支流，以及干、支流所属的水库、湖泊、湿地；禁渔期为每年5月16日12时至7月31日12时；禁止作业类型为除钓具之外的所有作业方式。

三是松花江流域禁渔期制度。禁渔区有嫩江、松花江吉林省段和松花江三岔河口至同江段，以及上述江段所属的支流、水库、湖泊、水泡等水域；禁渔期为每年5月16日12时至7月31日12时；禁止作业类型为除钓具之外的所有作业方式。

四是钱塘江流域禁渔期制度。禁渔区有钱塘江干流（含南北支源头）、支流及湖泊、水库；禁渔期为钱塘江干流统一禁渔时间为每年3月1日0时至6月30日24时（钱塘江支流、湖泊、水库的渔业管理制度由省级渔业主管部门制定）；禁止作业类型为除娱乐性游钓和休闲渔业以外的所有作业方式。

3. 滩涂禁渔区

滩涂一般多指沿海滩涂，海洋滩涂是指大潮时，高潮线以下，低潮线以上的，亦海亦陆的特殊地带，滩涂既属于土地，又是海域的组成部分，是陆地生态系统和海洋生态系统的交错过渡地带。

在农业农村部、比邻海域省级人民政府渔业主管部门未对沿海滩涂作出禁渔新规定之前，农业农村部《关于调整海洋伏季休渔制度的通告》（农业农村部通告〔2021〕1号），适用沿海滩涂。

三、非法捕捞工具、方法的认定

（一）认定机构

如前所述，根据《渔业法》第三十条的规定："重点保护的渔业资源品种及其可捕捞标准，禁渔区和禁渔期，禁止使用或者限制使用的渔具和捕捞方法，最小网目尺寸以及其他保护渔业资源的措施，由国务院渔业行政主管部门或者省、自治区、直辖市人民政府渔业行政主管部门规定。"据此，行为人使用的工具（方法）是否属于禁用的工具（方法）应当由渔政部门进行确认。但是禁用工具涉及技术性问题的，应当委托鉴定机构对渔具工作原理予以检测，并根据检测结果由渔政部门确认是否系禁用的工具（方法）。

由于炸鱼、毒鱼、电鱼、使用小网目等禁用工具和方法的认定涉及一定技术标准问题，执法实践中应该由具有资质的鉴定机构先行鉴定。

2020年农业农村部推荐的渔具鉴定机构有：辽宁省（辽宁省淡水水产科学研究院、大连海洋大学）；河北省（河北省渔政执法总队、河北省海洋与水产科学研究院、秦皇岛市海洋与渔业综合执法支队、沧州市渔政渔港监督管理站）；天津市（天津农学院）；山东省（中国水产研究院黄海水产研究所、中国海洋大学、山东大学威海分校、烟台大学、鲁东大学）；江苏省（中国水产科学研究院淡水渔业研究中心、江苏省海洋水产研究所、江苏省淡水水产研究所）；上海市（中国水产科学研究院渔业机械仪器研究所、上海海洋大学、中国水产科学研究院东海水产研究所）；浙江省（浙江海洋大学、浙江省海洋水产研究所）；福建省（厦门海洋职业技术学院、福建省水产研究所、集美大学海事技术司法鉴定中心）；广东省（中国水产科学研究院南海水产研究所、广东海洋大学、广东渔船渔机渔具行业协会）；广西壮族自治区（广西壮族自治区渔政指挥中心、钦州市水产技术推广站）；海南省（海南省渔船渔机渔具行业协会、海南省海洋与渔业科学院）。

（二）认定方式

1. 炸鱼、毒鱼的认定

炸鱼，指行为人利用炸药在水中引爆，所产生的冲击波使鱼体腔室内的气体被高压压缩，等冲击波过后，腔室内被压缩的气体突然膨胀，形成一个个小的爆炸源，直接撕裂鱼类机体，这种方法无须直接命中鱼类，即可将鱼类炸死、炸昏、炸残，对鱼类的伤害非常大；毒鱼，指行为人向水中抛洒毒物，致使鱼类中毒后死亡、昏迷、丧失行动能力，浮出水面，随后捕捞。毒鱼行为的性质非常恶劣，会给整个水域造成毁灭性的损害。

实践中，炸鱼、毒鱼的情形发生较少，如果发生，根据现场勘查、当事人供述等证据印证，确定为炸鱼、毒鱼的，执法机关还需要再对炸药、毒药性质进行专门鉴定，对鱼类的死因进行鉴定，对犯罪行为方式、危害性认定，以确定非法捕捞水产品罪、爆炸罪、投放危险物质罪、以危险方法危害公共安全罪。

2. 电鱼的认定

电鱼是指行为人利用超过一定电压的电流，结合网具的一种非法捕捞方法，其原理是将电流通过导体释放在水浴中和网具上，将水域中的鱼类击晕、击伤甚至击毙，再用网具捞起。电鱼对水域和鱼类伤害非常大，被击中的鱼类将会终身不育，小型鱼类、幼渔、鱼卵将会直接死亡。

电鱼是目前非法捕捞水产品案件中最常见的非法捕捞方式，电鱼行为被发现时，不一定存在渔获物的结果，因此需要对电鱼装置进行鉴定，由具有资质的渔业鉴定机构鉴定，出具是否具有危害鱼资源后果的结论。

行为人或者律师辩称电鱼装置不具危害性时，必要时还可以进行侦查实验。

3. 渔网的认定

法律对不同区域捕捞不同鱼类设置了渔网的不同要求，例如《渔业法实施细则》第四条、第十五条规定，经过批准，可以在近海使用大型拖网、围网、机动渔船底拖网作业。法律命令禁止使用"最小网目"，《渔业法实施细则》第二十九条第（五）项规定："使用小于规定的最小网目尺寸的网具进行捕捞的，处五十元至一千元罚款。"

网具的认定见"第三节 构成要件证据指引，客观要件证据"部分。

四、渔船的认定

（一）渔船及认定机构

渔船，即渔业船舶，进行鱼类捕捞、加工、运输的船舶统称，是进行水产品加工、运送、养殖、资源查询、渔业指导和训练以及履行渔政任务等的船舶。根据《中华人民共和国渔业船舶登记办法》第三条规定："农业农村部主管全国渔业船舶登记工作。中华人民共和国渔政局具体负责全国渔业船舶登记及其监督管理工作。"

（二）认定方法及处理

根据法律规定，经过渔业行政主管部门登记的船只才能称为渔船，因此理论上是不存在"非法渔船"，俗称的"非法渔船"是指未经批准、未办理合法手续的渔船，法理上，该类参与捕捞的船不能称为渔船。

实践中参与非法捕捞的"三无渔船""非法渔船"在案件处理中，只能是作案工具，不能认为是"禁用工具"。而对于作案工具，执法部门应扣押后依法处理。

根据法律规定，船舶的交通安全由海事主管部门管理，各职能部门在职责范围内依法行使职权。《中华人民共和国内河交通安全管理条例》第六条规定："船舶具备下列条件，方可航行：（一）经海事管理机构认可的船舶检验机构依法检验并持有合格的船舶检验证书；（二）经海事管理机构依法登记并持有船舶登记证书；（三）配备符合国务院交通主管部门规定的船员；（四）配备必要的航行资料。"第六十四条规定："违反本条例的规定，船舶、浮动设施未持有合格的检验证书、登记证书或者船舶未持有必要的航行资料，擅自航行或者作业的，由海事管理机构责令停止航行或者作业；拒不停止的，暂扣船舶、浮动设施；情节严重的，予以没收。"

应该说明，渔船不属于法定的捕捞工具，非法渔船也不是非法捕捞罪的入罪条件。

五、关于渔获物种类、价值的认定

（一）种类认定

一是珍贵、濒危水生野生动物种类。非法捕捞的对象涉及珍贵、濒危水生野生动物的，若满足《刑法》第三百四十一条规定条件，则构成危害珍贵、濒危野生动物罪。例如，2019 年 8 月 7 日上海崇明一老渔民在上海市设定的长江口中华鲟自然保护区地处长江入海口处捕获一条中华鲟，放进船上的冰箱里，渔政管理人员查获时，中华鲟已经死亡。嫌疑人被警方刑拘。

二是有重要经济价值的水生动物苗种。1979 年 2 月 10 日，国务院颁布实施了《水产资源繁殖保护条例》，其立法宗旨是繁殖保护水产资源，发展水产事业，保护的对象是所有有经济价值的水生动物和植物的亲体、幼体、卵子、孢子等，以及赖以繁殖存在的水域环境，重点保护对象是鱼类、虾蟹类、贝类、海藻类、淡水食用水生植物类等。该条例虽然未被明文废止，但许多内容与新法规定相冲突，例如珍贵、濒危种类全部移出了该条例。《农业部关于确定经济价值较高的渔业资源品种目录的通知》（〔1989〕农（渔政）字第 13 号公布）颁布实施后，实践中重要经济价值的水生动物的调整均按该通知施行。根据该通知第二条的规定："海洋渔业资源经济价值较高的捕捞品种确定为：大黄鱼、小黄鱼、石斑鱼、真鲷、对虾、龙虾、鹰爪虾、管鞭虾。"第三条规定："内陆水域渔业资源经济价值较高的品种名录，由省级渔业行政主管部门商同级物价主管部门确定，报农业部备案。大型江河水域确定经济价值较高的品种名录，应注意毗邻省（自治区、直辖市）地区间的衔接统一，做好渔业资源增殖保护费的征收工作。"因此，内陆水域有重要经济价值的水生动物苗种名录由省级渔业行政主管部门规定，例如，2020 年颁布实施《江苏省渔业管理条例》第十七条规定，禁止捕捞海州湾中国对虾亲体、长江鲥鱼、长江口中华绒螯蟹产卵场的抱卵亲蟹、长江和内陆水域的鳗鱼苗。限制捕捞长江中华绒螯蟹亲蟹、幼蟹和蟹苗及沿海的鳗鱼苗。又如《浙江省渔业管理条例》第四十四条规定，严格保护缢蛏、牡蛎、贻贝、文蛤、毛蚶、泥蚶等重要养殖品种的苗种及其繁殖场所。县级以上渔业行政主管部门可以根据需要，采取封涂护苗、封岩礁护贝等保护措施。第四十五条规定，禁止捕捞鳗鲡、河蟹、鲥鱼、石斑鱼、银鱼、真鲷、香鱼、对虾、梭子蟹、青蟹等具有重要经济价值的水产苗种。

三是怀卵亲体。此处的怀卵亲体，是指重要经济价值的水生动物的怀卵亲体，亲体的种类与有重要经济价值的水生动物苗种的亲体一致，苗种为鱼卵已经产下孵化并有一定的生长发育，而怀卵亲体是母体怀有成熟卵子或者已经产出但并未脱离母体。捕捞苗种和怀卵亲体均为养殖目的。根据 GB/T 12763.6-2007《海洋调查规范　第六部分：海洋生物调查》的规定，鱼类的性腺成熟度一般可划分为六期，三期以上为性腺成熟，第六期为产卵，怀卵亲体的性腺成熟应在三至五期。

四是一般鱼类。一般鱼类是指除珍贵、濒危水生野生动物种类、有重要经济价值的水生动物苗种、怀卵亲体以外的其他鱼类。非法捕捞一般鱼类的定罪量刑虽然没有差异，但渔获物种类与价格有关，最终结果涉及是否达到立案标准、罪与非罪的问题，因此也需要物种鉴定。对于当地众所周知的渔获物品种，行为人没有异议的，可以不鉴定，但是一定要作出说明，并固定证据，贵重物种需要留样，以备当事人更改主意申请鉴定。

（二）价格认定

价格认定具有行政裁定性质。渔获物有市场价格，按市场价格，市场解决不了的，经核算其价值的执法机关提出，由政府部门价格管理机构认定。

根据 2019 年农业农村部颁布实施的《水生野生动物及其制品价值评估办法》的规定，水生野生动物及其制品价值认定具体标准为：

$$总价值＝物种基准价值标准×保护级别系数×发育阶段系数/繁殖力系数×涉案部分系数×物种来源系数×数量。$$

其中：

物种基准价值标准，根据《水生野生动物及其制品价值评估办法》附表《水生野生动物基准价值标准名录》的规定执行。

保护级别系数，针对不同保护级别的水生野生动物价值计算，国家一级重点保护水生野生动物的保护级别系数为 10，国家二级重点保护水生野生动物的保护级别系数为 5，非国家重点保护水生野生动物，保护级别系数为 1。

发育阶段系数，针对水生野生动物幼年整体价值计算，按照该物种成年整体价值乘以发育阶段系数计算，发育阶段系数不应超过 1，由核算其价值的执法机关或者评估机构综合考虑该物种繁殖力、成活率、发育阶段等实际情况确定。

繁殖力系数，针对水生野生动物卵的价值计算，有单独基准价值的，按照其基准价值乘以保护级别系数计算；没有单独基准价值的，按照该物种成年整体价值乘以繁殖力系数计算。爬行类野生动物卵的繁殖力系数为十分之一；两栖类野生动物卵的繁殖力系数为千分之一；无脊椎、鱼类野生动物卵的繁殖力系数综合考虑该物种繁殖力、成活率进行确定。

涉案部分系数，针对水生野生动物制品的价值计算，按照该物种整体价值乘以涉案部分系数计算。涉案部分系数不应超过1；系该物种主要利用部分的，涉案部分系数不应低于0.7。

物种来源系数，针对人工繁育的水生野生动物及其制品的价值计算，列入人工繁育国家重点保护水生野生动物名录物种的人工繁育个体及其制品，物种来源系数为0.25；其他物种的人工繁育个体及其制品，物种来源系数为0.5。

（三）数量认定

在非法捕捞水产品刑事案件中，部分案件渔获物的数量直接关系罪与非罪的问题，成为刑案是否成立的关键证据。

1. 称重衡器检定证明

称重的电子秤、地磅等衡器必须经市场管理局下属的计量所检定合格并出具相关检定证明。如果没有相关称重衡器的检定证明，当事人及其辩护人提出衡器称重不准确的问题，将直接影响罪与非罪，起诉工作就会非常被动。特别是渔获物数量刚达到立案标准或者超出立案标准不多的案件。

2. 渔获物杂质剔除

渔获物从江河湖海等水体中捕捞上来，多少都会带有水草、泥沙等杂质，目前我国《刑法》对渔获物是否包含杂质、包含多少比例的杂质均无明确规定，有些非法捕捞水产品案件的当事人就以渔获物含有一定的杂质为由，辩称渔获物数量未达到立案标准，不构成犯罪。特别是那些渔获物称重数量超出立案标准不多的案件，一旦当事人及其辩护人提出渔获物含有杂质，不够立案数量问题，起诉就会陷入被动。对此可以采取由当事人先进行人工分拣杂质再称重的办法。

3. 称重时当事人应在场

由于非法捕捞水产品案件渔获物都在船上，船又在水上，考虑当事人的安全等因素，称重时有的当事人确实不在场，这本来是很正常的事情。但有些案件当事人及其辩护人却利用其不在场的理由，对渔获物的重量大做文章，辩称称重时其不在现场，不认同渔政部门或者侦查机关称重的渔获物的数量，影响刑事诉讼的顺利进行。因此，在保证当事人安全的情况下，称重时尽量安排一名案件当事人在场，告知其衡器的检定合格情况和称重人员名单，每笔称重数量及记录情况均由其过目，称重完毕，计算渔获物数量后让其复核，无误后由其在称重清单上签名按指印确认。必要时可对称重全程录像，并请称重人员、监督人、见证人共同在称重清单上签字。

六、水产品的认定

根据《渔业法实施细则》第二十一条的规定，水产品是指重要鱼、虾、蟹、贝、藻类，以及其他重要水生生物。结合《渔业法》的立法目的和非法捕捞罪侵害的客体——水产资源和水域生态环境，非法捕捞水产品应该做广义解释，即主要是指具有一定经济价值的水生动物和水生植物，包括各种鱼类、虾蟹类、贝类、海藻类、淡水食用水生植物类以及其他龟鳖、乌贼、海参等。

其中，非法捕捞水产品罪的对象以鱼、虾、贝类为常见。

（一）捕捞蛙类行为的处理

根据 2020 年 5 月 28 日农业农村部、国家林业和草原局发布的《关于进一步规范蛙类保护管理的通知》（农渔发〔2020〕15 号）的规定，黑斑蛙、棘胸蛙、棘腹蛙、中国林蛙（东北林蛙）、黑龙江林蛙等相关蛙类（以下简称"相关蛙类"），由林业主管部门移交给渔业主管部门按照涉水生物管理，并表述为"禁止捕捞相关蛙类野生资源"。

《渔业法》明文规定的捕捞对象是鱼、虾、蟹、贝、藻类，并未直接明确为蛙类。由于相关蛙类与鱼、虾、蟹、贝、藻类等水产资源的生活环境有着很大区别，其管理制度也存在差异，保护一般水生生物的禁渔区、禁渔期就不能适用相关蛙类，而禁渔区、禁渔期又是非法捕捞水产品罪的必备要件。且相关蛙类从原陆生野生动物名录调整为水生野生动物，以往非法狩猎罪的禁猎区、禁猎期、禁用工具方法不再适用相关蛙类。

因此，就目前的法律规定，捕捞相关蛙类的法律责任，主要是适用《渔业法》第四十一条未依法取得捕捞许可证擅自进行捕捞的行政处罚责任，或者捕捞方法涉及危害公共安全的法律责任。

2020 年 6 月 1 日，农业农村部、国家林业和草原局《关于进一步规范蛙类保护管理的通知》（农渔发〔2020〕15 号），要求各地切实解决部分蛙类交叉管理问题，进一步明确保护管理主体，落实执法监管责任，加强蛙类资源保护。各地渔业主管部门要依据有关法律法规，加大相关蛙类野生资源保护力度，明确蛙类的利用活动仅限于增养殖群体。除科学研究、种群调控等特殊需要外，禁止捕捞相关蛙类野生资源；确需捕捞的，要严格按照有关法律规定报经相关渔业主管部门批准，在指定的区域和时间内，按照限额捕捞。各地渔业主管部门、林业和草原主管部门要加强协调配合，把蛙类保护与当地森林等自然生态系统保护有机结合起来，严禁在自然保护区开展捕捞利用活动；积极会同公安、市场监管等部门加大执法监管力度，严厉打击非法捕捞、出售、购买、利用相关蛙类野生资源的行为。

（二）捕捞藻类行为的处理

非法捕捞水产品罪是较为典型的法定犯，对捕捞藻类行为的处理，涉及对非法捕捞水产品罪中"水产品"含义内涵和外延的理解。《渔业法》《渔业法实施细则》对水产品概括为鱼、虾、蟹、贝、藻类，可见藻类属于法定的捕捞管理对象。但是藻类也是一个大家族，包括了很多种类。实践中，以非法捕捞鱼、虾、贝类的情况最为常见，其中尤以鱼类最多。到目前为止，司法实践中尚未见到因非法捕捞海藻类或者淡水食用植物类水产品而以非法捕捞水产品罪追究刑事责任的判例。

捕捞藻类行为是否构成犯罪需要考量以下两个因素：一是捕捞该藻类对渔业资源环境的破坏程度如何；二是捕捞该藻类行为在总体上是否达到了需要动用《刑法》来处理的程度。

（三）捕捞螺蛳行为的处理

《渔业法》列举的捕捞对象鱼、虾、蟹、贝、藻类，每一类都包含了很多品种，例如"螺蛳"，应该属于渔业资源保护法规和《刑法》所要保护的贝类。

近年来，以螺蛳为捕捞对象的非法捕捞水产品案件逐年增多，例如2018年8月28日新华网·新华视频报道，江西九江打击非法捕捞，查获上百吨螺蛳。又如2019年2月27日中国日报网报道，江西省永修县公安局水上派出所在鄱阳湖水域巡逻中，抓获8艘非法捕捞螺蛳渔船，现场查获螺20000余公斤，刑事拘留10人。

捕捞螺蛳行为是否构成犯罪需要考量以下几个因素：一是所在水域的重要生态地位，例如长江、黄河以及其他重要的湖泊，这些水域对改善气候、维护生态平衡具有重要作用；二是非法捕捞数量较大，非法获取经济利益数额较大；三是捕捞工具、捕捞方式具有明显的生态环境破坏作用。

第三节　构成要件证据指引

一、主体要件证据

（一）自然人犯罪

1. 自然人单独犯罪

证明犯罪嫌疑人刑事责任年龄、身份等自然情况的证据，包括身份证明、户籍证明、任职证明、工作经历证明、特定职责证明等。

主要是证明行为人的姓名（曾用名）、性别、出生年月日、民族、籍贯、出生地，如果行为与网络有联系，需要证明网名。

2. 共同犯罪

据统计，在非法捕捞水产品案件中，近50%为共同犯罪，在共同犯罪案件中，除需要证明各行为人的自然情况外，还需要证明以下几点。

一是共同犯罪的成立要件。根据《刑法》第二十五条的规定："共同犯罪是指二人以上共同故意犯罪。"理论上包括共同故意、共同行为、行为与结果在刑法上的因果关系三个方面。在非法捕捞水产品罪的现场共同实行犯中，行为人这三个方面的特征已经很明显，通过相关口供即可证明。除了现场共同实行犯外，常见的情形有：提供船只、渔具等捕捞工具或者其他禁用工具、方法的；传授捕捞方法的；为非法捕捞船舶供油、供冰、供水或提供停泊场所的；运输、携带、存储、交易、藏匿或者帮助运输、携带、存储、交易、藏匿非法捕捞的渔获物的；协助转移、存储、藏匿犯罪工具、犯罪收益的；教唆他人实施非法捕捞水产品行为的；提供其他重要帮助的情形的，认定团伙犯罪、共同犯罪。

二是各共同犯罪行为人地位。《刑法》第二十六条至第二十八条规定了主犯、从犯、胁从犯的量刑原则，刑法理论对共同犯罪分为实行犯和帮助犯，实行犯和帮助犯的犯罪人地位，应按其在共同犯罪中所起的作用处罚，如果在共同犯罪中仅仅提供犯罪工具、指示犯罪目标、查看犯罪地点、排除犯罪障碍以及事前通谋答应事后隐匿罪犯、消灭罪迹、窝藏赃物来帮助实施犯罪等情况辅助作用，就以从犯论处；如果被胁迫实施帮助行为，并在共同犯罪中起较小作用，则应以胁从犯论处。主犯是组织、领导犯罪集团进行犯罪活动和在共同犯罪中起主要作用的人，例如，《广西壮族自治区北海市中级人民法院（2020）桂05刑终64号》判决阮国根等人非法捕捞水产品罪一案，法院认定被告人阮国根、卢永江负责投资购船并组织工人，被告人罗彬烈负责组织渔船，谢东恒负责提供非法捕捞地点，李发鸿、林其柏负责销售螺苗的计数和收款，在该起非法捕捞水产品罪中作为组织者、领导者，在共同非法捕捞水产品犯罪活动中均起主要作用，是主犯。

非法捕捞水产品罪中，受雇佣的工人一般不属于犯罪主体。

（二）单位犯罪

非法捕捞水产品罪犯罪主体绝大多数为自然人，单位犯罪极少，但是单位犯罪案情复杂、社会危害性更大，例如《荣成伟伯渔业有限公司、王文波等非法捕捞水产品罪（2019）苏07刑终405号》单位犯罪，涉案人员多达19人，价值人民币共计1300余万元。

《刑法》第三十条规定："公司、企业、事业单位、机关、团体实施的危害社会的行为，法律规定为单位犯罪的，应当负刑事责任。"

最高人民法院《关于审理单位犯罪案件具体应用法律有关问题的解释》（法释〔1999〕14号）规定："为依法惩治单位犯罪活动，根据刑法的有关规定，现对审理单位犯罪案件具体应用法律的有关问题解释如下：

第一条　刑法第三十条规定的'公司、企业、事业单位'，既包括国有、集体所有的公司、企业、事业单位，也包括依法设立的合资经营、合作经营企业和具有法人资格的独资、私营等公司、企业、事业单位。

第二条　个人为进行违法犯罪活动而设立的公司、企业、事业单位实施犯罪的，或者公司、企业、事业单位设立后，以实施犯罪为主要活动的，不以单位犯罪论处。

第三条　盗用单位名义实施犯罪，违法所得由实施犯罪的个人私分的，依照刑法有关自然人犯罪的规定定罪处罚。"

我国《刑法》对单位犯罪处罚采取双罚制，即对单位判处罚金，同时对单位直接负责的主管人员和其他直接责任人员判处刑罚。

认定非法捕捞水产品罪单位犯罪主要需要收集以下两个方面的证据材料：

（1）单位主体资格。例如，企业注册信息、工商登记信息、会计资料信息、工资发放证明、员工雇佣合同等。

（2）单位意志。不同于一般共同犯罪，单位犯罪中，犯罪活动是以单位的名义实施的，个人意志要通过单位的意志表现出来，因此单位犯罪的犯意只能产生于犯罪行为实施以前，而行为人在主观上表现为直接故意，因而具有会议纪要、实施计划、代表单位的指示命令等。

二、主观要件证据

（一）主观故意的含义

非法捕捞水产品罪的责任形式为故意，行为人必须明知是禁渔区、禁渔期或明知使用的是禁用的工具或方法，而故意捕捞水产品。

（二）主观故意的证据

证明犯罪嫌疑人明知自己的行为会发生危害社会结果的证据；证明犯罪嫌疑人希望危害结果发生的证据；犯罪嫌疑人作案的动机目的。

（1）证明渔业主管部门宣传禁渔区、禁渔期的证据。

（2）证明渔业主管部门宣传禁用工具方法的证据。

（3）证明行为人特定职业的证据。

（4）证明行为人因非法捕捞受过处罚的证据。

（5）行为人抗拒抓捕、毁灭罪证的证据。

（6）证明行为人未取得捕捞许可证实施捕捞的证据。

（7）证明行为人为获取渔获物或者已经获取渔获物的证据。

（8）行为人意欲获取渔获物的供词。

三、客体要件证据

法律法规设置了若干保护和管理水产资源的制度，非法捕捞水产品罪侵害了国家保护水产资源的管理制度，侵害的法益是水产资源和水域生态环境。

非法捕捞水产品罪直接表现为对水产资源的破坏，大部分非法捕捞往往也会伴随对水域生态环境的破坏，如电鱼、毒鱼、炸鱼等非法捕捞行为不仅直接危害鱼虾生存，也会导致该水域内的藻类、浮游生物等的死亡，因而被非法捕捞的水产品不能简单视为国家财产，更具有水产资源性质，是水生环境的构成元素。

法律规定在禁渔区、禁渔期内使用禁用的工具或者禁用的方法捕捞，无论是否具有渔获物都构成犯罪，即体现了在该情形下的非法捕捞行为对水产资源和水域生态环境破坏的巨大威胁。

客体要件证据一般不需要单独收集，往往通过主体要件证据、主观要件证据、客观要件证据就能证明。例如，有证据证明行为人未获批准实施了在禁渔区使用禁用工具捕捞行为，即证明了犯罪客体要件。

四、客观要件证据

非法捕捞水产品罪的客观方面要件包括危害行为、危害结果、犯罪时间、地点、方法，以及危害行为与危害结果之间的因果关系。

（一）在禁渔区捕捞水产品行为的证据

禁渔区是指全面禁止一切捕捞作业或禁止部分作业方式进行捕捞的水域。即国家或地方政府的法令，或者国际间的渔业协定明确规定，对重要的经济水生动物、植物的产卵场、索饵场、越冬场、洄游通道及繁殖生长的场所等，划定一定的范围，禁止捕捞作业或禁止某种渔业作业的区域。

需要证明：（1）国家或政府禁渔区域的有效法令；

（2）海洋与内陆水域的划分界限；

（3）行为人实施非法捕捞的所在地域。

（二）在禁渔期捕捞水产品行为的证据

禁渔期是指在规定的水域全面或部分禁止捕捞某种渔业资源或某类作业方式作业的时期。是指国家或地方政府的法令，或者国际间的渔业协定明确规定，对重要的经济水生动物、植物的产卵场、索饵场、越冬场、洄游通道及繁殖生长的场所等，在一定的时间内禁捕某种渔业资源或者禁止某种乃至全部捕捞作业。一般是每年的3月至6月，其目的是保护水产品的正常生长与繁殖，保护水产资源得以不断恢复与发展。

根据农业农村部通告〔2019〕4号《关于长江流域重点水域禁捕范围和时间的通告》的规定，自2020年1月1日0时起，长江上游珍稀特有鱼类国家级自然保护区等332个自然保护区和水产种质资源保护区全面禁止生产性捕捞。长江流域各地的重点水域将相继进入为期十年的常年禁捕时期。

需要证明：（1）国家或政府禁渔期限的有效法令；

（2）海洋与内陆水域的划分界限；

（3）行为人实施非法捕捞的时间。

（三）使用禁用的工具捕捞水产品行为的证据

2003年，经农业部提出，全国水产标准化技术委员会渔具分技术委员会对1985年制定的《渔具分类、命名及代号》进行了修订，具体规定见渔具分类、命名及代号标准（GB/T 5147-2003）。由此得出，禁用的工具主要为网具，以及网具的使用方式和使用对象等。2021年10月11日，农业农村部发布《关于发布长江流域重点水域禁用渔具名录的通告》，该通告明确规定了长江流域重点水域禁用渔具名录，例如，其中对于钓鱼钓具的规定，拟饵复钩钓具钓钩钩数7个及其以上。《渔业法》第三十条规定，禁止使用或者限制使用的渔具和捕捞方法，最小网目尺寸以及其他保护渔业资源的措施，由国务院渔业行政主管部门或者省、自治区、直辖市人民政府渔业行政主管部门规定。针对不同的捕捞对象，法律设置了不同的渔具、捕捞方法、最小网目。

1. 海洋捕捞网具的规定

根据农业部《关于实施海洋捕捞准用渔具和过渡渔具最小网目尺寸制度的通告》（以下简称《通告》）的规定，自2014年6月1日起，禁止使用小于最小网目尺寸的渔具进行捕捞。根据现有科研基础和捕捞生产实际，海洋捕捞渔具最小网目尺寸制度分为准用渔具和过渡渔具两大类。准用渔具是国家允许使用的海洋捕捞渔具，过渡渔具将根据保护海洋渔业资源的需要，今后分别转为准用或禁用渔具，并予以公告。该通告的附件1《海洋捕捞准用渔具最小网目（或网囊）尺寸标准》、附件2《海洋捕捞过渡渔具最小网目（或网囊）尺寸标准》对黄渤海、东海、南海（含北部湾）不同的捕捞对象设置了不同的渔具类别和最小网目尺寸，例如捕捞虾类，黄渤海、东海、南海区域规定的最小网目尺寸都是25毫米，但是，在黄渤海、南海（含北部湾）准许使用单船桁杆拖网、单船框架拖网，而东海仅规定了单船桁杆拖网，所以，对于东海海域来说，单船框架拖网就是捕捞虾类的禁用渔具。

《通告》不仅统一规定了各海域准用渔具名称、类型、主捕种类、最小网目（或网囊）尺寸，还给省、自治区、直辖市人民政府渔业行政主管部门授权规定捕捞工具的事项：

一是规定了渔具名称类型，只授权规定最小网目尺寸等。例如，"拖网主捕种类为鳀鱼，张网主捕种类为毛虾和鳗苗，围网主捕种类为青鳞鱼、前鳞骨鲻、斑鰶、金色小沙丁鱼、小公鱼等特定鱼种的，由各省（自治区、直辖市）渔业行政主管部门根据捕捞生产实际，单独制定最小网目尺寸，严格限定具体作业时间和作业区域"。该规定授权省、自治区、直辖市人民政府渔业行政主管部门对上述鱼类捕捞可以自行规定最小网目尺寸、作业时间和作业区域。小于最小网目尺寸的是禁用工具，除作业时间和作业区域以外的时间和区域，是禁渔期和禁渔区。

二是规定了渔具名称类型、最小网目尺寸，只授权规定作业时间、作业区域。例如，"主捕种类为颚针鱼、青鳞鱼、梅童鱼、凤尾鱼、多鳞鲛鳝、少鳞鳝、银鱼、小公鱼等鱼种的刺网作业，由各省（自治区、直辖市）渔业行政主管部门根据此次确定的最小网目尺寸标准实行特许作业，限定具体作业时间、作业区域"。该规定对准用的渔具类型、名称、最小网目尺寸都做了限定，仅授权省、自治区、直辖市人民政府渔业行政主管部门规定具体作业时间、作业区域。

2. 内水水域捕捞渔具的规定

农业农村部《关于发布长江流域重点水域禁用渔具名录的通告》仅对长江禁用渔具作出统一规定及其授权规定，此外法律尚未对内水水域准用（或禁止）渔具作出统一规定，而是将准用（或禁止）渔具授权有权规定的县级以上人民政府渔业行政主管部门规定。

一是规定作出禁用（或准用）渔具的有权制定机关的级别。《渔业法实施细则》第二十一条规定："县级以上人民政府渔业行政主管部门，应当依照本实施细则第三条规定的管理权限，确定重点保护的渔业资源品种及采捕标准。在重要鱼、虾、蟹、贝、藻类，以及其他重要水生生物的产卵场、索饵场、越冬场和洄游通道，规定禁渔区和禁渔期，禁止使用或者限制使用的渔具和捕捞方法，最小网目尺寸，以及制定其他保护渔业资源的措施。"

从法律规定的体系上理解，县级以上人民政府渔业行政主管部门作出禁用渔具规定时，需要对禁用的水域具有监督管理权，一般是针对定居性的、小宗的渔业资源。跨行政区域的内际水域渔业，法律规定由有关县级以上地方人民政府协商制定管理办法，或者由上一级人民政府渔业行政主管部门及其所属的渔政监督管理机构监督管理；跨省、自治区、直辖市的大型江河渔业，可以由国务院渔业行政主管部门监督管理。例如，长江干流无论流经哪个县（市），只有国务院渔业行政主管部门才能规定禁用（或准用）渔具；又如，《湖北省水生植物采捕和渔具网目管理规定》规定："天然增殖水域的青、草、鲢、鳙、鲤、鲫、鳊等鱼类捕捞标准由各管理水域的权力机构——渔业管理委员会审定。""其他特种鱼类最小网目尺寸由各管理水域的权力机构——渔业管理委员会审定。"

因此，不能理解为县级以上人民政府渔业行政主管部门对本县范围内的所有水域都有权规定禁用（或准用）渔具。

二是规定作出禁用（或准用）渔具的种类。法律将禁止使用或者限制使用的渔具和捕捞方法，最小网目尺寸，以及制定其他保护渔业资源措施的规定授权给有管理水域权力的县级以上人民政府渔业行政主管部门。例如，《湖北省水生动植物采捕和渔具网目管理规定》第三条规定，渔具网目标准（采捕 400 克以上的经济鱼类最小网目尺寸）：刺网的最小网目为 90 毫米；三层刺网的最小网目为 90 毫米、外层为 450 毫米；围网的最小网目为 60 毫米。例如，在被告人罗某、杨某夫妇非法捕捞案件中，使用"小眼网"作案工具，即作案的 7.5 厘米的绞丝网（三层刺网）小于《湖北省水生动植物采捕和渔具网目管理规定》中关于三层刺网最小网目尺寸为 9 厘米的规定，故 7.5 厘米的绞丝网属于禁用的捕捞工具。

需要证明：（1）省级人民政府渔业主管部门（或有权县级以上人民政府渔业主管部门）规定的网具及其最小网目尺寸"标准；

（2）行为人非法捕捞使用网具及网目尺寸。

（四）使用禁用的方法捕捞水产品行为的证据

电鱼、毒鱼、炸鱼是《渔业法》明文禁止的捕捞方法。除了电鱼、毒鱼、炸鱼以外，根据《渔业法》第三十条的规定，其他的禁用方法需要由国务院渔业行政主管部门或者省、自治区、直辖市人民政府渔业行政主管部门规定。例如，农业农村部 2020 年 6 月 10 日《关于加强和规范长江流域垂钓管理工作的通知》规定，严格禁止多线多钩、长线多钩、单线多钩等对水生生物资源破坏较大的钓具钓法，原则上只允许一人一杆、一线、一钩（单钩），不得使用各类探鱼设备和视频装置。

又如，2020 年新修订的《江苏省渔业管理条例》规定，在长江干流江苏段禁渔期内垂钓，也是禁用方法。《江苏省渔业管理条例》第二十二条还规定："禁止炸鱼、毒鱼、电鱼。禁止使用敲舫、滩涂拍板、多层拦网、闸口套网、拦河罾、深水张网（长江）、地笼网、底扒网以及其他破坏渔业资源的渔具、捕捞方法进行捕捞。禁止在行洪、排涝、送水河道和渠道内设置影响行水的渔罾、鱼簖等捕鱼设施；禁止在航道内设置碍航渔具。该条例第二十三条规定："海洋捕捞的每网次渔获物中同品种的幼鱼重量不得超过其总重量的百分之二十；淡水捕捞的每网次渔获物中同品种的幼鱼尾数不得超过其总尾数的百分之二十。"

需要注意的是，实践中禁用渔具和禁用方法经常有机联系，例如电鱼是一种禁用的捕捞方法，电鱼的器具也是一种禁用的渔具。

与上述禁用渔具同理，县级以上人民政府渔业行政主管部门作出禁用方法规定时，需要对禁用的水域具有监督管理权，或者具有相关授权。

（五）渔获物的数量、情节严重的证据

2008 年，最高人民检察院、公安部《关于公安机关管辖的刑事案件立案追诉标准的规定（一）》[以下简称《追诉标准（一）》]第六十三条明确了非法捕捞水产品罪的立案追诉标准，即：

（一）在内陆水域非法捕捞水产品五百公斤以上或者价值五千元以上的，或者在海洋水域非法捕捞水产品二千公斤以上或者价值二万元以上的；

（二）非法捕捞有重要经济价值的水生动物苗种、怀卵亲体或者在水产种质资源保护区内捕捞水产品，在内陆水域五十公斤以上或者价值五百元以上，或者在海洋水域二百公斤以上或者价值二千元以上的；

（三）在禁渔区内使用禁用的工具或者禁用的方法捕捞的；

（四）在禁渔期内使用禁用的工具或者禁用的方法捕捞的；

（五）在公海使用禁用渔具从事捕捞作业，造成严重影响的；

（六）其他情节严重的情形。

2020年12月，《意见》对上述立案标准修改如下：

违反保护水产资源法规，在长江流域重点水域非法捕捞水产品，具有下列情形之一的，依照刑法第三百四十条的规定，以非法捕捞水产品罪定罪处罚：

1. 非法捕捞水产品五百公斤以上或者一万元以上的；

2. 非法捕捞具有重要经济价值的水生动物苗种、怀卵亲体或者在水产种质资源保护区内捕捞水产品五十公斤以上或者一千元以上的；

3. 在禁捕区域使用电鱼、毒鱼、炸鱼等严重破坏渔业资源的禁用方法捕捞的；

4. 在禁捕区域使用农业农村部规定的禁用工具捕捞的；

5. 其他情节严重的情形。

2016年，最高人民法院《关于审理发生在我国管辖海域相关案件若干问题的规定（二）》第四条明确了非法捕捞水产品罪"情节严重"的认定标准（定罪标准），即：

（一）非法捕捞水产品一万公斤以上或者价值十万元以上的；

（二）非法捕捞有重要经济价值的水生动物苗种、怀卵亲体二千公斤以上或者价值二万元以上的；

（三）在水产种质资源保护区内捕捞水产品二千公斤以上或者价值二万元以上的；

（四）在禁渔区内使用禁用的工具或者方法捕捞的；

（五）在禁渔期内使用禁用的工具或者方法捕捞的；

（六）在公海使用禁用渔具从事捕捞作业，造成严重影响的；

（七）其他情节严重的情形。

非法捕捞水产品罪是结果犯，刑法规定"情节严重"才构成犯罪，根据《意见》的规定，"情节严重"可以概括为以下三个方面：

（1）数量情节。满足禁渔区、禁渔期、禁用的工具方法中的任何一种情形，在内陆水域非法捕捞水产品 500 公斤或者价值 10000 元以上，非法捕捞有重要经济价值的水生动物苗种、怀卵亲体或者在水产种质资源保护区内捕捞水产品，50 公斤以上或者价值 1000 元以上，即可构成犯罪。

（2）时间、地点+方式情节。只要实施了在禁渔区内使用禁用的工具或者禁用的方法捕捞的，在禁渔期内使用禁用的工具或者禁用的方法捕捞的，即满足"地点+工具或方法""时间+工具或方法"的条件，即使没有渔获物，也可认定"情节严重"构成犯罪。

《意见》规定，在禁捕区域使用电鱼、毒鱼、炸鱼等严重破坏渔业资源的禁用方法捕捞的、在禁捕区域使用农业农村部规定的禁用工具捕捞的，即使没有渔获物，也属于"情节严重"，构成犯罪。

（3）其他情节严重的情形。《追诉标准（一）》第六十三条第六项和《意见》第五条规定的"其他情节严重的情形"是指除了第一至第五项规定以外的情形，是非法捕捞水产品罪刑事立案标准的兜底条框。实践中，"其他情节严重的情形"可以概括为：

第一，一年内因非法捕捞水产品行为受过两次行政处罚又非法捕捞水产品的。根据我国法律规定，"多次"一般是指三次以上，同时"多次"与"情节严重"很多情形下是并列或相当的，例如盗窃罪、盗伐林木罪的刑事立案司法解释都将一年内三次以上违法行为视为情节严重；《刑法》第一百五十三条第一项规定，走私货物、物品偷逃应缴税额较大或者一年内曾因走私被给予二次行政处罚后又走私的，属于情节严重构成走私普通货物、物品罪。

第二，以暴力、威胁、恐吓方法阻碍渔政管理人员依法执行职务，尚不构成妨碍公务罪的。首先，以暴力、威胁、恐吓方法阻碍渔政管理人员依法执行职务，严重干扰了国家对水资源的保护和管理力度，增加了水产资源和水域生态环境破坏的风险；其次，如果使用暴力构成妨碍公务罪的情形下，根据刑法吸收犯理论，将单独构成妨碍公务罪。故，以暴力、威胁、恐吓方法阻碍渔政管理人员依法执行职务，尚不构成妨碍公务罪的，可以视为《追诉标准（一）》第六十三条第六项规定的"其他情节严重的情形"之一。

第三，组织、领导或聚众非法捕捞水产品的。一方面，组织犯罪的团伙成员相互配合、分工协助作案更加有利于实施非法捕捞水产品违法犯罪行为，有的甚至形成了捕捞、挑拣、销售等分工式的家庭作坊；另一方面，这种团伙组织性质的犯罪成为渔政执法的重要障碍，严重影响渔政执法工作的效果。因此，组织、领导或聚众非法捕捞水产品的应当属于本罪的"其他情节严重的情形"。

第四，使用禁用的工具、方法捕捞水产品，造成水产资源重大损失的。有些行为人使用禁用的工具、方法捕捞水产品，虽然不符合《立案标准（一）》第六十三条规定的第一至第五中的情形，但一些非法捕捞的工具、方法对水产资源破坏十分严重。例如，炸鱼、毒鱼、滥用电力、使用"绝户网"等方法滥捕水产品，对我国水产资源和生态保护造成了极大破坏。造成水产资源重大损失的行为应该将其纳入本罪的"其他情节严重的情形"。

第五，"其他情节严重的情形"还可以包括各省高级人民法院颁布实施的特殊区域刑事立案标准，例如，2020 年 7 月江苏省高级人民法院《关于长江流域重点水域非法捕捞刑事案件审理指南》第三条规定，在长江流域重点水域非法捕捞 50 公斤以上的，二年内曾因非法捕捞受过行政处罚又实施非法捕捞等，构成犯罪。长江流域重点水域具有自然保护区属性，在此区域内捕捞，省高级人民法院有权明确为"其他情节严重的情形"。

第七章

危害珍贵、濒危野生动物罪

危害珍贵、濒危野生动物罪侵犯的法益是国家重点保护的珍贵、濒危野生动物及其管理制度。珍贵、濒危野生动物是国家的一项宝贵自然资源，不仅具有重要的经济价值，而且具有重要的文化价值、社会价值乃至政治价值，因此，国家通过制定一系列保护野生动物的法律法规，对珍贵、濒危野生动物予以重点保护。如《野生动物保护法》《陆生野生动物保护实施条例》《水生野生动物保护实施条例》。非法捕杀珍贵、濒危野生动物，致使国家重点保护的珍贵、濒危野生动物濒临灭绝的危险，严重侵犯了国家对野生动物资源的保护和管理制度，应当依法予以惩处。

《刑法》第三百四十一条第一款原规定了"非法猎捕、杀害珍贵、濒危野生动物罪""非法收购、运输、出售珍贵、濒危野生动物，珍贵、濒危野生动物制品罪"。《罪名补充规定（七）》将本款罪名合并修改为"危害珍贵、濒危野生动物罪"，取消原罪名"非法猎捕、杀害珍贵、濒危野生动物罪"和"非法收购、运输、出售珍贵、濒危野生动物，珍贵、濒危野生动物制品罪"。主要考虑：①司法实践反映，原罪名过于复杂、烦冗。②非法猎捕、杀害珍贵、濒危野生动物的行为，往往伴随后续的非法收购、运输、出售珍贵、濒危野生动物、珍贵、濒危野生动物制品的行为。按照原罪名，司法适用中经常面临是否需要数罪并罚的争论。此外，对于涉及已死亡的野生动物尸体的案件，在罪名上究竟适用"野生动物"还是"野生动物制品"也常存在争论。③概括确定为"危害珍贵、濒危野生动物罪"简单明了，也能充分涵括各种行为方式和保护对象；而且，对于涉及多种行为方式、多个行为对象的，也可以根据情节裁量刑罚，实现对珍贵、濒危野生动物资源的有效刑事司法保护。

关于本款规定的罪名是否需要整合概括，有意见建议维持目前比较具体的罪名，不作修改。主要理由是：实践中针对珍贵、濒危野生动物的犯罪呈现多层次的特点，修改后的整合罪名不利于区分上下游犯罪，而且简单地将两罪合并为一罪，可能导致原先应当数罪并罚的情形不复存在，客观上降低了对此类犯罪的惩处力度。而且，原有的两个罪名可以充分体现所侵犯的犯罪客体和对象，反映不同犯罪之间的差异和侧重，便于公众对有关犯罪行为的边界和区分有更直观的认知。

第一节　危害珍贵、濒危野生动物罪的犯罪构成

危害珍贵、濒危野生动物罪是指非法猎捕、杀害国家重点保护的珍贵、濒危野生动物的，或者非法收购、运输、出售国家重点保护的珍贵、濒危野生动物及其制品的行为。

一、客观要件

危害珍贵、濒危野生动物的行为是违反国家有关野生动物保护法规，猎捕、杀害国家重点保护的珍贵、濒危野生动物或者收购、运输、出售国家重点保护的珍贵、濒危野生动物及其制品。由此可见，本罪的行为具有以下五种情形：①猎捕，是指采取特定方法抓捕。②杀害，是指残害致死。至于其捕杀行为是在何时、何地、用何种工具，采用何种方法都不影响本罪的成立。③收购，是指以营利、自用为目的的购买行为。④运输，是指采用携带、邮寄、利用他人、使用交通工具等方法进行运送的行为。⑤出售，是指出卖和以营利为目的加工利用行为。无论行为人实施的是其中一种行为，还是同时实施数种行为，均可构成本罪。

危害珍贵、濒危野生动物罪的犯罪对象是国家重点保护的珍贵、濒危野生动物。这里的珍贵、濒危野生动物，根据 2022 年 4 月 9 日施行的最高人民法院、最高人民检察院《关于办理破坏野生动物资源刑事案件适用法律若干问题的解释》（法释〔2022〕12 号）第四条规定，《刑法》第三百四十一条第一款规定的"国家重点保护的珍贵、濒危野生动物"包括：（一）列入《国家重点保护野生动物名录》的野生动物；（二）经国务院野生动物保护主管部门核准按照国家重点保护的野生动物管理的野生动物。

珍贵、濒危野生动物制品，是指珍贵、濒危野生动物的可辨认的部分，以及利用珍贵、濒危野生动物或其可辨认部分作为原料加工而成的产品，如工艺品、日用品、药品、标本等。①珍贵、濒危野生动物的活体的任何部分，以及其器官、肢体、皮毛、骨骼、角、胚胎等制作加工而成的制品，如熊胆汁、麝香等。

②珍贵、濒危野生动物的死体的任何部分以及其器官、肢体、皮毛、骨骼、角、胚胎等制作加工而成的制品，如象牙、虎骨等。

二、主体要件

本罪主体是一般主体，既可以是自然人，也可以是单位。凡年满16周岁、具备刑事责任能力的人均可成为本罪的主体。

三、主观要件

危害珍贵、濒危野生动物罪的责任形式是故意。这里的故意，是指明知是珍贵、濒危野生动物而予以猎捕、杀害、收购、运输、出售的主观心理状态。过失不构成本罪。行为人可能是为了出卖牟利、自食自用、馈赠亲友或者出于取乐的目的，都可以构成本罪。实践中，由于一些非专业人员对野生动物领域了解不多，因而通常对何种动物为野生动物的认识不够，也因此对该种动物制品缺乏认识，在这种情况下实施了非法收购、运输、出售自己认为是珍贵、濒危野生动物及其制品的，一般不以本罪论处；如果行为人实施了非法收购、运输、出售自己认为不是珍贵、濒危野生动物及其制品的，而事实上确实是珍贵、濒危野生动物及其制品，亦不宜以本罪论处。

第二节　司法适用中需要注意的问题

一、关于"知道或者应当知道"的理解

在执法实践中，非法收购珍贵、濒危野生动物、珍贵、濒危野生动物制品的目的有多种，如食用、制作标本、利用皮毛、制作工艺品、赠送他人等。无论以食用或者其他目的而非法购买，均构成"非法收购珍贵、濒危野生动物，珍贵、濒危野生动物制品罪"。而在执法实践中，以食用为目的的购买是最常见的，在"非法收购珍贵、濒危野生动物，珍贵、濒危野生动物制品罪"中占很大比例。《中华人民共和国野生动物保护法》第三十条规定："禁止生产、经营使用国家重点保护野生动物及其制品制作的食品，或者使用没有合法来源证明的非国家重点保护野生动物及其制品制作的食品。禁止为食用非法购买国家重点保护的野生动物及其制品。"《关于全面禁止非法野生动物交易、革除滥食野生动物陋习、切实保障人民群众生命健康安全的决定》明确全面禁止食用野生动物，严厉打击非法野生动物交易。

行为人知道或者应当知道是国家重点保护的珍贵、濒危野生动物及其制品，为食用或者其他目的而非法购买，应当以非法收购珍贵、濒危野生动物、珍贵、濒危野生动物制品罪定罪处罚。"知道"或者"应当知道"均属于故意的范畴。"知道"指有证据证明的故意，而"应当知道"属于"推定故意"，是指没有证据能够直接证明，但根据一定的证据可以推定行为人具有某种故意，行为人如果否认自己具有此种故意，必须提出反证。

实践中，判断行为人"知道"或者"应当知道"应当注意把握以下几点：

正确区分事实认识错误、违法性认识错误和涵摄的错误。非法野生动物交易犯罪中，是否认识到是野生动物，是事实认识错误问题，也是构成要件的认识错误，但对于某种野生动物是不是刑法上所保护的野生动物，则是违法性认识问题，两者存在不同。

（1）事实错误是对案件事实产生的认识错误，这种错误可以阻却故意的成立。行为人不知道自己收购的野生动物系非法狩猎所得，表明行为人对行为对象产生认识错误，不构成掩饰、隐瞒犯罪所得罪。

（2）违法性认识错误是对法律规定的有无产生的认识错误。行为人误以为收购非法狩猎的野生动物的行为是合法的，实际上是违法犯罪。违法性认识错误是否影响犯罪的成立，主要看这种认识错误能否避免，也即看行为人有无违法性认识的可能性。如果行为人产生了违法性认识错误，没有认识到自己收购非法狩猎的野生动物的行为是违法的，但是本来是有可能认识到自己的行为是违法的，却由于过失而没有认识到，也即这种错误本来是可以避免的，有避免发生的可能性。这种情况下，违法性认识错误不影响对其定罪，仍成立犯罪。但是，如果行为人产生了违法性认识错误，没有认识到自己行为的违法性，并且根本无法认识到自己的行为是违法的，即不具有违法性认识的可能性，也即这种错误是难以避免的，不具有避免发生的可能性，则做无罪处理，不承担刑事责任。

（3）涵摄的错误是对推导过程产生的认识错误，是一种关于法律适用的错误。这种错误不影响故意的成立，不影响犯罪的成立。

审查判断时，有没有事实认识错误或者违法性认识错误不是凭行为人所说，而是基于正常人、普通人一般的常识去判断行为人是否知道或者应当知道。

司法实践中认定主观明知的方法，一般有以下几种：

（1）通过间接证据证明认定犯罪主观明知。对于"知道"或者"应当知道"这种主观要素的认定，除根据犯罪嫌疑人的如实供述外，只有通过相关的客观事实进行推断。

（2）事实推定与其他间接证据结合认定主观明知。该方法是通过事实推定与其他间接证据相结合的方法进行主观明知认定。

（3）通过事实推定的结合认定主观明知。通过数个事实推定之间的叠加认定主观明知达到诉讼上的证明标准。

结合司法实践，非法野生动物交易犯罪可以从以下几个方面推定行为人是否"知道"或者"应当知道"：

（1）作案时间。比如行为人收购野生动物的时间是否在天黑之后、半夜或凌晨。

（2）犯罪地点。行为人是否不敢在公共场所进行收购，而是选择偏僻之处或者非法交易场所。

（3）交易方式反常。行为人未通过正规交易手续进行收购，而是采取隐蔽的方式进行交易。

（4）行为人与本犯之间的关系。包括交往时间、认识程度、对本犯基本情况的了解。如行为人明知本犯是非法狩猎野生动物的惯犯，还从其处收购野生动物。

（5）行为人居住地野生动物保护的传统习俗、当地政府对野生动物保护手段的宣传力度和宣传所采取的举措等。

此外，实践中，行为人使用"暗语、行话、本地俗称俗语"等类特指性较强的语言方式进行联络、交易情形较为常见，也可作为推定"应当知道"的情形。

实际上，在破坏野生动物资源犯罪中，由于行为人个人经历、教育背景、知识储备等因素不同，有的行为人对于专业知识的了解，甚至优于执法人员。因此，在对是否"明知"进行认定时，应当结合案件具体情况，以行为人实施的客观行为为基础，结合其一贯表现、具体行为、程度、手段、事后态度以及年龄、认知和受教育程度、所从事的职业等综合判断，行为人是想逃避法律制裁还是真的存在事实认识错误或者违法性认识错误。如具有以下情形的，可以推定行为人"知道"或者"应当知道"：

（1）曾因违反国家重点保护野生动物相关规定受过处罚的；

（2）本人曾接受过与野生动物保护相关的学习、培训，或者曾从事过野生动物保护相关工作的；

（3）作案区域有明显的野生动物保护标志、标识的；

（4）本人陈述中能说出涉案物种名称或者在当地俗称的；

（5）本人在相关动物类型自然保护区居住一年以上的等。

二、关于多次非法野生动物交易犯罪的认定

根据《关于依法惩治非法野生动物交易犯罪的指导意见》（以下简称《指导意见》）第四条规定："二次以上实施本意见第一条至第三条规定的行为构成犯罪，依法应当追诉的，或者二年内二次以上实施本意见第一条至第三条规定的行为未经处理的，数量、数额累计计算。"

二次以上违法行为入罪是风险刑法观影响下，刑事立法普遍化的体现，也是为了满足社会转型时期预防犯罪的需要；同时，将原来由行政法规制的危害较大的二次以上违法行为纳入犯罪圈，处以较低的法定刑，与"严而不厉"的刑法结构相契合。

累计处罚制度具有其合理性。行为人二次以上实施该意见规定的违法行为，既对法益造成了侵害和威胁，也体现出了行为人较大的人身危险性，将其规定为犯罪是对法益侵害性和人身危险性综合考虑的结果，其理论基础是人身危险性理论、人格刑法理论、量变质变理论。

累计处罚规定符合诉讼经济原则，适应刑事政策的需要，贯彻了刑法明确性原则，现实意义重大；二次以上违法入罪情形并非将定罪与量刑情节重复评价，且行政处罚和刑事处罚是两个不同的评价体系；犯罪的本质是社会危害性，二次以上实施危害行为体现出社会危害程度的增加。

累计处罚一般应具备以下条件：

第一，行为主体为同一人。在二次以上违法的场合下，行为主体是一般主体，但前后实施的多次行为须同一人，包括行为人与他人共同实施了特定同种危害行为的情形。

第二，行为人实施的二次以上危害行为具有同质性。行为人多次实施了性质相同的危害行为，各行为具有同质性，即各次行为所侵害的法益指向相同，具体到每次行为则可能只是一般违法行为，也可能是刑事犯罪行为。

第三，实施的二次以上行为触犯特定罪名。该意见规定，行为人的二次以上行为均符合实施本意见第一条至第三条规定的行为罪名。

《指导意见》明确规定："二次以上实施本意见规定的行为构成犯罪，依法应当追诉的，或者二年内二次以上实施本意见规定的行为未经处理的，数量、数额累计计算。"根据这一规定，这里的数额累计应当区分情况处理：

（1）二年内二次以上实施本意见规定的行为未经处理的，数量、数额累计计算。这里的"未经处理"指的是"未经行政处罚处理"。《行政处罚法》第二十九条第一款规定："违法行为在二年内未被发现的，不再给予行政处罚。法律

另有规定的除外。"据此，违法行为在二年内未被发现就不再给予行政处罚，与刑法规定的犯罪追诉期限不同。因此，对于实施本意见规定的行为，每次均未达到定罪量刑标准，如果未经处理的，也应当以二年为限进行累计计算，如果累计数额构成犯罪的，应当依法定罪处罚。

（2）二年内二次以上实施本意见规定的行为，既有未经处理的违法行为，又有依法应当追诉的犯罪行为的，应当以二年为限进行累计计算。

（3）二次以上实施本意见规定的行为构成犯罪，依法应当追诉的，数量、数额累计计算，不受二年的限制，而应当适用犯罪追诉期限的规定。

三、关于共同犯罪的认定

根据《关于依法惩治非法野生动物交易犯罪的指导意见》（以下简称《指导意见》）第五条规定："明知他人实施非法野生动物交易行为，有下列情形之一的，以共同犯罪论处：（一）提供贷款、资金、账号、车辆、设备、技术、许可证件的；（二）提供生产、经营场所或者运输、仓储、保管、快递、邮寄、网络信息交互等便利条件或者其他服务的；（三）提供广告宣传等帮助行为的。"

我国《刑法》第二十五条规定，共同犯罪是指二人以上共同故意犯罪。共同犯罪的构成要件包括客观共同行为和主观共同故意等两个方面。

（一）共同行为

共同行为是指二人以上复数主体的行为紧密配合，共同指向同一目标，共同成为同一危害结果的原因的行为协同方式。各共同犯罪人所实施的行为都必须是犯罪行为，必须具有共同的犯罪行为，即各共同犯罪人的行为都是指向同一的目标，彼此联系、互相配合，结成一个有机的犯罪行为整体。各个共同犯罪人的行为由一个共同的犯罪目标将他们的单个行为联系在一起，形成一个有机联系的犯罪活动整体。各共同犯罪人的行为都与发生的犯罪结果有因果关系。

（二）共同故意

共同故意是共同犯罪的主观基础，共同犯罪必须具有共同的犯罪故意。

首先，有共同犯罪的认识因素：①各个共同犯罪人不仅认识到自己在实施某种犯罪，而且认识到有其他共同犯罪人与自己一道在共同实施该种犯罪。②各个共同犯罪人认识到自己的行为和他人的共同犯罪行为结合会发生危害社会的结果，并且认识到他们的共同犯罪行为与共同犯罪结果之间的因果关系。

其次，有共同犯罪的意志因素：①各共同犯罪人是经过自己的自由选择，决意与他人共同协力实施犯罪。②各共同犯罪人对他们的共同犯罪行为会发生危害社会的结果，都抱有希望或者放任的态度。

根据我国刑法学理论，共同犯罪包括共同正犯、组织犯、教唆犯、帮助犯等。行为人明知他人实施非法野生动物交易，而提供帮助行为的，应当以共同犯罪论处。根据执法实践，近年来为非法野生动物交易行为提供帮助的行为主要表现出以下三种情形：一是提供贷款、资金、账号、车辆、设备、技术、许可证件；二是提供生产、经营场所或者运输、仓储、保管、快递、邮寄、网络信息交互等便利条件和其他服务；三是提供广告宣传等帮助行为。

正确理解这里的"共同犯罪"需要把握以下几点：

（1）行为人的帮助行为并非构成要件的行为，但对于构成要件行为的完成以及危害结果的发生具有支持或者加强的作用。其本质是凭借实行行为对法益进行侵害，即需要借助实行犯去实施非法野生动物交易犯罪才能实现对法益的侵害。如果实行行为缺位，即行为人虽然提供了帮助，但是实行犯并未实施犯罪行为，那么这种帮助行为便失去了凭借，对法益便不具有侵害的危险。行为人的帮助行为便不会成为危害行为，也就不构成犯罪。

（2）时间上，上述帮助行为可以是事前帮助和事中帮助，也可以是事前约定好的事后帮助。行为着手前形成共同故意，并且事先已对行为的协调有所作用的，一般为事先通谋；行为着手时或者行为形成过程中形成共同故意，并且只在行为过程中，即事后才对行为产生协调作用的，一般为非事先通谋，即合意共犯。

（3）行为人主观上有帮助他人的故意。这里的故意是指行为人明知他人实施非法野生动物交易行为而提供帮助行为。如果行为人是过失帮助了他人实施非法野生动物交易犯罪，不构成共同犯罪。每一个共同犯罪参与人的行为都受相同故意的支配，各自的行为因为相同的故意而相互联系，构成完整的行为整体，从而能以不同的程度、从不同的方向共同作用于危害结果。

四、关于涉案野生动物及其制品价值的认定

根据《关于依法惩治非法野生动物交易犯罪的指导意见》（以下简称《指导意见》）第六条规定："对涉案野生动物及其制品价值，可以根据国务院野生动物保护主管部门制定的价值评估标准和方法核算。对野生动物制品，根据实际情况予以核算，但核算总额不能超过该种野生动物的整体价值。具有特殊利用价值或者导致动物死亡的主要部分，核算方法不明确的，其价值标准最高可以按照该种动物整体价值标准的80%予以折算，其他部分价值标准最高可以按整体价值标

准的 20% 予以折算，但是按照上述方法核算的价值明显不当的，应当根据实际情况妥当予以核算。核算价值低于实际交易价格的，以实际交易价格认定。"

"根据前款规定难以确定涉案野生动物及其制品价值的，依据下列机构出具的报告，结合其他证据作出认定：①价格认证机构出具的报告；②国务院野生动物保护主管部门、国家濒危物种进出口管理机构、海关总署等指定的机构出具的报告；③地、市级以上人民政府野生动物保护主管部门、国家濒危物种进出口管理机构的派出机构、直属海关等出具的报告。"

《中华人民共和国野生动物保护法》第五十七条规定："猎获物价值、野生动物及其制品价值的评估标准和方法，由国务院野生动物保护主管部门制定。"据此，涉案野生动物及其制品价值，可以根据国务院野生动物保护主管部门制定的价值评估标准和方法核算。

对野生动物及其制品价值的评估核算，应当坚持尊重事实、科学核算的原则。野生动物制品价值的核算总额，原则上不应当超过该种野生动物的整体价值。核算价值低于实际交易价格的，以实际交易价格认定。

"具有特殊利用价值的部分"主要是指有重要的经济利用价值或者药用价值的部分，如麝香囊、熊胆囊、虎鞭、羚羊角等，以及成为名菜的部分，如熊掌等。如果一个动物只有一个这种器官，其价值标准一般按照该种动物整体价值标准的 80% 予以折算，如麝香囊。"导致动物死亡的主要部分"一般指皮张、头、主要内脏等部分。实践中，"具有特殊利用价值的部分"和"导致动物死亡的主要部分"有时候无法完全割裂开，例如把动物的皮剥了，肯定会导致动物的死亡，但是皮张也可能具有特殊利用价值。

办案机关如果根据野生动物保护主管部门制定的价值评估标准和方法，不能确定野生动物价值的，按如下顺序委托下列机构出具价格认定结论书（报告）。

（1）办案机关所在地同级价格认证机构；

（2）国务院野生动物保护主管部门、国家濒危物种进出口管理机构、海关总署等指定的机构；

（3）地、市级以上人民政府野生动物保护主管部门、国家濒危物种进出口管理机构的派出机构、直属海关。

五、关于专门性问题的认定

根据《关于依法惩治非法野生动物交易犯罪的指导意见》（以下简称《指导意见》）第七条规定："对野生动物及其制品种属类别，非法捕捞、狩猎的工具、方法以及对野生动物资源的损害程度、食用涉案野生动物对人体健康的危害程度等专门性问题，可以由野生动物保护主管部门、侦查机关或者有专门知识的人依据现场勘验、检查笔录等出具认定意见。难以确定的，依据司法鉴定机构出具的鉴定意见，或者本意见第六条第二款所列机构出具的报告，结合其他证据作出认定。"

专门性问题是相对于普通问题而言的，指的是凭借一般人的日常经验、生活常识难以解答，需要借助特别知识、技能或者通过专业的仪器设备才可以解答的案件事实，包括实体性事实和程序性事实。

专门性问题具有法律性和科技性二重属性，诉讼专门性问题的处理并不等同于鉴定，后者仅是前者的部分内容，两者之间是包含与被包含的关系，如果以鉴定代替专门性问题的处理，则混淆了证据法学与法庭科学之间的界限。

司法实践中，常有人把司法鉴定作为处理诉讼专门性问题的唯一措施，实际上这是"司法鉴定依赖综合症"，办案人员一遇到专门性问题，就不假思索地予以鉴定。其实除了鉴定，专门性问题还可以通过检验、勘验等方式予以解决。如最高人民法院、最高人民检察院《关于办理环境污染刑事案件适用法律若干问题的解释》第十四条规定："对案件所涉的环境污染专门性问题难以确定的，依据司法鉴定机构出具的鉴定意见，或者国务院环境保护主管部门、公安部门指定的机构出具的报告，结合其他证据作出认定。"

对野生动物及其制品种属的鉴别，包括宏观形态学识别、微观形态学识别、DNA 鉴定等多种方法。形态学识别方法是使用形态学和分类学知识对物种进行识别的一种鉴别方法，通过对物种的形态特征的观测，运用物种分类学的方法，根据物种分类地位，借助检索表等工具进行比对，从而达到识别与鉴定植物物证的目的。形态学识别方法是进行生物多样性科考调查中最便捷、使用最广泛的物种识别方法。

除《中华人民共和国野生动物保护法》和《中华人民共和国渔业法》明确规定的禁止捕捞、狩猎的工具、方法外，其他应当禁止使用捕捞、狩猎的工具、方法，法律明确规定由县级以上人民政府主管部门确定并公布。

对野生动物及其制品种属类别，非法捕捞、狩猎的工具、方法以及对野生动物资源的损害程度等专门性问题，现行法律法规并没有明确全部强制纳入司法鉴定的范畴，也并不是所有项目必须由专门的机构借助专门的实验方法在专门实验场所才可以得出结论。案件办理过程中的技术问题，可以由侦查人员或者有专门知识的人依据现场勘验、检查笔录等出具认定意见，也可以由国务院野生动物保护主管部门、国家濒危物种进出口管理机构、海关总署等指定的机构以及地、市级以上人民政府野生动物保护主管部门、国家濒危物种进出口管理机构的派出机构、直属海关等出具的报告。

鉴定意见，是由鉴定人接受司法机关的委托和聘请，运用自己的专门知识和现代科学技术手段，对诉讼中涉及的某些专门性问题进行检测、分析判断后，作出的一种结论性的书面意见。鉴定意见是鉴定人在分析研究案件的有关材料之后，对案件中的特定问题所作出的判断，所有鉴定意见都是鉴定人提供的判断性意见。司法机关根据鉴定结论，可以解决案件中的疑难问题，正确认定案件事实，因此，现行《刑事诉讼法》《民事诉讼法》和《行政诉讼法》都把鉴定结论规定为一种证据类型。鉴定意见是一种法定的证据形式。

鉴定意见作为一种独立的证据，具有以下的主要特点：

（1）鉴定意见是鉴定人对案件中的专门性问题进行鉴定后提出的结论性意见。鉴定的对象是案件涉及的专门性问题，因为司法人员缺乏这方面的专业知识，为了能够准确地认定案件事实，而不得不借助于这些具有专门知识的鉴定人。在鉴定意见中，鉴定人不仅要叙述依据鉴定材料所观察到的事实，还必须分析研究这些事实，并以此为基础提出结论性意见。

（2）鉴定意见是鉴定人运用自己的专门知识和技能，凭借科学仪器和设备，分析研究案内有关专门性问题的结果。鉴定意见是鉴定人运用专门知识，借助于必要的仪器和设备得出的结论，这种意见一般符合当时历史条件下的知识和技术水平，具有相对的科学性、客观性。比如，借助 DNA 鉴定技术，人们可以对亲子关系作出明确、客观的鉴定。但是，鉴定意见毕竟是依赖鉴定人个人的知识技能作出的，是对案件中有争议的专门性问题进行检验、分析、鉴别后得出的判断性意见。鉴定人绝不能仅对鉴定对象作客观描述而不进行分析判断形成结论，因此，鉴定意见也反映了鉴定人的个人见解和看法，深深地带有鉴定人的一些具有个体性的特征，具有一定程度的主观性色彩，也可能会由于鉴定人的主观因素而使鉴定结论带有某种程度的不确定性。

（3）鉴定意见是鉴定人对案件中需要解决的一些专门性问题所作的意见，而不是对法律问题提供的意见。鉴定意见是在对鉴定对象分析研究的基础上，对发现的现象及其所能说明的事实作出的判断。鉴定意见以鉴定对象为基础，只要涉及专门问题，并且是与待证事实有关的材料，都可成为鉴定对象。鉴定人的职责仅仅在于对鉴定所涉及的全部或部分案件事实提供结论性意见，超越此鉴定范围和权限发表有关法律问题的意见等于自卸鉴定人的职责，则会使这部分内容归于无效。对案件发表法律意见应当属于司法机关的职权范围，只能由司法机关在查明案件情况的基础上，根据法律的有关规定自行作出决定。

从公安司法机关角度，鉴定是公安司法机关认为案件中涉及一些专门性的问题，而必须借助于鉴定人的帮助才能解决后，委托和聘请鉴定人作出鉴定意见的过程。而对于鉴定人来说，鉴定是其接受公安司法机关的指派或聘请后，根据自身的知识、技术，采用科学的方法对案件中涉及的专门性问题进行判断的过程。

（1）挑选和确定鉴定人。鉴定人的选任是关系到鉴定意见正确与否的重要因素。在鉴定人的人选上，必须根据案件所需要解决的专门性问题，坚持鉴定人必须具备的条件，即鉴定人既需具备有关的专门知识或技能，又必须与案件当事人或者与案件没有利害关系。这两个条件必须同时具备，缺少其中的任何一条，都不能指派或聘请作鉴定人。此外，聘请机关、团体等单位的人员作鉴定人时，应通过其所属单位聘请。

（2）要向鉴定人或鉴定部门提出明确的鉴定事项和要求。如果不向鉴定人或鉴定组织提出明确的鉴定事项和要求，会导致鉴定活动的盲目性，达不到组织鉴定的预期目标。为此，公安司法人员在向鉴定人或鉴定部门提出鉴定的事项和要求前，应当对全案进行认真细致的研究。必要时，也可以同鉴定人或鉴定部门一道研究，听取他们的意见，以利于准确地确定哪些是真正与案件有关，必须通过鉴定才能解决的专门性问题。然后再明确地向鉴定人或鉴定部门提出来，要求他们通过鉴定作出鉴定意见。

（3）应向鉴定人或鉴定部门提供充分、可靠的鉴定材料。充分、可靠的鉴定材料，是进行正确鉴定的必要条件，也是作出正确鉴定结论的基础。根据实践经验，在鉴定材料的准备和提供方面，应当把握几点：一是对存有现场的案件（如杀害现场、尸体现场、被毁坏的野生动物现场等），在必要时可邀请鉴定人参加现场勘验检查。这不仅有利于鉴定人深入了解案情，明确现场上的哪些物品或情况对案件有意义、对鉴定有帮助，而且也有利于鉴定人直接取材。二是收集和提供鉴定所需的原始证物、文件等的实物材料。鉴定人只有对有关的原始材料进行鉴定，才能保证鉴定意见的准确性。

（4）应保证鉴定人能够客观、公正地进行鉴定，不得强迫或暗示其作出某种意见。鉴定结论只能是鉴定人根据鉴定的结果，结合自身的专业知识而作出的科学的判断。为了保证鉴定结论的准确性，任何人都不能对鉴定人进行干预、明示或暗示其作出自己需要的意见。

受司法机关的委托或聘请，用自己的专门知识对案件中的专门性问题进行鉴定活动的人称为鉴定人。判断一个人是否具有专门知识，可以参照《关于司法鉴定管理问题的决定》第四条的规定作出判断。该条明确规定，具备下列条件之一的人员，可以申请登记从事司法鉴定业务：①具有与所申请从事的司法鉴定业务相关的高级专业技术职称；②具有与所申请从事的司法鉴定业务相关的专业执业资格或者高等院校相关专业本科以上学历，从事相关工作五年以上；③具有与所申请从事的司法鉴定业务相关工作十年以上经历，具有较强的专业技能。

因故意犯罪或者职务过失犯罪受过刑事处罚的、受过开除公职处分的以及被撤销鉴定人登记的人员，不得从事司法鉴定业务。

另外，根据人力资源社会保障部办公厅《关于做好水平评价类技能人员职业资格退出目录有关工作的通知》（人社厅发〔2020〕80号）要求，2020年年底前，分批将水平评价类技能人员职业资格退出目录。人力资源社会保障部门和有关部门组织实施的14项职业资格（涉及29个职业）于9月30日前第一批退出。其他部门（单位）组织实施的66项职业资格（涉及156个职业）拟于2020年12月31日前第二批退出。与公共安全、人身健康、生命财产安全等密切相关的职业（工种）将依法调整为准入类职业资格，应当取得相关技术职业资格证书。

六、关于行政证据的转化

根据《关于依法惩治非法野生动物交易犯罪的指导意见》（以下简称《指导意见》）第八条规定："办理非法野生动物交易案件中，行政执法部门依法收集的物证、书证、视听资料、电子数据等证据材料，在刑事诉讼中可以作为证据使用。对不易保管的涉案野生动物及其制品，在做好拍摄、提取检材或者制作足以反映原物形态特征或者内容的照片、录像等取证工作后，可以移交野生动物保护主管部门及其指定的机构依法处置。对存在或者可能存在疫病的野生动物及其制品，应立即通知野生动物保护主管部门依法处置。"

《中华人民共和国刑事诉讼法》（以下简称《刑事诉讼法》）第五十四条第二款规定："行政机关在行政执法和查办案件过程中收集的物证、书证、视听资料、电子数据等证据材料，在刑事诉讼中可以作为证据使用。"因此，本条规定办理非法野生动物交易案件中，行政执法部门依法收集、调取、制作的物证、书证、视听资料、电子数据等证据材料，在刑事诉讼中可以作为刑事证据使用。

办理非法野生动物交易案件中，行政执法部门依法收集的相关证据材料转化为刑事证据使用，是源于现实的需要，这一方面有利于打击非法野生动物交易犯罪，使得公安机关司法机关取证手段更多、取证能力更强，从而能够更为高效快捷地办理此类刑事案件；另一方面有助于保障案件的实体公正于行政执法证据直接转化为刑事证据可以防止证据灭失，机关在调查的过程中收集的很多证据不具有可重复性，如果完全拒绝行政证据进入刑事诉讼活动将会导致定案根据不足、追诉犯罪不利以及有损司法公平的不利后果。

正确理解该条规定，我们需要明确以下几个问题：

（一）对"行政执法部门"的理解

此处的行政执法应当是实施具体行政行为，行政执法机关包括有权行使行政监察、行政处罚与行政强制措施的机关。这里需要的注意的是，具有法律法规授权享有行政权力的社会组织，可以在法律法规授权的范围内以自己的名义实施行政行为，享有特定的行政执法权，可以作为行政机关看待。但是受行政机关委托行使行政职权的社会组织不具有独立的行政机关资格，而是以委托的行政机关名义开展活动，其实施的行政行为的后果亦由委托的行政机关承担，因此，受行政机关委托行使行政职权的社会组织不具有行政机关的主体资格。

（二）对"可以"的理解

行政证据在刑事诉讼中"可以"作为证据使用，并不意味着"必须"使用。行政证据在刑事案件中可以作为证据使用，并不意味着"行政执法主体获得了刑事诉讼证据的取证资格"，也没有免除司法机关的侦查取证以及审查证据等义务。行政机关收集的只是"证据材料"，并不是证据，只有依据《刑事诉讼法》第五十四条第二款的规定，在刑事诉讼程序中使用的行政执法证据才可以称为刑事诉讼证据，才能作为定案的根据。

（1）注意审查行政机关的执法权是否是法律、法规赋予的，以及是否出现滥用职权的情况。

（2）注意审查行政机关的取证程序是否符合法律法规的具体规定或要求，执法办案人员是否具有相应的资质，有无严重侵犯当事人合法权益的情形。

（3）注意审查行政证据的存在形式是否符合刑事证据的要求。如视听资料、电子数据、书证复制件是否有来源（制作）情况说明和调取人签名等。

（4）注意审查行政证据的保管是否妥当，是否发生缺失、变质、损坏等情形。

（5）注意审查行政机关收集的物证、书证等证据材料以及扣押、查封、冻结的涉案物品是否全部随案移送，有无遗漏、丢失等。

（6）注意审查行政机关的检验报告是抽样鉴定还是全部鉴定得出，是否告知当事人，如系抽样鉴定，抽样是否具有代表性，当事人有无异议等。

（7）注意听取嫌疑人对行政机关所收集证据材料的意见或辩解，及时排除合理怀疑和非法证据。

（三）对"物证、书证、视听资料、电子数据"适用的理解

这四类证据属于实物证据，是客观存在的原始资料，既无必要也不太可能使其恢复原状后再重新提取。因此，只要经侦查、公诉机关依法履行调取证据的法律手续后，可以直接使用。即可以直接作为公安机关立案、提请批捕、移送起诉，检察机关批捕、公诉、审判机关定罪量刑（经过质证、认证）的依据。

（四）对"物证、书证、视听资料、电子数据"以外证据适用的理解

"物证、书证、视听资料、电子数据"四种证据可以直接使用，其他的证据种类则必须分不同情况处理。

（1）行政执法部门制作的鉴定意见、勘验、检查笔录，如果经审查是依法制作并反映了客观事实，可以作为刑事证据使用。对于行政鉴定意见与认定书这类特殊的证据兼具实物证据和言词证据的特征，对于其在刑事诉讼中的转化使用应当慎重。基于诉讼效率的考量可以转化为刑事诉讼证据，但应当受到严格的证据审查，并尊重被追诉人的异议权。如果案件进入司法程序后鉴定的检材和样本是不可复制的，司法机关在此情形下可以将其作为刑事诉讼证据使用，但是需要经过法庭举证、质证和辩护。如果鉴定的检材样本仍然存在，同时具备基本的鉴定条件，控辩双方对该鉴定意见存在重大争议的，应当允许重新鉴定。

（2）对于证人证言、当事人的陈述这一类言词证据，主观性较强，具有相当大的不确定性。对于这类证据只要有条件重新提取的，一般应重新提取后才可以使用。

（五）不易保存物品的处置

涉案野生动物及其制品大多是鲜活的或者容易腐败而不易保存的，可以在做好拍摄、提取检材或者制作足以反映原物形态特征或者内容的照片、录像等取证工作后，移交野生动物保护主管部门及其指定的机构依法处置。对于存在或者可能存在疫病的野生动物及其制品，应立即通知野生动物保护主管部门依法进行无害化处置。

（六）规范行政执法证据转化为刑事证据的方式

（1）公安司法机关需审查该证据是否属于行政机关在行政执法中依据法律规定的程序获得。其内在原因是行政证据转化的前提和基础必须是行政执法证据，如果提交的行政证据不是在行政执法过程中获得，那么此份证据将会丧失其

作为认定刑事案件的正当性事由。

（2）公安司法机关需要对该证据的范围进行司法审查，主要包括该证据是否属于刑事诉讼法允许直接转化为刑事证据的范围。在行政证据转化过程中，证据类型并不是行政执法证据在刑事诉讼中被采用的决定因素，证据是否可以转化的关键因素是行政执法程序。

（3）公安司法机关需要进一步审查行政执法证据的证据能力。首先，要审查其主体的合法性。对于行政执法证据的审查需要先行审查主体是否为行政机关、证据是否属于允许在刑事诉讼中使用的行政执法证据范围。其次，要审查证据表现形式。按照《刑事诉讼法》对证据种类的规定以及不同种类证据的特点，对证据的形式进行审查。对于实物证据，要注意收集原物、原件；对于勘验检查笔录等，要审查是否具有完备的书面形式等。最后，还需进一步对相关程序进行审查，比如审查现场勘验笔录的收集程序是否符合法律的规定。

七、关于人工繁育的处理

根据《关于依法惩治非法野生动物交易犯罪的指导意见》（以下简称《指导意见》）第九条规定："实施本意见规定的行为，在认定是否构成犯罪以及裁量刑罚时，应当考虑涉案动物是否系人工繁育、物种的濒危程度、野外存活状况、人工繁育情况、是否列入国务院野生动物保护主管部门制定的人工繁育国家重点保护野生动物名录，以及行为手段、对野生动物资源的损害程度、食用涉案野生动物对人体健康的危害程度等情节，综合评估社会危害性，确保罪责刑相适应。相关定罪量刑标准明显不适宜的，可以根据案件的事实、情节和社会危害程度，依法作出妥当处理。"

实施本意见规定的行为，在认定是否构成犯罪以及裁量刑罚时，应当根据案件事实，考虑法律的强制性规定、生物多样性保护、公共卫生安全、生态安全和生物安全等社会需求，综合评估社会危害性，确保罪责刑相适应。相关定罪量刑标准明显不适宜的，可以根据案件的事实、情节和社会危害程度，依法作出妥当处理。

对于破坏人工繁育野生动物资源的行为，在决定是否追究刑事责任以及如何裁量刑罚时，应当结合案件事实和证据，综合考量涉案动物的濒危程度、野外种群状况、人工繁育情况、用途、行为手段和对野生动物资源的损害程度等情节，综合评估社会危害性，依法作出妥当处理，确保罪责刑相适应。

（一）涉案动物的濒危程度和野外种群状况

在对破坏野生动物资源，尤其是破坏人工繁育的野生动物资源的行为定罪量刑时，除了考虑涉案动物的保护等级，还应当注意，有些野生动物虽然规定的保护等级较高，但野外种群规模相对较大，濒危程度相对较低，在量刑时可以适当从宽。另外，对于虽然列入《濒危野生动植物种国际贸易公约》附录Ⅰ、Ⅱ，但在我国没有野外种群分布的濒危物种的人工繁育种群，还可以考察该物种的人工繁育种群在原产或者引种国家和地区的立法保护情况，量刑时根据具体情况进行适当区分。

（二）涉案动物的人工繁育情况

对于破坏人工繁育野生动物资源犯罪而言，涉案动物的人工繁育情况是此类案件定罪量刑时应当考虑的重要因素。人工繁育是促进濒危野生动物种群恢复和发展的重要途径，根据《野生动物保护法》的规定，经省级政府野生动物保护主管部门批准并取得人工繁育许可证，可以人工繁育国家重点保护野生动物，并在有利于野外种群养护和符合生态文明建设等前提下依法经营利用。

对于涉案动物系人工繁育技术成熟且养殖规模较大的物种的，在定罪量刑时应与人工繁育技术不成熟、养殖规模较小物种的犯罪有所区别。如果属于濒危程度较高、人工繁育技术不成熟、养殖规模较小的物种，量刑时原则上不宜从宽，确有特殊情况需要从宽处理的，亦应从严掌握。如果属于人工繁育技术成熟且养殖规模较大的物种，考虑到行为人的主观恶性较小、行为的社会危害性较低，在决定是否追究刑事责任和量刑时应适当从宽。

具体还可以从以下方面作进一步区分：一是判断涉案动物是否属于合法繁育的情形；二是判断涉案动物是否被列入《人工繁育国家重点保护野生动物名录》。

（三）涉案动物的用途

在办理破坏人工繁育野生动物资源犯罪案件时，应结合涉案动物的用途准确定罪量刑。如涉案动物系用于非法放生或者食用等目的，定罪量刑时应当依法从严。如涉案动物系用于科学研究、物种保护、展示展演、文物保护或者药用等合法用途的，在量刑时应与前者有所区别。

（四）行为方式、手段和对野生动物资源的损害程度

在办理破坏人工繁育野生动物资源犯罪案件时，除了涉案动物的濒危程度和

147

野外种群状况、人工繁育情况、用途等因素外，行为人作案的方式、手段和对野生动物资源的损害程度亦应作为量刑时应当考虑的因素。综合相关法律、规范性文件的规定和司法实践，具有以下情形的，在决定是否从宽量刑时应依法从严掌握：

（1）武装掩护或者使用军用、警用车辆等特种交通工具实施犯罪的。《野生动物资源解释》中将以武装掩护方法或者使用军用、警用车辆等特种交通工具实施犯罪规定为升档量刑，从实践来看，使用前述作案方式和手段犯罪的，涉案动物数量往往较大，且易造成其他严重后果。

（2）妨害野生动物的科研、养殖等工作。根据《野生动物保护法》的规定，国家保障依法从事野生动物科学研究、人工繁育等活动，如破坏人工繁育野生动物资源的行为妨害野生动物的科研、养殖等工作，应当依法予以惩处，故《野生动物资源解释》中亦将该情形规定为升档量刑的情节。

（3）造成野生动物死亡或者无法追回等严重后果。实践中，一些犯罪分子为逃避打击，采用密闭工具装运非法交易的野生动物，造成动物死亡等严重后果，或者在归案后拒不交代动物去向，在此情况下，对其量刑应依法从严掌握。

（4）引起重大疫情或者有引起重大疫情风险。一些野生动物携带致命病毒、细菌，如不严加管制，可能会引起重大疫情或者引起重大疫情风险，因此，对于这类破坏人工繁育野生动物资源犯罪案件，在量刑时应从严掌握。

（5）非法放生或者因动物逃逸造成他人人身、财产损害或者危害生态系统安全的。需要注意的是，如果行为人主动捕回放生或者逃逸的野生动物，尚未造成他人人身、财产损害或者危害生态系统安全的，量刑时可酌情从宽。

第三节　犯罪构成要件证据指引

一、主体要件证据

（一）自然人犯罪

1. 自然人单独犯罪

证明犯罪嫌疑人刑事责任年龄、身份等自然情况的证据，包括身份证明、户籍证明、任职证明、工作经历证明、特定职责证明等。

主要是证明行为人的姓名（别名、曾用名、绰号等）、性别、出生年月日、民族、籍贯、身份证件种类及其号码、文化程度、出生地、居住地（如户籍所在地、经常居住地、暂住地等）、国籍、政治面貌、特殊身份情况（如人大代表、政协委员等）、前科劣迹，刑事责任能力以及职业行业、从业经历等，如果行为与网络社交有联系，需要证明网络社交软件中使用的与案件有关联的网名、代号等。

实践中，成为本罪的主体是无任何条件限制的。但多数情况下，本罪主体上多系直接从事狩猎、野生动物加工利用（肉类食品加工），或者在野生动物自然栖息地周围能够直接接触到野生动物的人员或单位，以及专门从事人工繁育、加工利用、中药生产经营、收容救护、展览表演、收藏、宠养饲养、研究和保护等方面的单位和个人。其他单位和个人成为本罪主体的比率要低。

2. 共同犯罪

在共同犯罪案件中，通常是二人以上共同进行，除需要证明各行为人的自然情况外，还需要证明：

一是共同犯罪的成立要件。根据《刑法》第二十五条的规定，共同犯罪是指二人以上共同故意犯罪。理论上包括共同故意、共同行为、行为与结果在刑法上的因果关系三个方面。有的事前或者临时起意勾结到一起，有的建立较为固定的犯罪组织，有的雇用工人实行，有的与动物保护人员相勾结。常见的情形有：

（1）提供猎捕、杀害、加工利用、运输、存储工具、场所或者其他禁用工具、方法的；

（2）传授危害方法的；

（3）为猎捕、杀害、收购、运输、出售等行为提供帮助的，如开车、站岗放哨、通风报信等；

（4）运输、携带、存储、加工利用、交易、藏匿或者帮助运输、携带、存储、加工利用、交易、藏匿非法野生动物及其制品的；

（5）协助转移、存储、藏匿犯罪工具、犯罪收益的；

（6）教唆他人实施危害珍贵、濒危野生动物行为的；

（7）提供其他重要帮助的情形的，认定团伙犯罪、共同犯罪。

二是各共同犯罪行为人地位。《刑法》第二十六条至第二十八条规定了主犯、从犯、胁从犯的量刑原则，刑法理论对共同犯罪分为实行犯和帮助犯，实行犯和帮助犯的犯罪人地位应按其在共同犯罪中所起的作用处罚，如果在共同犯罪中仅仅提供犯罪工具、指示犯罪目标、查看犯罪地点、排除犯罪障碍以及事前通谋答应事后隐匿罪犯、消灭罪迹、窝藏赃物来帮助实施犯罪等情况辅助作用，就以从犯论处；如果被胁迫实施帮助行为，并在共同犯罪中起较小作用，则应以胁从犯论处。

对于受雇危害珍贵、濒危野生动物的行为，主要看其在受雇时及在实施行为过程中是否明知是受雇非法猎捕、杀害或者收购、运输、出售珍贵、濒危野生动物的危害行为。危害行为还包括为实施猎捕、杀害等行为提供的各种辅助性行为，只要主观上明知，同样构成本罪。

因受动物的侵袭实行紧急避险的，不构成犯罪。

（二）单位犯罪

《刑法》第三十条规定，公司、企业、事业单位、机关、团体实施的危害社会的行为，法律规定为单位犯罪的，应当负刑事责任。

最高人民法院《关于审理单位犯罪案件具体应用法律有关问题的解释》（法释〔1999〕14号）规定，为依法惩治单位犯罪活动，根据刑法的有关规定，现对审理单位犯罪案件具体应用法律的有关问题解释如下：

第一条　刑法第三十条规定的"公司、企业、事业单位"，既包括国有、集体所有的公司、企业、事业单位，也包括依法设立的合资经营、合作经营企业和具有法人资格的独资、私营等公司、企业、事业单位。

第二条　个人为进行违法犯罪活动而设立的公司、企业、事业单位实施犯罪的，或者公司、企业、事业单位设立后，以实施犯罪为主要活动的，不以单位犯罪论处。

第三条　盗用单位名义实施犯罪，违法所得由实施犯罪的个人私分的，依照刑法有关自然人犯罪的规定定罪处罚。

值得注意的是，根据《民法典》第一百零二条的规定，非法人组织不具有法人资格，但是能够依法以自己的名义从事民事活动。非法人组织包括个人独资企业、合伙企业、不具有法人资格的专业服务机构等。由于个人独资企业、个人合伙企业、不具有法人资格的专业服务机构等不属于《关于审理单位犯罪案件具体应用法律有关问题的解释》所指的"具有法人资格的独资、私营等公司、企业、事业单位"，不能成为单位犯罪的主体。

我国《刑法》对单位犯罪处罚采取双罚制，即对单位判处罚金，同时对单位直接负责的主管人员和其他直接责任人员判处刑罚。

认定危害珍贵、濒危野生动物单位犯罪主要需要收集以下几方面的证据材料：

（1）单位主体资格。例如，企业注册信息、工商登记信息、会计资料信息、工资发放证明、员工雇用合同等。

（2）单位行为。以单位名义实施，为单位谋取利益，违法所得由单位本身所有，或者将非法所得分配给单位全体成员享有。如货物进出台账、资金账户往来凭证、合同协议文本、发放领取清单等。

（3）单位意志。不同于一般共同犯罪，单位犯罪中，犯罪活动是以单位的名义实施的，单位按决策程序由集体决定或负责人决定，即个人意志要通过单位的意志表现出来，因此单位犯罪的犯意只能产生于犯罪行为实施以前，而行为人在主观上表现为直接故意，因而具有会议纪要、实施计划、代表单位的指示命令等。

二、主观要件证据

（一）主观故意的含义

本罪属于行为犯，在主观方面表现为故意，包括直接故意和间接故意，过失不构成犯罪。直接故意又分事先有预谋和事先无预谋两种情况。行为人只要求认识到此是此种动物（事实认识），不要求认识到野生动物的级别与具体名称，也不要求认识到保护法规的存在。

本罪并非目的犯，行为人犯罪动机可能是多种多样的，有的是为了牟取暴利、有的是收藏观赏、有的是食用。不论犯罪动机如何，均不影响本罪的成立。

（二）主观故意的证据

证明犯罪嫌疑人明知自己的行为会发生危害社会结果的证据；证明犯罪嫌疑人希望危害结果发生的证据；犯罪嫌疑人作案的动机目的。

（1）证明行为人事先预谋、顿起犯意的证据。

（2）证明行为人生活环境、职业经历、生活阅历的证据。

（3）证明野生动物保护主管部门、相关组织机构宣传保护的证据。

（4）证明行为人未取得或未按特放许猎捕、批准文件、专用标识等规定实施危害的证据。

（5）证明行为人因猎捕、收购、运输、出售等危害野生动物保护受过处罚的证据。

（6）行为人抗拒抓捕、毁灭罪证的证据。

（7）证明行为人希望或放任危害结果发生的证据。

（8）证明行为人为获取或者已经获取国家重点保护野生动物或其制品的实行行为的证据。

（9）行为人意欲危害珍贵、濒危野生动物的供词。

三、客体要件证据

本罪侵犯的客体是国家重点保护的珍贵、濒危野生动物资源的管理制度。侵犯的对象是国家重点保护的珍贵、濒危野生动物及其制品，包括陆生的、水生的珍贵、濒危野生动物及其制品。珍贵野生动物指在生态、科学研究、文化艺术、经济及友好交往展出等方面有着重要价值的野生动物。濒危野生动物指濒于灭绝的野生动物。国家对野生动物实行分类分级保护，国家重点保护野生动物分为一级、二级，列入《国家重点保护野生动物名录》。

我国 1980 年 12 月 25 日加入并于 1981 年 4 月 8 日对我国正式生效的《濒危野生动植物种国际贸易公约》附录Ⅰ、附录Ⅱ、附录Ⅲ所列动物名录中的珍贵、濒危野生动物，我国相关法律规定，该公约附录Ⅰ、附录Ⅱ中所列的原产地在中国的物种，按《国家重点保护野生动物名录》所规定的保护级别执行；非原产于中国的，根据其在附录中隶属的情况，由主管部门进行核准，分别按照国家重点保护野生动物进行管理。林业部于 1993 年 4 月 14 日印发了《关于核准部分濒危野生动物为国家重点保护野生动物的通知》，就非原产我国的所有野生动物进行了核准；农业农村部办公厅于 2018 年 11 月 28 日印发了《关于规范濒危野生动植物种国际贸易公约附录水生动物物种审批管理工作的通知》对《濒危野生动植物种国际贸易公约》附录水生动物物种的国内管理级别进行重新核准。

国家重点保护的珍贵、濒危野生动物制品，是指对猎捕、杀害或者其他途径得到的国家重点保护的珍贵、濒危野生动物进行加工、研制而成的半成品或成品，如肉制品、皮毛制品、标本等。

客体要件证据往往与主体要件证据、主观要件证据、客观要件证据相交叉重叠，在收集的相关证据中就能证明。

四、客观要件证据

客观方面表现为违反野生动物保护法规，未经许可或不按许可规定，非法猎捕、杀害国家重点保护的珍贵、濒危野生动物的行为，或者非法收购、运输、出售国家重点保护的珍贵、濒危野生动物及其制品的行为。客观要件包括危害行为、危害结果、犯罪时间、地点、方法，以及危害行为与危害结果之间的因果关系。主要包括三大方面：

1. 违反野生动物保护法规的证据。主要是《野生动物保护法》第二十条、第二十一条第一款、第二十七条、第三十条、第三十三条，《陆生野生动物保护实施条例》第十条、第二十四条、第二十六条、第二十八条，《水生野生动物保护实施条例》第十二条、第十八条、第二十条等规定内容方面的证据。

2. 实施了未经许可或不按许可规定的证据。即非法猎捕、杀害国家重点保护的珍贵、濒危野生动物的行为，或者非法收购、运输、出售国家重点保护的珍贵、濒危野生动物及其制品的行为方面证据。主要是《野生动物保护法》第二十一条第二款，《陆生野生动物保护实施条例》第十二条、第十三条、第十四条，《水生野生动物保护实施条例》第十三条、第十四条、第十五条等所规定内容方面的证据。

3. 着重围绕狩猎、捕捉、捕捞的猎捕行为，杀伤、杀死的杀害行为，用金钱购买的收购行为（包括营利、利用等为目的的购买行为），私自将珍贵、濒危野生动物及其制品由国内某地运至另一地的行为方式、方法，以牟利为目的出卖和以营利为目的的加工利用行为等方面，结合危害结果、时间、地点、方法及行为与结果之间的因果关系的证据进行收集。

（1）"犯罪事实"要查证作案时间、作案地点、作案人员、作案手段及经过、作案后果及定罪情节、作案动机和目的。

（2）"作案手段及经过"要查明实施非法猎捕、杀害珍贵、濒危野生动物的方式及过程。

（3）查证作案动机和目的，主要查证嫌疑人是否存在故意，应收集的基本证据包括嫌疑人的供述；证人证言、辨认笔录、同案关系人的供述等；体现嫌疑人主观故意的微信、短信、笔记、收藏网页、通话等记录，以及相关的合同、协议等；其他可以认定明知的情形，如：①曾因违反国家重点保护野生动植物相关规定受过处罚的；②本人曾接受过与野生动物保护相关的学习、培训，或者曾从事过野生动物保护相关工作的；③作案区域有明显保护标志、标识的；④本人陈述中能说出涉案物种名称或当地俗称的；⑤本人在相关动物类型自然保护区居住一年以上的等。

第八章

非法狩猎罪

　　我国 1979 年《刑法》的第一百三十条就规定了非法狩猎罪。野生动物资源的保护与合理利用已经成为人类所面临的一项新课题。我国将野生动物资源保护纳入法制轨道始于 20 世纪 60 年代初期。如 1962 年国务院下达的《关于积极保护和合理利用野生动物资源的指示》、林业部 1978 年的《关于严格查禁猎杀倒卖珍贵稀有野生动物及其产品的紧急通知》等，与此同时，1979 年《刑法》第一百三十条明确规定，对违反有关法律、法规，在禁猎区、禁猎期或者使用禁用的工具、方法进行狩猎，破坏珍禽、珍兽或其他野生动物资源，情节严重的行为，以非法狩猎罪论处。但是，由于当时这些有关野生动物保护的法律、法规还不够健全，致使非法狩猎罪的对象非常宽泛，除水生野生动物外，概括了所有的陆生野生动物。随着野生动物保护法律、法规的不断制定和完善，原有的非法狩猎罪规定，显然难以有效地惩治日益猖獗的捕杀野生动物的犯罪活动，因此亟待修订。进入 20 世纪 80 年代，大量有关野生动物保护的法律相继制定并颁行，如我国于 1980 年 12 月 25 日加入了《濒危野生动植物种国际贸易公约》，国务院 1983 年的《关于严格保护珍贵稀有野生动物的通令》以及 1989 年《中华人民共和国野生动物保护法》等，对遏制非法狩猎行为起到一定的积极作用。如 1989 年《野生动物保护法》第三十一条规定："非法捕杀国家重点保护野生动物的，依照《关于惩治捕杀国家重点的珍贵、濒危野生动物犯罪的补充规定》追究刑事责任。"与该法同时颁布的《关于惩治捕杀国家重点保护的珍贵、濒危野生动物犯罪的补充规定》（以下简称《补充规定》），增设了非法捕杀珍贵、濒危野生动物罪。与 1979 年《刑法典》第一百三十条相对应的是《野生动物保护法》第三十二条的规定，"违反本规定，在禁猎区、禁猎期使用禁猎工具、方法猎捕野生动物的，由野生动物行政主管部门没收猎获物、猎捕工具和违法所得，处以罚款；情节严重、构成犯罪的，依照刑法第一百三十条的规定追究刑事责任。"

《中华人民共和国陆生野生动物保护实施条例》第三十四条亦作出同样的规定。《补充规定》虽然没有直接修改刑法典原有的规定，但已将国家重点保护的珍贵、濒危野生动物从非法狩猎罪的对象中分离出来，使非法狩猎罪的对象范围较原有内容略有缩减，从而突出了国家对珍贵、濒危野生动物予以特殊保护的意图。1997 年刑法典在 1979 年《刑法》的基底之上加以修订，于第三百四十一条第二款保留了非法狩猎罪这一罪名，并将其与非法猎捕、杀害珍贵、濒危野生动物罪和非法收购、运输、出售珍贵、濒危野生动物，珍贵、濒危野生动物制品罪同列于一个法条之中，进一步将非法狩猎罪的犯罪对象明确界定为珍贵、濒危野生动物以外的其他陆生野生动物资源。同时刑法典对非法狩猎罪的法定刑作了调整：一是于客观行为描述中删除了原有的"破坏珍禽、珍兽"内容。其目的在于理清本罪与其他破坏动物资源犯罪之间的区别与联系，明确界定本罪的犯罪对象仅为珍贵、濒危野生动物以外的其他陆生野生动物。二是法定刑的调整。将原法定最高有期徒刑由 2 年提高到 3 年，并增加了管制刑。三是增列单位为犯罪主体。单位犯本罪的，按《刑法》第三百四十六条的规定处罚。

非法狩猎罪侵犯的法益是国家保护野生动物资源的管理制度。野生动物在生态环境中有着重要的且不可替代的作用。只有生物物种多样化，才能保持生态的平衡，才能使人类自身拥有一个良好的生存环境，一旦打破这个平衡，滥捕滥杀野生动物，将使生态环境遭到巨大的破坏。野生动物是国家的宝贵资源，保护、发展和合理利用野生动物资源，对于维护自然生态平衡、发展经济、拯救濒危物种、开展科学研究、改善和丰富人民物质文化生活都有重要意义。2023 年新修订的《野生动物保护法》第三条规定，野生动物资源属于国家所有。国家保障依法从事野生动物科学研究、人工繁育等保护及相关活动的组织和个人的合法权益。第四条规定，国家对野生动物实行保护优先、规范利用、严格监管的原则，鼓励开展野生动物科学研究，培育公民保护野生动物的意识，促进人与自然和谐发展。第六条规定，任何组织和个人都有保护野生动物及其栖息地的义务。禁止违法猎捕野生动物、破坏野生动物栖息地。

第一节 非法狩猎罪的犯罪构成

一、客观要件

非法狩猎罪的行为是违反狩猎法规，在禁猎区、禁猎期或者使用禁止的工具、方法进行狩猎，破坏野生动物资源。①禁猎区，是指国家规定不准狩猎的适宜野生动物栖息繁殖的一定区域，以及需要保护自然环境的地区，包括名胜古迹、风景旅游区等。《野生动物保护法》第十二条规定，国务院野生动物保护主管部门应当会同国务院有关部门，根据野生动物及其栖息地状况的调查、监测和评估结果，确定并发布野生动物重要栖息地名录。省级以上人民政府依法划定相关自然保护区域，保护野生动物及其重要栖息地，保护、恢复和改善野生动物生存环境。对不具备划定相关自然保护区域条件的，县级以上人民政府可以采取划定禁猎（渔）区、规定禁猎（渔）期等其他形式予以保护。其中所规定的禁猎区，具体包括一、二、三类保护动物的主要栖息、繁衍地区，如《国家级自然保护区名录》所列自然保护区、风景区，等等。在此区域内，任何人任何时候都不得进行狩猎。②禁猎期，是指根据野生动物的繁殖、肉食、皮毛成熟的季节，分别规定禁止猎捕的期限。规定禁猎期的目的在于保证野生动物能够拥有良好的繁衍环境，使其正常发展，保持并增加种群数量，供人们永续利用。禁猎期由县级以上人民政府或其野生动物行政主管部门按照自然规律规定。③禁用的工具，是指足以破坏野生动物资源、危害人畜安全或者破坏森林、草原的工具。《野生动物保护法》第二十四条明确规定，禁止使用毒药、爆炸物、电击或者电子诱捕装置以及猎套、猎夹、地枪、排铳等工具进行猎捕，禁止使用夜间照明行猎、歼灭性围猎、捣毁巢穴、火攻、烟熏、网捕等方法进行猎捕，但因科学研究确需网捕、电子诱捕的除外。《陆生野生动物保护实施条例》第十八条规定："禁止使用军用武器、气枪、毒药、炸药、地枪、排铳、非人为直接操作并危害人畜安全的狩猎装置……以及县级以上各级人民政府或者其野生动物行政主管部门规定禁止使用的其他狩猎工具狩猎。"禁用工具还包括地弓、大铁夹、大挑杆子，等等。行为人使用上述工具狩猎的，即属于非法狩猎行为。④禁用的方法，是指禁止使用的损害野生动物资源正常繁殖、生长的方法。《陆生野生动物保护实施条例》第十八条作了明确规定，如投毒、爆炸、火攻、烟熏、掏窝、拣蛋、夜间照明行猎、歼灭性围攻以及县级以上各级人民政府或者其野生动物行政主管部门规定禁止使用的其他狩猎方法等。行为人使用这些方法狩猎动物的，应以非法狩猎行为论。

非法狩猎罪的对象是除珍贵、濒危的陆生野生动物和水生野生动物以外，有益的或者有重要经济、科学研究价值的陆生野生动物。行为人非法狩猎的对象如果涉及属于国家重点保护的珍贵、濒危野生动物，应按非法猎捕、杀害珍贵、濒危野生动物罪论处。可见，本罪的对象仅指一般陆生动物，即未列入《国家重点保护野生动物名录》的其他所有陆生野生动物。

二、主体要件

本罪主体是一般主体，既可以是自然人，也可以是单位。凡年满 16 周岁、具备刑事责任能力的人均可成为本罪的主体。

三、主观要件

非法狩猎罪的罪过形式是故意。这里的故意，是指明知是非法狩猎的行为而有意实施的主观心理状态。即明知是在禁猎区、禁猎期或者使用禁止的工具、方法进行狩猎而故意为之。至于是为了营利或者其他目的，均不影响本罪的成立。过失不能构成本罪。

第二节　司法适用中需要注意的问题

一、关于本罪与相关犯罪的区别

（一）本罪与非法猎捕、杀害珍贵、濒危野生动物罪的区别

两罪的区别主要表现在客观构成要件方面。

1. 行为内容不同

非法狩猎罪主要表现为在禁猎区、禁猎期或使用禁用工具、方法实施的狩猎行为，且情节严重的才构成犯罪；而非法猎捕、杀害珍贵、濒危野生动物罪则表现为非法猎捕、杀害珍贵、濒危野生动物的行为，行为人只要客观上对国家重点保护的珍贵、濒危野生动物实施了非法捕杀行为，即可构成犯罪，不受任何"禁止性"条件和情节是否严重的限制。

2. 犯罪对象不同

非法狩猎罪的犯罪对象主要是指珍贵、濒危野生动物以外的一般陆生野物；而非法猎捕，杀害珍贵、濒危野生动物罪的犯罪对象为《国家重点保护野生动物名录》的珍贵、濒危野生动物，既包括陆生的野生动物，也包括水生的野生动物。

（二）本罪与非法捕捞水产品罪的区别

1. 侵犯的法益不同

非法狩猎罪所侵犯的法益为国家保护野生动物资源的管理制度；而非法捕捞

水产品罪所侵犯的法益为国家保护水产资源的管理制度。

2. 客观构成要件不同

第一，犯罪对象不同。非法狩猎罪的对象是除国家重点保护的珍贵、濒危野生动物资源、水生野生动物资源以外的陆生野生动物资源；而非法捕捞水产品罪的犯罪对象则为除国家重点保护的珍贵、濒危陆生和水生野生动物资源以外的其他水产品资源，这些水产品资源不仅包括水生野生动物，还包括海藻类、淡水食用水生植物类等水产品。第二，行为内容不同。非法狩猎罪在违反"四个禁止性规定"的前提下，突出了与危害陆生动物相关的"狩猎"行为；而非法捕捞水产品罪则在"四个禁止性规定"的前提下，强调危及水产资源的"捕捞"行为。故两者所违反的"四个禁止性规定"实为形式相同而内容各异的限制性规定。

（三）本罪与盗窃罪的区别

1. 侵犯的法益不同

本罪侵害的客体为国家保护野生动物资源的管理制度，属于破坏环境资源保护的犯罪；而盗窃罪所侵害的客体却是公私财物的所有权，属于侵犯财产的犯罪。

2. 客观构成要件不同

第一，行为方式不同，本罪在客观上表现为违反国家野生动物资源保护法规，在禁猎区、禁猎期或采用禁用工具、方法进行非法狩猎的行为；而盗窃罪表现为以秘密方法非法占有公私财物的行为。因而实践中，行为人以非法占有为目的，偷捕某一特定区域中人工驯养的野生动物，是一种侵犯财产的行为，如果数量较大，或多次实施该行为，或有其他严重情节的，应以盗窃罪论处。第二，行为主体不同。本罪的主体既包括自然人也包括单位；而盗窃罪的主体仅为一般主体，不包括单位。第三，行为对象不同。本罪的对象是除国家重点保护的珍贵、濒危野生动物资源、水生野生动物资源以外的陆生野生动物资源；而盗窃罪的对象范围则非常广泛，包括所有的公私财物。

二、关于非法狩猎罪既遂形态的认定

根据 2022 年 4 月 9 日施行的最高人民法院、最高人民检察院《关于办理破坏野生动物资源刑事案件适用法律若干问题的解释》（法释〔2022〕12 号）第四条规定，违反狩猎法规，在禁猎区、禁猎期或者使用禁用的工具、方法进行狩猎，破坏野生动物资源，具有下列情形之一的，应当认定为《刑法》第三百四十一条第二款规定的"情节严重"，以非法狩猎罪定罪处罚：（一）非法猎捕野生动物价值一万元以上的；（二）在禁猎区使用禁用的工具或者方法狩猎的；（三）在禁猎期使用禁用的工具或者方法狩猎的；（四）其他情节严重的情形。从中可以得知，非法狩猎罪的既遂形态包括两种情形，一是结果犯，即在禁猎区、禁猎期或者使用禁用的工具、方法狩猎的，无论违反其中的任何一项规定还是同时违反几项规定，只要行为人非法狩猎野生动物价值在一万元以上的，构成非法狩猎罪。二是行为犯。即只要违反狩猎法规，在禁猎区或者禁猎期使用禁用的工具、方法狩猎的，就构成非法狩猎罪。

三、关于违法性认识的认定

实践中，由于一些非专业人员对野生动物领域了解不多，因而通常对何种动物为"三有动物"的认识不够，在这种情况下实施了非法狩猎行为的，一般不以本罪论处；如果行为人实施了非法猎捕、杀害自己认为不是"三有动物"的，而事实上确实是"三有动物"，亦不宜以本罪论处。

如果行为人产生了违法性认识错误，但是本来是有可能认识到自己的行为是违法的，却由于过失而没有认识到，也即这种错误本来是可以避免的，有避免发生的可能性。这种情况下，违法性认识错误不影响对其定罪，仍成立犯罪。如果没有认识到自己行为的违法性，并且根本无法认识到自己的行为是违法的，即不具有违法性认识的可能性，也即这种错误是难以避免的，不具有避免发生的可能性，则做无罪处理，不承担刑事责任。

在具体案件中，有没有事实认识错误或者违法性认识错误不是凭行为人所说，而是基于正常人、社会普通人一般的常识去判断行为人是否知道或者应当知道。实际上，在破坏野生动物资源犯罪中，由于行为人个人经历、教育背景、知识储备、从事职业等因素，他们对于专业知识的了解，往往优于执法人员。

在对是否明知进行认定时，应当结合案件具体情况，以行为人实施的客观行为为基础，结合其一贯表现、具体行为、程序、手段、事后态度以及年龄、认知和受教育程度、所从事的职业等综合判断，行为人是想逃避法律制裁还是真的存在事实认识错误或者违法性认识错误。

四、关于案件线索发现问题

（一）猎捕环节发现

猎捕、杀害野生动物是所有涉野生动物类案件中野生动物来源的主要源头，发生地点主要集中在山林、天然水域、田间地头等自然环境中。行为人类型主要以周边生活的人群、饲养场所人员、狩猎爱好者为重点。在猎捕方式上主要以安装猎夹、猎套（钢丝、尼龙绳）、陷阱、猎犬围猎、高压电网、粘网、火药枪、猎枪、气枪、弩、电子诱捕、强光照射、投放毒饵以及水域捕捞工具等进行猎捕、杀害。公安机关应当加强与野生动物保护主管部门、基层政权组织、生态护林护渔队伍、治安防控积极分子、野生动物保护组织志愿者的协同协作，加强林区日常与重点时段的巡护，强化林区五金（加工）、渔具、农药、养殖场所的日常监督管理，收集掌握猎捕工具的销售、加工情况，开展猎捕许可的专项监督检查，及时发现非法猎捕野生动物的案件线索。

（二）交易环节发现

非法狩猎罪中的交易主要是收购野生动物的行为，从渠道上又可分为传统的线下交易和新型的线上网络交易。线下交易的场所一般以猎捕后在市场向不特定群众或市场外特定指定的单位和个人出售餐饮企业、肉类加工场所、冷冻企业场所、繁育养殖、宠物驯养、中医药从业等人员收购或出售，这类交易环节的线索发现仍主要依靠的群众举报、市场（经营场所）监管检查、巡逻发现、银行金融机构资金异常监管、构建特情耳目等传统手段予以发现。同时，应加强对非法猎捕、非法狩猎犯罪嫌疑人员的审讯力度，交叉比对涉案人员通信信息，查找相关可疑线索。

（三）运输环节发现

一是公安主动发现，加强交警、治安检查站点、缉查点、边防检查站等固定、流动的站在盘查检查和执法人员辨识野生动物的基本知识培训，对野生动物流通的主要交道要道、航运通道等的客运车辆、物流车辆、冷链运输、船舶、航空器、农村客运、私家车携带等主动发现。二是邮政寄递、物流运输、客车运输等行业发现，加强从业教育培训，提升辨识、防范能力，加大处罚力度，建立健全行业管理与公安防控联动机制。

（四）加工利用环节发现

主要表现在动物宰杀、肉类食品加工、皮毛服装制作、工艺收藏制作、制药、科研、教学标本等方面，公安机关要与行业协会、主管部门等建立联席会议制度，行业主管部门要健全企业申报与处罚机制，构建行业经营利用野生动物许可的数据共享机制。

第三节　犯罪构成要件证据指引

一、主体要件证据

1. 自然人单独犯罪

证明犯罪嫌疑人刑事责任年龄、身份等自然情况的证据，包括身份证明、户籍证明、任职证明、工作经历证明、特定职责证明等。

主要是证明行为人的姓名（曾用名）、性别、出生年月日、民族、籍贯、出生地，如果行为与网络有联系，需要证明网名。

2. 共同犯罪

在共同犯罪案件中，通常是二人以上共同进行，除需要证明各行为人的自然情况外，还需要证明：

一是共同犯罪的成立要件。根据《刑法》第二十五条的规定，共同犯罪是指二人以上共同故意犯罪。理论上包括共同故意、共同行为、行为与结果在刑法上的因果关系三个方面。有的事前或者临时起意勾结到一起，有的建立较为固定的犯罪组织，有的雇用工人实行，有的与动物保护人员相勾结。其常见的情形有：

（1）提供猎捕、杀害、加工利用、运输、存储工具、场所或者其他禁用工具、方法的；

（2）传授危害方法的；

（3）为猎捕、杀害等行为提供帮助的，如开车、站岗放哨、通风报信等；

（4）协助转移、存储、藏匿犯罪工具、犯罪收益的；

（5）教唆他人实施猎捕、杀害野生动物行为的；

（6）提供其他重要帮助的情形的，认定团伙犯罪、共同犯罪。

二是各共同犯罪行为人地位。《刑法》第二十六条至第二十八条规定了主犯、从犯、胁从犯的量刑原则，刑法理论对共同犯罪分为实行犯和帮助犯，实行犯和帮助犯的犯罪人地位，应按其在共同犯罪中所起的作用处罚，如果在共同犯罪中仅仅提供犯罪工具、指示犯罪目标、查看犯罪地点、排除犯罪障碍以及事前通谋答应事后隐匿罪犯、消灭罪迹、窝藏赃物来帮助实施犯罪等情况辅助作用，就以从犯论处；如果被胁迫实施帮助行为，并在共同犯罪中起较小作用，则应以胁从犯论处。

因受动物的侵袭实行紧急避险的，不构成犯罪。

3. 单位犯罪

《刑法》第三十条规定："公司、企业、事业单位、机关、团体实施的危害社会的行为，法律规定为单位犯罪的，应当负刑事责任。"

最高人民法院《关于审理单位犯罪案件具体应用法律有关问题的解释》法释〔1999〕14 号规定，为依法惩治单位犯罪活动，根据刑法的有关规定，现对审理单位犯罪案件具体应用法律的有关问题解释如下：

第一条 刑法第三十条规定的"公司、企业、事业单位"，既包括国有、集体所有的公司、企业、事业单位，也包括依法设立的合资经营、合作经营企业和具有法人资格的独资、私营等公司、企业、事业单位。

第二条 个人为进行违法犯罪活动而设立的公司、企业、事业单位实施犯罪的，或者公司、企业、事业单位设立后，以实施犯罪为主要活动的，不以单位犯罪论处。

第三条 盗用单位名义实施犯罪，违法所得由实施犯罪的个人私分的，依照刑法有关自然人犯罪的规定定罪处罚。

值得注意的是，根据《民法典》第一百零二条的规定，非法人组织不具有法人资格，但是能够依法以自己的名义从事民事活动。非法人组织包括个人独资企业、合伙企业、不具有法人资格的专业服务机构等。由于个人独资企业、个人合伙企业、不具有法人资格的专业服务机构等不属于《关于审理单位犯罪案件具体应用法律有关问题的解释》所指的"具有法人资格的独资、私营等公司、企业、事业单位"，不能成为单位犯罪的主体。

我国《刑法》对单位犯罪处罚采取双罚制，即对单位判处罚金，同时对单位直接负责的主管人员和其他直接责任人员判处刑罚。

认定非法狩猎罪单位犯罪主要需要收集以下几方面的证据材料：

（1）单位主体资格。例如，企业注册信息、工商登记信息、会计资料信息、工资发放证明、员工雇用合同等。

（2）单位行为。以单位名义实施，为单位谋取利益，违法所得由单位本身所有，或者将非法所得分配给单位全体成员享有。如货物进出台账、资金账户往来凭证、合同协议文本、发放领取清单等。

（3）单位意志。不同于一般共同犯罪，单位犯罪中，犯罪活动是以单位的名义实施的，单位按决策程序集体决定或负责人决定，即个人意志要通过单位的意志表现出来，因此单位犯罪的犯意只能产生于犯罪行为实施以前，而行为人在主观上表现为直接故意，因而具有会议纪要、实施计划、代表单位的指示命令等。

（4）单位的组织架构、人员层级等基本情况，以及相关责任人员在单位所处层级及任职情况，法定代表人、相关责任人在单位的任职、职责分工、负责权限的证明材料等。

二、主观要件证据

（一）主观故意的含义

本罪在主观方面表现为故意。即行为人明知在禁猎区、禁猎期或者使用禁止的工具、方法进行狩猎而故意为之、仍然为之，就可以构成该罪。

（二）主观故意的证据

证明犯罪嫌疑人明知自己的行为会发生危害社会结果的证据；证明犯罪嫌疑人希望危害结果发生的证据；犯罪嫌疑人作案的动机目的。

（1）证明行为人事先预谋、顿起犯意的证据；

（2）证明行为人生活环境、职业经历、生活阅历的证据；

（3）证明野生动物保护主管部门、相关组织机构宣传保护的证据；

（4）证明行为人未取得特许猎捕证或未按特许猎捕证、批准文件、专用标识等规定实施危害的证据；

（5）证明行为人因猎捕、杀害野生动物受过处罚的证据；

（6）行为人抗拒抓捕、毁灭罪证的证据；

（7）证明行为人希望或放任危害结果发生的证据。

三、客体要件证据

本罪的客体是国家保护野生动物资源的管理制度，但犯罪对象是列入国家保护的"三有"野生动物名录的野生动物和地方重点保护野生动物。如果以国家重点保护野生动物为行为目的对象的，应当认定为"危害珍贵、濒危野生动物罪"。

1989 年施行，2004 年、2009 年先后修订的《野生动物保护法》，将野生动物定义为"珍贵、濒危的陆生、水生野生动物和有益的或者有重要经济、科学研究价值的陆生野生动物"；2016 年再次修订时，将野生动物范围调整为"珍贵、濒危的陆生、水生野生动物和有重要生态、科学、社会价值的陆生野生动物"。实践中，对于野生动物的判定，主要依据野生动物保护法关于野生动物的定义和《国家重点保护野生动物名录》及《国家保护的有益的或者有重要经济、科学研究价值的陆生野生动物名录》等国家有关部门出台的规定。

四、客观要件证据

本罪在客观方面表现为违反狩猎法规，在禁猎区、禁猎期或者使用禁用的工具、方法进行狩猎，破坏野生动物资源，情节严重的行为。

所谓禁猎区，是指国家对适宜野生动物栖息繁殖或者野生动物资源贫乏和破坏比较严重的地区，为保护野生动物而划定的禁止狩猎区域。

所谓禁猎期，是指按法定程序规定，禁止进行狩猎活动的一定时间期限。禁猎期一般是根据不同野生动物的繁殖及生长期而分别划定的禁止狩猎的期间。

所谓禁用的工具，是指足以破坏野生动物资源，危害人畜安全以及破坏森林的工具。

所谓禁用的方法，是指足以破坏、妨害野生动物正常繁殖和生长的方法。

根据本条的规定，存在上述任何一种形式或数种形式非法狩猎的行为，且情节严重的，即可构成本罪。

客观要件证据主要包括：

（1）实施猎捕野生动物的时间、地点。

（2）"作案时间"要查明进行非法狩猎活动的时间，应当收集的基本证据包括但不限于：

①嫌疑人关于进行非法狩猎活动时间的供述；

②证人关于进行非法狩猎活动时间的陈述；

③体现非法狩猎时间的相关道路监控、手机微信记录等证据；

④法定机关公布"禁猎期"的法规、规范性文件等书证。

（3）"作案地点"要查明非法狩猎活动进行的地点，应当收集的基本证据包括但不限于：

①嫌疑人关于进行非法狩猎活动地点的供述；

②证人关于进行非法狩猎活动地点的陈述；

③现场指认、勘验等笔录中记录的地理位置信息；

④体现非法狩猎地点的是否为禁猎区的相关书证。

（4）猎捕野生动物的方式、作案工具（包括交通工具）及来源，法定机关公布"禁止使用的方法或者工具"的法规、规范性文件等书证。

（5）预谋及作案过程、手段、归案经过。

（6）猎捕的野生动物的种类、特征、价值、数量。

（7）猎捕野生动物的去向：自用、出售或者其他，出售价格及获利、分赃情况。

（8）运输方式：何种运输方式、承运人基本情况、运输工具（车型、牌号等）情况、运费。

（9）许可情况：是否申请办理狩猎证，狩猎证规定的种类、数量、地点、工具、方法和期限等情况。

（10）狩猎监督管理：主管部门对狩猎活动的监督和管理情况。

（11）同类违法犯罪经历：作案次数、历次作案时间、地点、经过与结果。

第九章

非法猎捕、收购、运输、出售陆生野生动物罪

　　《刑法》第三百四十一条第三款系《刑法修正案（十一）》第四十一条新增条款。对于本款，起初考虑不单独确定罪名，主要理由是：根据"依照前款的规定处罚"的规定，本款规定的行为属于广义的非法狩猎，可以适用《刑法》第三百四十一条第二款的非法狩猎罪。后经研究认为，该意见欠妥：一是新增条款的内容与非法狩猎罪有本质不同，不宜适用非法狩猎罪的罪名。二是本款的立法目的不是为了保护野生动物本身，而是为防止引发公共卫生方面的危险，这与前两款规定的立法目的有所不同，故有必要单独确定罪名。三是本款规定的构成要件与第二款的非法狩猎罪并不相同，除非法"猎捕"之外，还包括非法"收购、运输、出售"的行为类型，后三类行为难以为"狩猎"的概念所涵括。故而，如不单独确定罪名而适用非法狩猎罪，可能导致对非法"收购、运输、出售"作不当限缩理解，即限于对非法猎捕具有共同犯意的收购、运输、出售行为，才能适用第三款的规定。四是本款条文的罚则是"依照前款的规定处罚"，并不是"依照前款的规定定罪处罚"或者"以前款规定论处"，而且，本款的行为对象是《刑法》第三百四十一条第一款规定的"珍贵、濒危野生动物"以外的陆生野生动物。单独确定罪名后，能有效界定两者的调整对象的不同，便于一般人的理解，起到刑法罪名应有的一般预防或警示作用。

　　关于本款的具体罪名确定，有"危害陆生野生动物罪""非法猎捕、收购、运输、出售陆生野生动物罪"两种意见，《罪名补充规定（七）》确定为"非法猎捕、收购、运输、出售陆生野生动物罪"。主要考虑：①从立法精神看，增设本款不只是为了保护野生动物，更是为了防止滥食引发的公共卫生风险。故而，"危害陆生野生动物罪"未能准确反映立法意旨。②"非法猎捕、收购、运输、出售陆生野生动物罪"可以充分体现选择性罪名的特征，也贯彻了确定罪名时应遵循的罪责刑相适应原则。

第一节　非法猎捕、收购、运输、出售陆生野生动物罪的犯罪构成

非法猎捕、收购、运输、出售陆生野生动物罪是指违反野生动物保护管理法规，以食用为目的非法猎捕、收购、运输、出售在野外环境自然生长繁殖的陆生野生动物，情节严重的行为。

非法猎捕、收购、运输、出售陆生野生动物罪是《刑法修正案（十一）》新规定的一类犯罪，结合全国人大常委会法制工作委员会副主任李宁在第十三届全国人民代表大会常务委员会第二十次会议上关于《中华人民共和国刑法修正案（十一）（草案）》的说明，对办理这一犯罪案件需要把握的重点问题解析如下。

一、关于"违反野生动物保护管理法规"

违反野生动物保护管理法规是指违反关于野生动物保护管理的法律、行政法规。

二、关于"以食用为目的"

本罪成立的前提是出于食用的目的而实施的非法猎捕、收购、运输、出售陆生野生动物，在具体案件办理过程中必须全面收集能够证明"以食用为目的"的证据。

三、关于"非法猎捕、收购、运输、出售"

非法猎捕，是指未持有狩猎证猎捕、杀害野生动物行为，或者超出狩猎证规定的时间、地点、品种、数量和猎捕方式猎捕、杀害野生动物行为。

非法收购、出售，是指违反法律、行政法规和地方性法规等野生动物保护管理法规，实施的买卖野生动物及其制品行为。

非法运输，是指运输、携带、寄递非法狩猎的或者其他无合法来源证明的野生动物及其制品的行为。

四、关于本罪的犯罪对象

本罪的犯罪对象为国家重点保护的珍贵、濒危野生动物以外的在野外环境自然生长繁殖的陆生野生动物，包括：

（1）列入"三有"保护野生动物名录并在野外环境自然生长繁殖的陆生野

生动物（"三有"名录中晋级为国家重点保护野生动物和划归农业农村部门主管的水生野生动物除外）。

（2）列入相关省、自治区、直辖市地方重点保护野生动物名录并在野外环境自然生长繁殖的陆生野生动物（地方重点保护名录中晋级为国家重点保护野生动物和划归农业农村部门主管的水生野生动物除外）。

（3）以食用为目的猎捕、收购、运输、出售行为，可能会带来重大公共卫生安全风险的其他陆生野生动物。

五、关于"野外环境自然生长繁殖"

野外环境自然生长繁殖，是指在大自然的环境下生长且没有被人工驯化、繁殖。人工繁育后放归自然恢复了在自然环境下的生存能力，并开始繁育后代的野生动物也应当视为野外环境自然生长繁殖。

六、关于"情节严重"

本罪"情节严重"的认定标准目前尚未明确，我们期待尽快出台相关司法解释予以明确。理论上讲，应考虑以下几个方面：非法收购、运输、出售有重要生态、科学、社会价值的陆生野生动物和地方重点保护陆生野生动物价值；非法猎捕、收购、运输、出售其他陆生野生动物价值；引起传染病传播或者有传播严重危险的（考虑禁食野生动物的目的主要在于防范重大公共卫生风险、避免传染病传播）；其他情节严重的情形。

七、关于犯罪主体

本罪主体是一般主体，既可以是自然人，也可以单位。凡年满 16 周岁、具备刑事责任能力的人均可成为本罪的主体。

第二节　司法适用中需要注意的问题

一、本罪与非法狩猎罪的区别

非法狩猎行为也可以解释为"猎捕"行为，因此，行为人违反狩猎法规，在禁猎区、禁猎期或者使用禁用的工具、方法捕猎在野外环境自然生长繁殖的陆生野生动物，可能同时构成非法猎捕陆生野生动物罪和非法狩猎罪。若行为人非法猎捕陆生野生动物的行为同时构成非法猎捕陆生野生动物罪和非法狩猎罪，基于特别法优于一般法的处理原则，应按照非法猎捕陆生野生动物罪定罪处罚。两罪的区别如下：

（1）在行为方式上：非法狩猎罪要求行为人违反狩猎法规，在禁猎区、禁猎期或者使用禁用的工具、方法进行狩猎，而非法猎捕陆生野生动物罪则没有相应的限制。

（2）在行为对象上：非法狩猎罪中行为人狩猎的对象包括一切野生动物，既包括陆生野生动物，也包括水生野生动物；而非法猎捕陆生野生动物罪的对象仅针对除珍贵、濒危野生动物之外的陆生野生动物。

（3）在主观目的上：非法狩猎罪中行为人不要求有特定的目的，不论是基于出售、食用还是观赏，均不影响非法狩猎罪的认定；而非法猎捕陆生野生动物罪中行为人必须在主观上具有食用的目的。

二、本罪与危害珍贵、濒危野生动物罪的区别

《刑法》第三百四十一条第一款规定了危害珍贵、濒危野生动物罪，此罪的行为对象是"国家重点保护的珍贵、濒危野生动物"。而第三款的规定所指向的行为对象是"第一款规定以外的在野外环境自然生长繁殖的陆生野生动物"。因此，第三百四十一条第一款和第三款是排斥关系。也就是说，构成第一款之罪就不会再构成第三款之罪，反之亦然。

根据《野生动物保护法》第三十条的规定，以食用为目的，非法猎捕、收购、运输、出售国家重点保护的野生动物的行为当然在禁止之列。但这个行为，不能认定为是"非法猎捕、收购、运输、出售陆生野生动物罪"。根据2014年全国人民代表大会常务委员会通过的《关于〈中华人民共和国刑法〉第三百四十一条、第三百一十二条的解释》规定："知道或者应当知道是国家重点保护的珍贵、濒危野生动物及其制品，为食用或者其他目的而非法购买的，属于《刑法》第三百四十一条第一款规定的非法收购国家重点保护的珍贵、濒危野生动物及其制品的行为。"二罪名之间不可能存在竞合关系。

三、本罪与相关犯罪的关系

本罪极易和其他犯罪发生牵连、竞合关系，因此实践中需要仔细地进行区分。例如，使用爆炸、投毒、设置电网等危险方法猎捕陆生野生动物，有可能同时构成《刑法》分则第二章规定的"危害公共安全罪"，此时应当依照处罚较重的规定定罪处罚；走私第三款规定的陆生野生动物的，有可能同时构成第一百五十三条的"走私普通货物、物品罪"，还有可能构成第三百二十二条的"偷越国

（边）境罪"，此时应当依照处罚较重的规定定罪处罚；实施本款规定的犯罪，又以暴力、威胁方法抗拒查处，构成其他犯罪的，应当依照数罪并罚的规定处罚等。

此外，对于以食用为目的，非法收购、出售"三有动物"和地方重点保护陆生野生动物的行为，可能同时符合掩饰、隐瞒犯罪所得罪的构成，此种情形下应当如何处断，涉及对《刑法》第三百四十一条第三款与《刑法》第三百一十二条之间的关系问题。经研究认为，二者之间系特别法与一般法的关系，应当适用特别法。

第十章

非法占用农用地罪

　　非法占用农用罪侵犯的法益是国家的土地管理制度和生态安全。我国《宪法》第十条规定，城市的土地属于国家所有。农村和城市郊区的土地，除由法律规定属于国家所有的以外，属于集体所有；宅基地和自留地、自留山，也属于集体所有。

　　国家为了公共利益的需要，可以依照法律规定对土地实行征收或者征用并给予补偿。任何组织或者个人不得侵占、买卖或者以其他形式非法转让土地。土地的使用权可以依照法律的规定转让。一切使用土地的组织和个人必须合理地利用土地。

　　《土地管理法》第七十四条、第七十五条、第七十七条、第七十九条、第八十条等明确规定，买卖或者以其他形式非法转让土地的，未经批准或者采取欺骗手段骗取批准，非法占用土地的，无权批准征收、使用土地的单位或者个人非法批准占用土地的等情形，构成犯罪的，依法追究刑事责任。

　　《草原法》第六十二条至第六十五条明确规定，无权批准征收、征用、使用草原的单位或者个人非法批准征收、征用、使用草原的，超越批准权限非法批准征收、征用、使用草原的，或者违反法律规定的程序批准征收、征用、使用草原的；买卖或者以其他形式非法转让草原的；未经批准或者采取欺骗手段骗取批准，非法使用草原的；非法开垦草原等情形，构成犯罪的，依法追究刑事责任。

　　《森林法》第七十四条规定，违反本法规定，进行开垦、采石、采砂、采土或者其他活动，造成林木毁坏的，由县级以上人民政府林业主管部门责令停止违法行为，限期在原地或者异地补种毁坏株数一倍以上三倍以下的树木，可以处毁坏林木价值五倍以下的罚款；造成林地毁坏的，由县级以上人民政府林业主管部门责令停止违法行为，限期恢复植被和林业生产条件，可以处恢复植被和林业生产条件所需费用三倍以下的罚款。"违反本法规定，进行开垦、采石、采砂、采土、采种、采脂和其他活动，致使森林、林木受到毁坏的，依法赔偿损失；由林业主管部门责令停止违法行为，补种毁坏株数一倍以上三倍以下的树木，可以处毁坏林木价值一倍以上五倍以下的罚款。"由于《宪法》《土地管理法》《草原法》和《森林法》及其相关的司法解释都明确规定了土地（含农用地在内）的所有权属于国家或集体，禁止任何单位或个人非法占用农用地。但是，任何单位或个人可在不违反有关农用地保护管理制度和通过正常的审批程序的前提下，依法占有农用地，享受对农用地的使用权，并接受国家的统一管理和监督。违反《土地管理法》《森林法》《草原法》等法律的规定，非法占用耕地、林地等农用地的行为，必然侵犯国家对耕地、林地等农用地的管理制度。

非法占用农用地罪的侵犯的法益还包括生态安全，有观点认为，因为农用地对社会的主要利益为生态利益，是公共利益。农用地是土地的重要类型，对农用地价值的分析须以土地的基本理论为基础。1976年联合国粮农组织在其制定的《土地评价纲要》中，将土地定义为"土地是由影响土地利用潜力的自然环境总称，包括气候、地形、土壤、水温和植被等。它还包括人类过去和现在活动的结果，例如围湖造田，清除植被，以及反面的结果，如土壤盐渍化。"1994年《荒漠化公约》规定："土地是指具有陆地生物生产力的系统，由土壤、植被、其他生物区系和在该系统中发挥作用的生态及水文过程组成。"可见，土地的公认含义中，土地是生态系统，具有巨大的生态价值。作为土地的重要类型，农用地的首要特征在于其是一种生态系统，具有巨大的生态价值。农用地的生态承载力不可估量，除能防止水土流失、改善区域气候外，还能吸纳污染物，而农用地以发挥生态价值为主。从利益角度看，这种生态价值对于人类社会而言，是公共生态利益。目前，公共利益作为独立的利益类型，已经得到了肯定。因此，如果全面考虑农用地的价值，尤其是农用地的生态价值，那么，非法占用农用地罪不仅危害国家有关农用地的管理秩序，更危害到国家的粮食安全和生态安全。

第一节　非法占用农用地罪的犯罪构成

非法占用农用地罪，是指违反土地管理法规，非法占用耕地、林地等农用地，改变被占用土地用途，数量较大，造成耕地、林地等农用地大量毁坏的行为。

一、客观要件

非法占用农用地罪的行为是违反土地管理法规，非法占用耕地、林地等农用地，改变被占用土地用途。

具体表现为：

（1）违反农用地（林地）管理法规。

（2）非法占用农地，通常有三种形式，未经批准征、占用农用地，即未经国家土地管理机关批准，而擅自占用耕地、林地等农用地；超过批准的数量占用农用地，即少批多占等情形；采取不法手段获得批准占用耕地、林地等农用地，如通过欺骗的手段，或者通过盗用他人的名义等取得手续而占用耕地、林地等农用地。

（3）改变被占用农用地用途。根据 2005 年最高人民法院《关于审理破坏林地资源刑事案件具体应用法律若干问题的解释》的规定，改变林地用途主要表现为以下几种方式：一是在非法占用的林地上实施建窑、建坟、建房、挖沙、采石、采矿、取土等；二是在非法占用的林地上种植农作物；三是在非法占用的林地上堆放或排泄废弃物等行为；四是在非法占用的林地上进行其他非林业生产、建设。

非法占用农用地（林地）罪的犯罪对象是农用地。根据《土地管理法》第四条规定："国家编制土地利用总体规划，规定土地用途，将土地分为农用地、建设用地和未利用地。严格限制农用地转为建设用地，控制建设用地总量，对耕地实行特殊保护。前款所称农用地是指直接用于农业生产的土地，包括耕地、林地、草地、农田水利用地、养殖水面等；建设用地是指建造建筑物、构筑物的土地，包括城乡住宅和公共设施用地、工矿用地、交通水利设施用地、旅游用地、军事设施用地等；未利用地是指农用地和建设用地以外的土地。"

1997 年《刑法》将严重破坏耕地的行为规定为犯罪，罪名是非法占用耕地罪。进入 21 世纪，破坏耕地以外的土地的现象也十分严重，有必要用刑罚加以保护。为"惩治毁林开垦和乱占林地的犯罪，切实保护森林资源"，2001 年 8 月，全国人民代表大会常务委员会通过《刑法修正案》，认为《刑法》第二百二十八条、第三百四十二条、第四百一十一条规定的违反土地管理法规是指违反《土地管理法》《森林法》《草原法》等法律以及有关行政法规中关于土地管理的规定。这样，《刑法》第三百四十二条相应地被修改为"违反土地管理法规，非法占用耕地、林地等农用地，改变被占用土地用途，数量较大，造成耕地、林地等农用地大量毁坏的，处五年以下有期徒刑或者拘役，并处或者单处罚金。"《刑法》第三百四十二条规定的罪名相应改为非法占用农用地罪，具体包含的罪名为非法占用耕地罪、非法占用林地罪、非法占用草地罪。据此，破坏农用地的犯罪对象从最初的耕地，扩大到农用地，包括耕地、林地在内。

本罪要求数量较大，并且造成农用地（林地）大量毁坏。根据 2005 年最高人民法院《关于审理破坏林地资源刑事案件具体应用法律若干问题的解释》的规定，违反土地管理法规，非法占用耕地改作他用，数量较大，造成耕地大量毁坏的，依照《刑法》第三百四十二条的规定，以非法占用耕地罪定罪处罚：非法占用耕地"数量较大"，是指非法占用基本农田五亩以上或者非法占用基本农田以外的耕地十亩以上。非法占用耕地"造成耕地大量毁坏"，是指行为人非法占用耕地建窑、建坟、建房、挖沙、采石、采矿、取土、堆放固体废弃物或者进行其他非农业建设，造成基本农田五亩以上或者基本农田以外的耕地十亩以上种植条件严重毁坏或者严重污染。2005 年最高人民法院《关于审理破坏林地资源刑事案件具体应用法律若干问题的解释》的规定，造成林地的原有植被或林业种植条件严重毁坏或者严重污染，并具有下列情形之一的，属于《中华人民共和国刑法修正案（二）》规定的"数量较大，造成林地大量毁坏"：非法占用并毁坏防护林地、特种用途林地数量分别或者合计达到五亩以上；非法占用并毁坏其他林地数量达到十亩以上；非法占用并毁坏本条第（一）项、第（二）项规定的林地，数量分别达到相应规定的数量标准的百分之五十以上；非法占用并毁坏本条第（一）项、第（二）项规定的林地，其中一项数量达到相应规定的数量标准的百分之五十以上，且两项数量合计达到该项规定的数量标准。

2023 年 8 月 14 日，最高人民法院发布《关于审理破坏森林资源刑事案件适用法律若干问题的解释》（法释〔2023〕8 号）（以下简称《解释》）。该《解释》第一条规定，违反土地管理法规，非法占用林地，改变被占用林地用途，具有下列情形之一的，应当认定为刑法第三百四十二条规定的造成林地"毁坏"：（一）在林地上实施建窑、建坟、建房、修路、硬化等工程建设的；（二）在林地上实施采石、采砂、采土、采矿等活动的；（三）在林地上排放污染物、堆放废弃物或者进行非林业生产、建设，造成林地被严重污染或者原有植被、林业生产条件被严重破坏的。实施前款规定的行为，具有下列情形之一的，应当认定为《刑法》第三百四十二条规定的"数量较大，造成耕地、林地等农用地大量毁坏"：（一）非法占用并毁坏公益林地五亩以上的；（二）非法占用并毁坏商品林地十亩以上的；（三）非法占用并毁坏的公益林地、商品林地数量虽未分别达到第一项、第二项规定标准，但按相应比例折算合计达到有关标准的；（四）二年内曾因非法占用农用地受过二次以上行政处罚，又非法占用林地，数量达到第一项至第三项规定标准一半以上的。

二、主体要件

本罪主体是一般主体，既可以是自然人，也可以是单位。凡年满 16 周岁、具备刑事责任能力的人均可成为本罪的主体。

三、主观要件

非法占用农用地罪的罪过形式是故意，即明知是非法占用农用地的行为而有意实施的主观心理态度。包括直接故意和间接故意，即对非法占用耕地、林地等农用地行为将会引起的危害社会结果即土地资源等严重毁坏结果持希望或放任态度。过失不构成此罪。

第二节　司法适用中需要注意的问题

一、关于非法占用农用地罪的认定

（一）本罪与非法转让、倒卖土地使用权罪的区别

1. 侵犯的法益不同

本罪侵害的是国家对土地特别是农用地进行保护的管理制度；而非法转让、倒卖土地使用权罪侵害的则是国家对土地使用权合法转让的管理制度。

2. 客观构成要件不同

非法占用农用地罪是结果犯，表现为违反土地管理法规，非法侵占农用地，数量较大，造成大量农用地毁坏的行为。非法转让、倒卖土地使用权罪则是情节犯，表现为违反土地管理法规，实施了非法转让、倒卖土地使用权，情节严重的行为。其中非法转让土地使用权，是指以买卖以外的其他形式非法转移土地使用权的行为，也即未按国家法律规定程序办理征用或者划拨手续的行为，或者未按规定权限办理审批手续的土地转让的行为。倒卖土地使用权，包括毫不掩饰和明码标价地将土地卖给他人而收取价款和以某种形式掩盖其土地买卖的实质而将土地卖给他人的两种行为方式。

3. 刑罚方法不同

对二者的处罚虽都采取了判处有期徒刑和罚金的刑罚方法，但前者没有明确确定的罚金标准；而后者则采取的是倍比罚金制的方式以确定罚金的标准。

（二）本罪与非法批准征用、占用土地罪和非法低价出让国有土地使用权罪的区别

1. 侵害的法益不同

非法占用农用地罪侵犯的法益是对农用地的法律保护制度；而非法批准征

用、占用土地罪和非法低价出让国有土地使用权罪所侵害的法益均为国家机关工作人员职务行为的廉洁性和正当性。

2. 客观构成要件不同

第一，行为方式不同。非法占用农用地罪在客观上表现为违反土地管理法规，非法占用农用地改作他用，数量较大，造成农用地大量毁坏的行为，而非法批准征用、占用土地罪和非法低价出让国有土地使用权罪在客观上都表现为徇私舞弊，违反土地管理法规，滥用职权，通常表现为弄虚作假，欺上瞒下，掩盖事实真相，或违反《土地管理法》等有关土地管理法规中关于批准征用、占用土地以及出让土地使用权的规定，不正确地行使批准征用、占用土地或者出让国有土地使用权的职权。第二，行为主体不同。非法占用农用地罪的主体是一般主体，而非法批准征用、占用土地罪和非法低价出让国有土地使用权罪的主体是特殊主体，即国家机关工作人员。

（三）本罪与污染环境罪的区别

非法占用农用地罪是指"违反土地管理法规，非法占用耕地、林地等农用地，改变被占用土地用途，数量较大，造成耕地、林地等农用地大量毁坏的行为"；污染环境罪是指"违反国家规定，排放、倾倒或者处置有放射性的废物、含传染病病原体的废物、有毒物质或者其他有害物质，严重污染环境的行为"。无论是依据土地复垦技术术语，还是从环境土壤学的角度分析，非法占用农用地罪应当侧重于对土地的物理学性质的破坏而影响土壤功能和有效利用。"严重污染"是环境污染罪的犯罪构成条件描述，而不是"破坏自然保护地罪""非法占用农用地罪"的构成要件描述。如果某一行为同时引起土壤化学、物理、生物等方面特性的改变，造成土地严重污染，那么它应当评价为污染环境的行为。

《耕地和林地破坏司法鉴定技术规范》（SF/T 0074-2020）认为，在耕地或林地上堆放建筑垃圾、医疗废物和工业污秽等固体废弃物，排放有害废水、污水及粉（烟）尘及其他污染物的，污染物含量高于风险管制值的，可判断土地种植条件遭严重毁坏；污染物含量介于筛选值和管制值之间的需要进行风险评价，根据风险评价结果判断土地种植条件是否遭严重毁坏。

非法占用农用地罪三个司法解释分别制定于 2000 年 6 月、2005 年 12 月、2012 年 10 月。之所以将"土地污染"作为其刑事立案标准因子，是因为按照当时的刑法，"严重污染"农用地的，如果以"重大环境污染事故罪"或者"污染环境罪"处理，其法定刑要低于"非法占用耕地罪"，出于对污染土地行为打击力度和行为竞合时应当"从一重处罚"的考虑。《刑法修正案（十一）》加大了污染环境罪的惩处力度，使"污染环境罪"的法定刑高于"非法占用农用地罪"和"破坏自然保护地罪"的法定刑，并且对以永久基本农田、饮用水水源保护区、自然保护地核心保护区为对象的犯罪行为进行特别规定。

如果排放、倾倒污染物，致使其含量高于风险管制值，基本农田5亩以上，其他农用地10亩以上，其他土地20亩以上，农作物或者其他农产品安全生产的基本功能丧失或者遭受永久性破坏的，根据最高人民法院、最高人民检察院《关于办理环境污染刑事案件适用法律若干问题的解释》第一条第十二项，应当以环境污染论处。

致使森林或者其他林木死亡50立方米以上，或者幼树死亡2500株以上的，根据最高人民法院、最高人民检察院《关于办理环境污染刑事案件适用法律若干问题的解释》第一条第十三项，直接认定为环境污染行为。

排放、倾倒污染物破坏自然保护地，致生态环境严重损害的，依照处罚较重的规定定罪处罚。

（四）本罪与非法采矿罪的区别

根据《矿产资源法》第三条规定，矿产资源属于国家所有，地表或者地下的矿产资源的国家所有权，不因其所依附的土地的所有权或者使用权的不同而改变。国家对矿产资源的勘查、开采实行许可证制度。开采矿产资源，必须依法申请登记，领取采矿许可证，取得采矿权。

根据《矿产资源法实施细则》规定的《矿产资源分类细目》，矿产分为能源矿产、金属矿产、非金属矿产、水气矿产。天然石英砂，大理岩、砂岩、石灰岩，高岭土、陶瓷土、耐火黏土、凹凸棒石黏土、海泡石黏土、伊利石黏土、累托石黏土、膨润土、铁矾土、其他黏土等，均属于非金属矿产。

挖砂、采石、采矿、挖取黏土进行营业性开发利用的，均属于"采矿"行为，应当依法领取采矿许可证。未取得采矿许可证，占用农用地面积达到刑事立案标准的，可能会涉及"非法采矿"与"非法占用农用地""破坏自然保护地"的行为罪数问题。这种情况应当取得相关证据，同时查清"非法采矿"的事实。

（五）本罪与故意损毁财物罪的区别

行为人以改变用途为目的占用农用地的，往往会清理掉地上附着物。不以利用为目的清理地上附着物，改变林地用途活动中清理植被的，其对植被的毁坏是出于故意。因为行为人只要具备正常的认知能力，就不可能因疏忽大意而不能预见其行为可能会导致植被的毁坏，也不可能已经预见而轻信可以避免植被的毁坏。因此，其对被植被的损毁一般至少是间接故意。这就可能出现"故意损毁财物"与"非法占用农用地""破坏自然保护地"行为的罪数问题，应当同时取得证明其"故意损毁财物"的证据材料。

（六）本罪与盗伐林木、滥伐林木罪的区别

行为人在非法占用林地过程中，以利用为目的清理林地上的林木，就可能会发生盗伐或者滥伐行为与"非法占用农用地""破坏自然保护地"行为的罪数问题，应当同时取得证明其"盗伐滥伐"的证据材料。

上述几种情况，如果行为人是出于一个犯意，应当从一重处罚，如果出于两个犯意，则可能会数罪并罚。

二、关于非法占用农用地（林地）罪的既遂形态

（一）刑法将非法占用农用地罪规定为结果犯

根据《刑法》和《关于审理破坏林地资源刑事案件具体应用法律若干问题的解释》《关于审理破坏土地资源刑事案件具体应用法律若干问题的解释》，达到非法占用耕地、林地罪的犯罪标准，必须是非法占用耕地、林地的数量和造成大量毁坏同时具备，两者缺一不可。这样，非法占用和毁坏在法律上是两个概念，非法占用的定义比较宽，只要是未经批准或者是采取欺骗手段骗取批准占用了耕地、林地，就可以认定为非法占用耕地、林地；而且，对耕地、林地的占有必须是"数量较大"的行为，如"数量较大"是非法占用基本农田5亩以上或者非法占用基本农田以外的耕地10亩以上；非法占用并毁坏防护林地、特种用途林地数量分别或者合计达到5亩以上；非法占用并毁坏其他林地数量达到10以上。

非法占用农用地的同时，须符合造成毁坏耕地、林地的条件。最高人民法院《关于审理破坏土地资源刑事案件具体应用法律若干问题的解释》第三条将其规定为"耕地大量毁坏"，即指行为人非法占用耕地建窑、建坟、建房、挖沙、采石、采矿、取土、堆放固体废弃物或者进行其他非农业建设，造成基本农田五亩以上或者基本农田以外的耕地十亩以上种植条件严重毁坏或者严重污染。最高人民法院《关于审理破坏土地资源刑事案件具体应用法律若干问题的解释》第一条规定，违反土地管理法规，非法占用林地，改变被占用林地用途，在非法占用的林地上实施建窑、建坟、建房、挖沙、采石、采矿、取土、种植农作物、堆放或排泄废弃物等行为或者进行其他非林业生产、建设，造成林地的原有植被或林

业种植条件严重毁坏或者严重污染，并具有下列情形之一的，属于《中华人民共和国刑法修正案（二）》规定的"数量较大，造成林地大量毁坏"，应当以非法占用农用地罪判处五年以下有期徒刑或者拘役，并处或者单处罚金。由此可见，在刑法中，非法占用农用地罪是结果犯，而非行为犯。

（二）非法占用农用地（林地）罪作为结果犯是不科学的

我国《刑法》将非法占用农用地罪规定为结果犯是否合理，是否能有效地保障国家耕地数量、质量，继而保障国家的粮食安全，是否有利于保护森林资源及其生态环境？答案显然是否定的。这是由农用地利用尤其是耕地、林地利用的特点和耕地、林地的法律地位决定的。

就农用地利用的特点而言，对耕地、林地资源的破坏在很多情况下是不可恢复的，农用地的非农建设使用是不可逆转性使用。恢复为农用地的可逆性较差，尤其是因此减少的耕地面积对于粮食的减少而言更是刚性的，并且在耕地面积减少的比例中，比例是较大的。林地的大量减少，导致森林大面积消失，随之而来的是动植物资源减少，环境恶化，能源短缺。这些因素直接威胁着人类的生存和活动，影响人类生活水平和素质的提高。农用地资源利用的这种特点，决定了对于只要非法占用的农用地数量较大，就应当作为犯罪加以对待。

三、关于非法占用林地犯罪的定罪量刑标准

《刑法》第三百四十二条规定："违反土地管理法规，非法占用耕地、林地等农用地，改变被占用土地用途，数量较大，造成耕地、林地等农用地大量毁坏的，处五年以下有期徒刑或者拘役，并处或者单处罚金。"最高人民法院《关于审理破坏林地资源刑事案件具体应用法律若干问题的解释》（法释〔2005〕15号）对"数量较大，造成林地大量毁坏"的适用情形一并作了规定。根据2019年修订《森林法》的相关规定，结合实践反映的问题，《关于审理破坏森林资源刑事案件适用法律若干问题的解释》（法释〔2023〕8号）（以下简称《解释》）第一条对"毁坏"的具体情形和"大量毁坏"的认定标准分别作出规定。

1. 明确林地"毁坏"的具体情形

（1）在林地上实施"建窑、建坟、建房、修路、硬化等工程建设"或者"采石、采砂、采土、采矿等活动"，须以覆盖、挖掘等方式使用土地资源，均会对土壤的种植条件造成严重破坏，恢复成本巨大甚至无法恢复，鉴此，《解释》第一条第一款第一项、第二项将该两种情形规定为"毁坏"林地的情形。（2）针对实践反映的问题，《解释》第一条第一款第三项将"在林地上排放污染

物、堆放废弃物或者进行非林业生产、建设，造成林地被严重污染或者原有植被、林业生产条件被严重破坏的"，亦明确为"毁坏"林地的情形。适用中需要注意的是，相关排放污染物的行为破坏林地的程度存在实际差异，纳入刑法规制的仅限于"造成林地被严重污染"，修复成本巨大甚至难以修复的情形。

2. 明确"数量较大，造成林地大量毁坏"的认定标准

（1）区分林地类型明确入罪数量标准。《森林法》第六条规定对公益林和商品林实行分类经营管理，第四十七条进一步规定："国家根据生态保护的需要，将森林生态区位重要或者生态状况脆弱，以发挥生态效益为主要目的的林地和林地上的森林划定为公益林。未划定为公益林的林地和林地上的森林属于商品林。"据此，《关于审理破坏森林资源刑事案件适用法律若干问题的解释》（法释〔2023〕8号）第一条第二款将《关于审理破坏林地资源刑事案件具体应用法律若干问题的解释》（法释〔2005〕15号）规定的"防护林地、特种用途林地"调整为"公益林地"，将"其他林地"调整为"商品林地"；同时，沿用相关数量标准。具体而言，将"非法占用并毁坏公益林地五亩以上的""非法占用并毁坏商品林地十亩以上的"分别规定为"造成耕地、林地等农用地大量毁坏"的适用情形，以更好地衔接前置法规定，完善对林地资源的司法保护。

（2）明确入罪数量的折算规则。根据最高人民法院《关于审理破坏林地资源刑事案件具体应用法律若干问题的解释》（法释〔2005〕15号）第一条规定，非法占用不同类型的林地，"数量分别达到相应规定的数量标准的百分之五十以上"以及"其中一项数量达到相应规定的数量标准的百分之五十以上，且两项数量合计达到该项规定的数量标准"，构成非法占用农用地罪。《解释》对上述规定作了整合、修改，规定"非法占用并毁坏的公益林地、商品林地数量虽未分别达到第一项、第二项规定标准，但按相应比例折算合计达到有关标准的"，为"造成耕地、林地等农用地大量毁坏"的情形之一。例如，行为人非法占用并毁坏公益林地4亩（5亩入罪标准的80%），同时，又非法占用并毁坏商品林地3亩（10亩入罪标准的30%），则按比例折算合计达到110%，应当认定为符合非法占用林地"数量较大，造成林地大量毁坏"的适用条件。

（3）明确多次非法占用林地入罪数量减半。实践中，多次少量非法占用林地的行为具有一定普遍性，行为人屡罚屡犯、蚕食林地资源，需要依法规制。为此，《解释》第一条第二款第四项将"二年内曾因非法占用农用地受过二次以上行政处罚，又非法占用林地，数量达到第一项至第三项规定标准一半以上的"，属于"造成耕地、林地等农用地大量毁坏"。

因此，将非法占用农用地犯罪规定为行为犯，可以防患于未然，使农用地得

到及时的保护，以充分发挥刑法的预测、指引作用，使人们能预知自己的行为可能产生的刑法上的后果。实际上，《土地管理法》就将非法占用土地可以作为犯罪行为规定的。该法第七十六条规定，未经批准或者采取欺骗手段骗取批准，非法占用土地构成犯罪的，依法追究刑事责任。刑法应是其他法律的保障。这样，非法占用土地作为犯罪行为应当得到刑法的肯定，非法占用农用地罪作为行为犯才更符合《土地管理法》及其相关法律的本意。

第三节　犯罪构成要件证据指引

一、主体要件证据

本罪的主体为一般主体，包括自然人和单位。

（一）证明自然人犯罪主体的证据

（1）居民身份证、临时居住证、护照、工作证、港澳居民往来内地通行证、台湾居民往来大陆通行证、中华人民共和国旅行证、边民证。

（2）户口簿、常住人口基本信息或公安机关出具的户籍证明等。

（3）犯罪嫌疑人、被告人的供述等证据。

上述证据证明的事项：自然人的姓名（曾用名）、性别、出生年月日、居民身份证号码、民族、籍贯、出生地、职业、住所地等情况。

（二）证明单位犯罪的证据

《刑法》第三十条规定，公司、企业、事业单位、机关、团体实施的危害社会的行为，法律规定为单位犯罪的，应当负刑事责任。

最高人民法院《关于审理单位犯罪案件具体应用法律有关问题的解释》法释〔1999〕14号规定，为依法惩治单位犯罪活动，根据刑法的有关规定，现对审理单位犯罪案件具体应用法律的有关问题解释如下：

第一条　刑法第三十条规定的"公司、企业、事业单位"，既包括国有、集体所有的公司、企业、事业单位，也包括依法设立的合资经营、合作经营企业和具有法人资格的独资、私营等公司、企业、事业单位。

第二条　个人为进行违法犯罪活动而设立的公司、企业、事业单位实施犯罪的，或者公司、企业、事业单位设立后，以实施犯罪为主要活动的，不以单位犯罪论处。

第三条　盗用单位名义实施犯罪，违法所得由实施犯罪的个人私分的，依照刑法有关自然人犯罪的规定定罪处罚。

值得注意的是，根据《民法典》第一百零二条的规定，非法人组织不具有法人资格，但是能够依法以自己的名义从事民事活动。非法人组织包括个人独资企业、合伙企业、不具有法人资格的专业服务机构等。由于个人独资企业、个人合伙企业、不具有法人资格的专业服务机构等不属于《关于审理单位犯罪案件具体应用法律有关问题的解释》所指的"具有法人资格的独资、私营等公司、企业、事业单位"，不能成为单位犯罪的主体。

我国《刑法》对单位犯罪处罚采取双罚制，即对单位判处罚金，同时对单位直接负责的主管人员和其他直接责任人员判处刑罚。

符合以单位名义实施非法占用农用地（林地）犯罪行为，犯罪所得归单位所有的，是单位非法占用农用地（林地）犯罪。

（三）共同犯罪

包括犯意的提起、策划、联络、分工、实施等情况。

二、客观要件证据

（一）犯罪行为

非法占用农用地罪的行为是违反土地管理法规，非法占用耕地、林地等农用地，改变被占用土地用途。具体表现为：一是违反农用地（林地）管理法规。二是非法占用农地（林地），通常有三种形式，①未经批准征、占用农用地（林地），即未经国家土地管理机关批准，而擅自占用耕地、林地等农用地；②超过批准的数量占用农用地（林地），即少批多占等情形；③采取不法手段获得批准占用耕地、林地等农用地，如通过欺骗的手段，或者通过盗用他人的名义等取得手续而占用耕地、林地等农用地。三是改变被占用农用地（林地）用途。

根据2005年最高人民法院《关于审理破坏林地资源刑事案件具体应用法律若干问题的解释》的规定，改变林地用途主要变现为以下几种方式：一是在非法占用的林地上实施建窑、建坟、建房、挖沙、采石、采矿、取土等；二是在非法占用的林地上种植农作物；三是在非法占用的林地上堆放或排泄废弃物等行为；四是在非法占用的林地上进行其他非林业生产、建设。

（二）犯罪对象

非法占用农用地（林地）罪的犯罪对象是林地。

根据《土地管理法》第四条规定,"国家编制土地利用总体规划,规定土地用途,将土地分为农用地、建设用地和未利用地。严格限制农用地转为建设用地,控制建设用地总量,对耕地实行特殊保护。前款所称农用地是指直接用于农业生产的土地,包括耕地、林地、草地、农田水利用地、养殖水面等;建设用地是指建造建筑物、构筑物的土地,包括城乡住宅和公共设施用地、工矿用地、交通水利设施用地、旅游用地、军事设施用地等;未利用地是指农用地和建设用地以外的土地。使用土地的单位和个人必须严格按照土地利用总体规划确定的用途使用土地。"

《中华人民共和国森林法实施条例》第二条第四款规定:"林地包括郁闭度0.2以上的乔木林地以及竹林地、灌木林地、疏林地、采伐迹地、火烧迹地、未成林造林地、苗圃地和县级以上人民政府规划的宜林地。"

证明非法占用林地行为的客观要件证据包括但不限于:

(1)林地权属证明材料、林地规划材料等土地用途规划证明材料。

(2)实施非法占用农用地行为的时间、地点、参与人、作案过程、手段、归案经过。

(3)作案工具种类、特征、数量、来源及下落、涉案物品情况。

(4)雇工与帮工情况。

(5)毁坏林地、森林或者林木并改变林地用途的方式与作案工具。

(6)林地用途改变前的性质与状况:原林地类型;原林地或森林、林木状况或面貌。

(7)危害后果:被占与被毁林地现状,被毁坏的森林、林木或者其他植被现状;被占用林地面积、类型;在改变林地用途活动中毁坏的森林、林木的树种、株数、规格、蓄积量;毁坏的林业设施情况;经济损失。

(8)赃物去向:改变林地用途活动中被毁坏林木及林业设施的现状;销售林木及林业设施的时间、地点、对象、价格、价款与获利情况。

(9)赃物运输方式:销售、利用被毁坏的林木及林业设施是自己运输还是请人运输、何种运输方式;承运人基本情况、运输工具(车型、牌号等)情况;是否明知是赃物;是否参与分赃或者所得运费。

(10)作案经过中的其他情况。

(11)林地与林木权属情况:改变用途的林地所有权与用益物权情况、林地上林木所有权与用益物权情况;改变林地用途是否与林权人约定或签订协议,约定情况。

(12)许可情况:是否经过林业主管部门、国土资源主管部门批准或办理有关手续；办理征占用林地审核同意书情况。

（13）同类违法经历：作案次数，历次作案时间、地点、经过与结果。

三、主观要件证据

本罪的主观罪过通常是故意，过失不构成此罪。

包括：

（1）证明行为人故意的证据。证明行为人明知的证据：证明行为人明知自己的行为会发生危害社会的结果。

证明直接故意的证据：证明行为人希望危害结果的发生。

（2）犯罪原因、动机。

四、客体要件证据

通过犯罪嫌疑人、被告人的供述和辩解、证人证言、书证、物证、鉴定意见、视听资料、电子数据等，能够证明行为人的行为已经严重破坏了农用地，侵犯了国家的土地管理制度的证据材料。

第十一章

破坏自然保护地罪

　　刑法设定非法占用农用地罪，对严重破坏耕地、林地、草原等农用地的行为予以刑事打击，很大程度上保护了土地资源和农用地所承载的群落生态系统系统，起到了对生态环境安全一般预防的作用。但是，该条款并不直接针对自然保护地的保护。国家对"农用地"与"自然保护地"实行不同的管理制度。"农用地"与"自然保护地"并不是同一维度上的分类，在现行的法律法规体系中，分别适用不同的行政管理法律规范。"农用地"是《土地管理法》按照土地利用总体规划和确定的土地用途分类的子项（《土地管理法》将土地分为农用地、建设用地和未利用地），而"自然保护地"则按照自然生态系统的代表性、原真性、整体性、系统性及其内在规律，分为国家公园、自然保护区、自然公园三大类型。

　　"自然保护地"与"农用地"法律概念的内涵不一致，外延上存在交叉。破坏"自然保护地"的，不可能全部纳入"非法占用农用罪"。由于缺乏针对性强的刑事打击机制与刑事治理措施，现实中大量破坏自然保护地的行为难以得到有效而根本的遏制。为加大对我国重点自然生态系统的原真性和整体性，保护野生动物及其栖息地，维护生物多样性的保护力度，《刑法修正案（十一）》增加规定在国家公园、国家级自然保护区非法开垦、开发或者修建建筑物等严重破坏自然保护区生态环境资源的犯罪，作为第三百四十二条之一。

　　事实上，在草案两次审议期间是作为《刑法》第三百四十五条之一出现的，但由于自然保护地的保护涉及多个生态群落、多种生态系统，区域性极强，其所涵盖的内容远远超出第三百四十五条所涉及的范畴。因此，立法者最终将其设置为第三百四十二条之一，同时按照想象竞合的一般原理，司法者不但应当在相关文书中明示行为人所犯之罪，而且应当在所竞合之罪中从一重罪处罚。本条在一审稿期间仅仅规定了对"国家级自然保护区"的保护，从二审稿开始，行为对象扩展到"国家公园"。此外，构成本罪还需要"严重后果"或者"其他恶劣情节"。关于"严重后果"和"其他恶劣情节"的判断标准，需要由最高司法机关提供进一步的解释。

世界自然保护联盟（IUCN）对自然保护地的定义：通过法律及其他有效方式用以保护和维护生物多样性、自然及文化资源的土地或海洋。我国自 1956 年建立第一个自然保护区以来，经过 60 多年的努力，已建立数量众多、类型丰富、功能多样的各级各类自然保护地，在保护生物多样性、保存自然遗产、改善生态环境质量和维护国家生态安全方面发挥了重要作用。2016 年，我国已建立各级各类自然保护地 1.18 万处，占国土陆域面积的 18%、领海面积的 4.6%。其中，三江源、大熊猫、东北虎豹、祁连山、海南热带雨林等国家公园体制试点 10 处；国家级自然保护区 474 处，分布有 3500 万公顷的天然林、2000 万公顷的天然湿地，保护着 90.5% 的陆生生态系统类型、85% 的野生动植物种类、65% 的高等植物群落；各类自然公园，包括风景名胜区 244 处、森林公园 897 处、地质公园 270 处、海洋公园 48 处、湿地公园 899 处，保护着重要的自然生态系统、自然遗迹和自然景观。

2017 年 9 月，中共中央办公厅、国务院办公厅印发《建立国家公园体制总体方案》。2019 年 6 月，中共中央办公厅、国务院办公厅印发《关于建立以国家公园为主体的自然保护地体系的指导意见》（以下简称《意见》）。

根据《意见》，自然保护地是指依法划定或确认，对重要的自然生态系统、自然遗迹、自然景观及其所承载的自然资源、生态功能和文化价值实施长期保护的陆地或海域。按照自然生态系统原真性、整体性、系统性及其内在规律，依据管理目标与效能，并借鉴国际经验，自然保护地按生态价值和保护强度高低，分为国家公园、自然保护区和自然公园三类。《意见》提出建立分类科学、布局合理、保护有力、管理有效的以国家公园为主体、自然保护区为基础、各类自然公园为补充的中国特色自然保护地体系。

《意见》要求，到 2020 年提出国家公园及各类自然保护地总体布局和发展规划，完成国家公园体制试点，设立一批国家公园，完成自然保护地勘界立标并与生态保护红线衔接，制定自然保护地内建设项目负面清单，构建统一的自然保护地分类分级管理体制。到 2025 年，健全国家公园体制，完成自然保护地整合归并优化，完善自然保护地体系的法律法规、管理和监督制度，提升自然生态空间承载力，初步建成以国家公园为主体的自然保护地体系。到 2035 年，显著提高自然保护地管理效能和生态产品供给能力，自然保护地规模和管理达到世界先进水平，全面建成中国特色自然保护地体系，自然保护地占陆域国土面积达到 18%

以上。

党的十九大报告明确提出要建立"以国家公园为主体的自然保护地体系"，澄清了国家公园与自然保护地不是"替代"关系，进一步强调国家公园改革的"先行先试"性质，改革的最终目标是要建立完整的自然保护地体系。现行《森林法》第三十一条规定，国家在不同自然地带的典型森林生态地区、珍贵动物和植物生长繁殖的林区、天然热带雨林区和具有特殊保护价值的其他天然林区，建立以国家公园为主体的自然保护地体系，加强保护管理。

第一节　立法动态

《刑法》第三百四十二条之一系《刑法修正案（十一）》第四十二条新增条文。根据罪状表述，《罪名补充规定（七）》将本条罪名确定为"破坏自然保护地罪"。主要考虑：

（1）本条罪状为"违反自然保护地管理法规，在国家公园、国家级自然保护区进行开垦、开发活动或者修建建筑物，造成严重后果或者有其他恶劣情节的"。显而易见，本条规制的是对"国家公园、国家级自然保护区"的破坏行为。

（2）根据中共中央办公厅、国务院办公厅印发的《建立国家公园体制总体方案》（2017年9月26日）、《关于建立以国家公园为主体的自然保护地体系的指导意见》（2019年6月26日）和生态环境部印发的《自然保护地生态环境监管工作暂行办法》（环生态〔2020〕72号）的规定，国家公园、国家级自然保护区属于自然保护地，且国家公园是自然保护地体系的主体。

与之相配套，相关部门制定了以下国家标准：

国家公园总体规划技术规范（GB/T 39736-2020）；

国家公园设立规范（GB/T 39737-2020）；

国家公园监测规范（GB/T 39738-2020）；

国家公园考核评价规范（GB/T 39739-2020）；

自然保护地勘界立标规范（GB/T 39740-2020）。

第二节　破坏自然保护地罪的犯罪构成

违反自然保护地管理法规，在国家公园、国家级自然保护区进行开垦、开发活动或者修建建筑物，造成严重后果或者有其他恶劣情节的行为。

破坏自然保护地罪侵犯的法益是国家对自然保护地的管理秩序。国家通过对自然保护地的管理，实现对生态资源中生活多样性、自然遗产和生态安全的保障，通过对管理秩序的保护实现对生态资源的保护。

一、客观要件

破坏自然保护地罪客观方面表现为违反自然保护地管理法规，在国家公园、国家级自然保护区进行开垦、开发活动或者修建建筑物，造成严重后果或者有其他恶劣情节的行为。

关于"自然保护地管理法规"的范围。破坏环境资源类犯罪属于行政犯，具有行政违法性，表现为违反自然保护地管理法规。

具体行为方式有三种类型：开垦行为、开发活动或者修建建筑物，造成严重后果或者有其他恶劣情节的认定标准目前尚未明确，我们期待尽快出台相关司法解释予以明确。

二、主体要件

本罪主体是一般主体，既可以是自然人，也可以是单位。凡年满 16 周岁、具备刑事责任能力的人均可成为本罪的主体。

三、主观要件

破坏自然保护地罪主观方面是故意，过失不构成本罪。

第三节　司法适用中需要注意的问题

一、自然保护地的认定

"自然保护地"与"农用地"不是同一分类标准制度下的两个概念。并且，破坏自然保护地罪的对象为自然保护地中的国家公园和国家级自然保护区。

被非法破坏的土地是否属于国家公园和国家级自然保护区及其相关保护管理功能区的认定，应当根据国家公园、国家级自然保护区总体规划、功能分区、基础设施建设规划等，结合实地调查数据，依据相关勘界立标技术规程和技术标准确定。也可以向相关国家公园、国家级自然保护区管理机构调取相关证明材料。

二、关于非法占用农用地罪与破坏自然保护地罪的竞合适用

尽管国家要求"生态保护红线"与"耕地保护红线"不得交叉与重叠，但

由于"自然保护地"与"农用地"分类标准不同，不可避免地会存在一定的交叉关系，如国家级自然保护区的缓冲区内可能规划有非基本农田。

《刑法》第三百四十二条之一第二款规定："有前款行为，同时构成其他犯罪的，依照处罚较重的规定定罪处罚。"据此，行为人的出于同一目的针对同一地块实施同一行为，同时构成"非法占用农用地罪"与"破坏自然保护地罪"的，应当从一重罪处罚。而非法占用农用地罪与破坏自然保护地罪，规定了同样的法定刑。各种情况下，应当充分考虑行为所侵犯的法益，以行为更侧重于哪一类型的法益确定其罪名的适用。

第十二章

非法采矿罪

非法采矿罪侵犯的法益是国家对矿产资源和矿业生产的管理制度以及国家对矿产资源的所有权，也侵害了水资源安全及其生态环境安全。

根据我国《宪法》和《矿产资源管理法》的规定，矿产资源属于国家所有，国家保障矿产资源的合理开发利用，禁止任何组织或个人用任何手段破坏矿产资源。国家可以在不改变对矿产资源的所有权性质的前提下，按照所有权和采矿权适当分离的原则，将矿产资源的开采权依法授予特定的组织或个人，并有权对任何组织或者个人的采矿活动实施监督管理。因而，国家对矿产资源的管理制度，主要是指国家依法对采矿单位或者个人所制订的一系列行政管理制度的总称。国家对矿产资源的开发实行严格的管理，禁止无证开采和超越批准的矿区范围采矿。

2020 年 12 月 26 日通过的《刑法修正案（十一）》与矿产资源领域相关的主要有四条：一是第三条"强令违章冒险作业罪"，该条增加了"明知存在重大事故隐患而拒不排除，仍冒险组织作业"的情形；二是第四条"重大责任事故罪"，该条细化了"违反安全管理规定"的情形；三是第四十条"污染环境罪"，该条细化了"污染的具体情形"，特别是"在饮用水水源保护区、自然保护地核心保护区等依法确定的重点保护区域"；四是第四十二条"非法占用农用地罪"，该条增加了一款"违反自然保护地管理法规，在国家公园、国家级自然保护区进行开垦、开发活动或者修建建筑物，造成严重后果或者有其他恶劣情节的，处五年以下有期徒刑或者拘役，并处或者单处罚金。有前款行为，同时构成其他犯罪的，依照处罚较重的规定定罪处罚"。

《刑法修正案（十一）》关于矿产资源领域罪名内容的修改，强化了矿业企业进一步保障劳动者生命安全；针对安全生产实践中突出情况，将刑事处罚阶段适当前移，有利于及早防范安全生产事故的发生；增加在国家级自然保护区非法开垦、开发或者修建建筑物等严重破坏自然保护区生态环境资源犯罪，有利于加大对污染环境罪的惩处力度；增加违反自然保护地管理法规，在国家公园、国家级自然保护区开垦、开发活动或者修建建筑物，造成严重后果或者有其他恶劣情节依法追究刑事责任，有利于环境公共利益的保护和生态文明建设。

第一节　非法采矿罪的犯罪构成

非法采矿罪是指违反矿产资源法的规定，未取得采矿许可证擅自采矿，擅自进入国家规划矿区、对国民经济具有重要价值的矿区和他人矿区范围采矿，或者擅自开采国家规定实行保护性开采的特定矿种，情节严重的行为。

一、客观要件

本罪在客观上表现为违反《矿产资源保护法》的规定，非法采矿，矿产资源破坏的行为。非法采矿，即无证开采，是指未取得采矿许可证擅自采矿的，进入国家规划矿区、对国民经济具有重要价值的矿区和他人矿区范围采矿的，擅自开采国家规定实行保护性开采的特定矿种，或者虽有采矿许可证，但不按采矿许可证上采矿范围等要求的，造成矿产资源破坏的行为。

根据本条规定，非法采矿包括四种情形。

（一）无证采矿的行为

无证采矿的行为，即没有经过法定程序取得采矿许可证而擅自采矿的。根据《矿产资源法》的规定，不论是国营矿山企业，还是乡镇集体矿山企业和个体采矿，都必须经审查批准和颁发采矿许可证。根据《矿产资源法》第十六条的规定："开采下列矿产资源的，由国务院地质矿产主管部门审批，并颁发采矿许可证：

（一）国家规划矿区和对国民经济具有重要价值的矿区内的矿产资源；

（二）前项规定矿区以外可供开采的矿产储量在大型以上的矿产资源；

（三）国家规定实行保护性开采的特定矿种；

（四）领海及中国管辖的其他海域的矿产资源；

（五）国务院规定的其他矿产资源。开采石油、天然气、放射性矿产等特定矿种的，可以由国务院授权的有关主管部门审批，并颁发采矿许可证。

开采第一、二款规定以外的矿产资源，其可供开采的矿产储量规划为中型的，由省、自治区、直辖市人民政府地质矿产主管部门审批和颁发采矿许可证。

开采第一、二、三款规定以外的矿产资源的管理办法，由省、自治区、直辖市人民代表大会常务委员会依法制定。

依照第三、四款的规定审批和颁发采矿许可证的，由省、自治区、直辖市人民政府地质矿产主管部门汇总向国务院地质矿产主管部门备案。

矿产储量规模的大型、中型的划分标准，由国务院矿产储量审批机构规定。"

同时，《矿产资源法》规定，国家鼓励集体矿山企业开采国家指定范围内的矿产资源，允许个人采挖零星分散资源和只能用作普通建筑材料的砂、石、黏土以及生活自用采挖少量矿产。对开办乡镇集体矿山企业的审查批准、颁发采矿许可证的办法，个体采矿的管理办法，由省级权力机关制定。凡未经过上述合法程序取得采矿许可证的，均视为无证采矿行为。

（二）擅自在未批准矿区采矿的行为

擅自进入国家规划区、对国民经济具有重要价值的矿区、他人矿区采矿的行为根据法律规定，国家对国有规划区、对国民经济具有重要价值的矿区，实行有计划开采，未经国务院有关主管部门批准，任何单位和个人不得开采。任何单位和个人不得进入他人已取得采矿权的矿山、企业矿区内采矿。

如《矿产资源法》第二十条的规定："非经国务院授权的有关主管部门的同意，不得在下列地区开采矿产资源：

（一）港口、机场、国防工程设施圈定地区以内；

（二）重要工业区、大型水利工程设施、城镇市政工程设施附近一定距离以内；

（三）铁路、重要公路两侧一定距离以内；

（四）重要河流、堤坝两侧一定距离以内；

（五）国家划定的自然保护区、重要风景区，国家重点保护的不能移动的历史文物和名胜古迹所在地；

（六）国家规定不得开采矿产资源的其他地区。"

凡违反上述规定擅自采矿的，即为非法采矿。所谓"国家规划区"，是指在一定时期内，根据国民经济建设长期的需要和资源分布情况，经国务院或国务院有关主管部门依法定程序审查、批准，确定列入国家矿产资源开发长期或中期规划的矿区以及作为老矿区后备资源基地的矿区。所谓"对国民经济具有重要价值的矿区"，是指以国民经济来说，经济价值重大或经济效益很高，对国家经济建设的全局性、战略性有重要影响的矿区。所谓"矿区范围"，是指矿井（露天采场）设计部门确定并依照法律程序批准的矿井四周边界的范围。

(三) 擅自开采保护矿种

擅自开采国家规定实行保护性开采的特定矿种的行为。根据法律规定，国家对保护性开采的特定矿种实行有计划的开采，未经国务院有关部门批准，任何单位和个人不得开采。

所谓"保护性开采的特定矿种"，是指对国民经济建设、高科技发展具有特殊重要价值，资源严重稀缺，矿产品贵重或者在国际市场上占有明显优势等，在一定时期内由国家依法定程序确定的矿种，如 1988 年国务院《关于对黄金矿产实行保护性开采的通知》中指出，国务院决定将黄金矿产列为实施保护性开采的特定矿种，实行有计划的开采，未经国家黄金管理局批准，任何单位和个人不得开采。除黄金之外，我国还将钨、锡、锑、离子型稀土矿等矿种列为保护性开采的特定矿种。

(四) "越界采矿" 的行为

所谓"越界采矿"，是指虽持有采矿许可证，但违反采矿许可证上所规定的采矿地点、范围和其他要求，擅自进入他人矿区，进行非法采矿的行为。根据《矿产资源法》规定，任何单位和个人不得进入他人依法设立的国有矿山企业和其他矿山企业矿区范围采矿。超越批准的矿区范围采矿的，责令退回本矿区范围内开采、赔偿损失，没收越界开采的矿产品和违法所得，可以并处罚款；拒不退回本矿区范围内开采，造成矿产资源严重破坏的，吊销采矿许可证，依照《刑法》（1979 年）第一百五十六条的规定对直接责任人员追究刑事责任。

所谓"造成矿产资源破坏"，是指在矿区乱采滥挖，使整个矿床及依据矿床设计的采矿方法受到破坏，造成矿产不能充分开采；在储存有共生、伴生有矿产的矿区采取采主矿弃副矿的采矿方法，对应综合开采、综合利用的矿产不采，使矿产不能充分合理利用；对暂不能综合开采或必须同时采出而暂时还不能综合利用的矿产以及含有有用成分的尾矿，不采取有效的保护措施，造成损失破坏；不按合理的顺序采矿，采富矿弃贫矿、采厚层矿弃薄层矿、采易采矿弃难采矿、采林矿体弃小矿体而失去大量矿产资源；不按合理的开采方法采矿，造成开采回采率低、采矿贫化率高，与设计指标相差甚多，造成资源浪费；不按合理的选矿工艺，造成选矿回收率低，与设计指标相差甚多，造成资源浪费；对一些特殊矿产，不按有关部门颁发的技术规范中规定的方法采矿，造成资源破坏、浪费等情况。

二、主体要件

本罪主体是一般主体，既可以是自然人，也可以是单位。凡年满16周岁、具备刑事责任能力的人均可成为本罪的主体。

三、主观要件

在主观方面表现为故意，至于是为了营利或者其他目的，均不影响本罪的成立。过失不构成本罪。行为人明知是无采矿许可证开采矿产资源、采矿许可证被注销、吊销后继续开采矿产资源、超越采矿许可证规定的矿区范围开采矿产资源、未按采矿许可证规定的矿种开采矿产资源的（共生、伴生矿种除外）的行为。行为人是否明知非法开采的区域属于国家规划矿区、对国民经济具有重要价值的矿区和他人矿区范围，是否明知擅自开采的对象属于国家规定实行保护性开采的特定矿种，不影响非法采矿罪、破坏性采矿罪主观故意的成立。

第二节　司法适用中需要注意的问题

一、采砂行为的认定

砂石有多种专业分类标准，例如依据分布区域的不同可以分为海砂、河砂、江砂、荒滩沙粒等，依据与矿产品的关联性，可以分为矿砂与非矿砂。矿砂相对于非矿砂，一般而言颗粒较大、形状更加不规则、硬度高、密度大、颜色深重、表面更加光滑。并且，大矿砂不仅分布在矿区，也分布在海河湖滩等地方，例如，长江上游早期采集江砂提炼黄金元素、镍元素，就属于采矿砂。矿砂属于《矿产资源分类细目》的金属矿产，可提炼金元素、镍元素等。非矿砂又称建筑用砂（水泥配料用砂、水泥标准用砂、砖瓦用砂）等。非矿砂属于《矿产资源分类细目》中的非金属矿产，即"砂岩（冶金用砂岩、玻璃用砂岩、水泥配料用砂岩、砖瓦用砂岩、化肥用砂岩、铸型用砂岩、陶瓷用砂岩）、天然石英砂（玻璃用砂、铸型用砂、建筑用砂、水泥配料用砂、水泥标准砂、砖瓦用砂）"。因此，无论采挖矿砂还是建筑用砂，都需要办理采矿许可证。因建筑用砂大多沉积在河道范围，在河道采砂严重影响河势稳定，危害防洪安全，最高人民法院、最高人民检察院《关于办理非法采矿、破坏性采矿刑事案件适用法律若干问题的解释》第四条规定："在河道管理范围内采砂，具有下列情形之一，符合刑法第三百四十三条第一款和本解释第二条、第三条规定的，以非法采矿罪定罪处罚：

（一）依据相关规定应当办理河道采砂许可证，未取得河道采砂许可证的；

（二）依据相关规定应当办理河道采砂许可证和采矿许可证，既未取得河道采砂许可证，又未取得采矿许可证的。实施前款规定行为，虽不具有本解释第三条第一款规定的情形，但严重影响河势稳定，危害防洪安全的，应当认定为刑法第三百四十三条第一款规定的'情节严重'，构成非法采矿罪。"

水利部《关于河道采砂管理工作的指导意见》（水河湖〔2019〕58号）规定，因吹填固基、整治疏浚河道、航道和涉水工程进行河道采砂的，应当编制采砂可行性论证报告，报经有管辖权的水行政主管部门批复同意。依法整治疏浚河道、航道和涉水工程产生的砂石一般不得在市场经营销售，确需经营销售的，按经营性采砂管理，由当地县级以上人民政府统一组织经营管理。

依据《水法》第三十九条规定："国家实行河道采砂许可制度，在河道管理范围内采砂，影响河势稳定或者危及堤防安全的，有关县级以上人民政府水行政主管部门应当划定禁采区和规定禁采期，并予以公告。"《河道管理条例》第二十五条规定，在河道内采砂，必须报经河道主管机关批准。此外，地矿部门依据《矿产资源法》，将河流江砂纳入矿产实行管理，要办理采矿许可证及征收矿产资源补偿费。交通运输部门按照《航道管理条例》《水上水下施工作业通航安全管理规定》，也对采砂实行管理。按照这些规定，采砂不仅需要办理河道采砂许可证，而且要办理采矿许可证和水上水下安全施工作业证。由于采砂涉及多部门管理，应相互协调、配合。

二、机制砂开采、加工案件处理

机制砂是指通过制砂机和其他附属设备加工而成的砂子，首先由粗碎机进行初步破碎，可以根据不同工艺要求加工成不同规则和大小的砂子，成品更加规则，更能满足日常需求。国内公路、高铁、地铁、建筑、水利等基础建设发展项目越来越多，对砂石料的需求量更是出现供不应求现状，河沙已经完全无法满足市场需求，机制砂必然成为一种更好替代品，广泛应用于水利、建筑等各个领域。

（一）开山凿石加工机制砂的处理

国土资源部《关于开山凿石、采挖砂、石、土等矿产资源适用法律问题的复函》（1998年）第二条规定，建设单位因工程施工而动用砂、石、土，但不将其投入流通领域以获取矿产品营利为目的，或就地采挖砂、石、土用于公益性建设的，不办理采矿许可证，不缴纳资源补偿费。

第三条规定，需异地开采砂、石、土用于上述公益性建设的，应按规定办理采矿许可证，矿产资源补偿费原则上应按法规规定酌情减免。第四条规定，凡以营利为目的开采上述及其他矿产资源的单位、个人，均应按照矿产资源法及其配套法规的有关规定办理采矿登记手续，领取采矿许可证；矿产品均应按照《矿产资源补偿费征收管理规定》的相关条款缴纳矿产资源补偿费。

最高人民法院行政审判庭《关于在已取得土地使用权的范围内开采砂石是否需办理矿产开采许可证问题的答复》（2006年）进一步强调了上述《复函》："建设单位因工程施工而动用砂、石、土，但不将其投入流通领域以获取矿产品营利为目的，或就地采挖砂、石、土用于公益性建设的，不办理采矿许可证，不缴纳资源补偿费"的解释，水电站建设单位因工程施工而在批准用地的范围内采挖砂、石、土，用于水电站大坝混凝土浇筑工程的，无须办理矿产开采许可证及缴纳资源补偿费。

根据法律规定，处理措施如下：

一是以加工机制砂为目的的开山凿石处理：根据《矿产资源法实施细则》第二条规定，矿产资源是指由地质作用形成的，具有利用价值的，呈固态、液态、气态的自然资源，砂、石、黏土及构成山体的各类岩石属矿产资源。所以开山凿石受《矿产资源法》的调整，应当办理采矿许可证。未办理采矿许可证擅自开山凿石加工机制砂构成犯罪的，依法追究刑事责任。

二是以开通隧道等工程建设开山凿石后加工机制砂的处理。行为人若将加工的机制砂进入流通领域获利，根据最高人民法院行政审判庭《关于在已取得土地使用权的范围内开采砂石是否需办理矿产开采许可证问题的答复》（2006年）的规定，应当办理采矿许可证，否则情节严重构成犯罪。若将加工的机制砂用于公益性建设的，无须办理采矿许可证，无须缴纳资源补偿费，不构成违法犯罪。

（二）开采海砂加工机制砂的处理

该情形属于最高人民法院、最高人民检察院《关于办理非法采矿、破坏性采矿刑事案件适用法律若干问题的解释》第五条规定，未取得海砂开采海域使用权证，且未取得采矿许可证，采挖海砂，符合《刑法》第三百四十三条第一款和本解释第二条、第三条规定的，以非法采矿罪定罪处罚。

工信部和信息化部、国家发改委、自然资源部、生态保护部、住房城乡建设部、交通运输部、水利部、应急部、市场监管总局、国铁集团《关于推进机制砂石行业高质量发展的若干意见》（工信部联源〔2019〕239号）明确指出，从规划布局、工艺装备、产品质量、污染防治、综合利用、安全生产等方面加强联动，加快推动机制砂石产业转型升级，更好满足建设用砂需要；提出要坚持疏堵结合，既堵后门又开前门，在打击非法采砂的同时，大力推动科学、合理、有序开发利用河砂资源，缓解砂石市场供需矛盾；在符合安全、生态环保要求的前提下，鼓励和支持综合利用废石、矿渣和尾矿等砂石资源，实现变废为宝。同时，鼓励利用建筑拆除垃圾等固废资源生产砂石替代材料，清理不合理的区域限制措施，增加再生砂石供给。对经批准设立的工程建设项目和整体修复区域内按照生态修复方案实施的修复项目，在工程施工范围及施工期间采挖的砂石，除项目自用外，多余部分允许依法依规对外销售。

三、采集黑土行为的认定

黑土是一种性状好、肥力高，非常适合植物生长的土壤，也是世界上最肥沃的土壤。中国的黑土主要分布于黑龙江省、吉林省中部及东部的波状起伏台地、三江平原的森林草甸和草甸草原地区。利用黑土种植绿化树、草成活率会提高，所以近年来盗挖黑土贩卖获利的形象非常严重，据报道，2021 年黑龙江五常市当地 9 万多平方米黑土被盗挖，盗采泥炭资源、破坏耕地现象严重。

2020 年 7 月，习近平总书记视察吉林时对黑土地保护作出重要指示："要采取有效措施，切实把黑土地这个'耕地中的大熊猫'保护好、利用好，使之永远造福人民。"

2021 年 12 月 23 日黑龙江省第十三届人民代表大会常务委员会第二十九次会议通过《黑龙江省黑土地保护利用条例》，这是我国第一个保护黑土的立法。《黑龙江省黑土地保护利用条例》第三条规定，本条例所称黑土地，是指以黑色或者暗黑色腐殖质表土层为标志的土地，分布于耕地、园地、林地、草原、湿地、河道、湖泊等范围内，主要包括黑土、黑钙土、暗棕壤、白浆土、草甸土、水稻土等土壤类型。

（一）开采黑土构成非法采矿罪的认定

东北黑土地有机质含量数倍于黄土，黑土层是稀有矿产资源，经黑龙江地质矿产部门鉴定，五常市被采挖的泥炭黑土为泥炭矿种，属于矿产资源，即《矿产资源分类细则》中非金属矿产泥灰岩的重要成分。采挖含有泥炭矿种的黑土必须持有采矿许可证，无证采挖情节严重的构成非法采矿罪。2021 年 7 月 23 日，黑龙江省哈尔滨市中级人民法院、尚志市法院、延寿县法院、亚布力法院对 7 起盗采泥炭黑土犯罪案件集中公开宣判，涉案的 11 名被告被以非法采矿罪定罪处罚。

（二）开采黑土构成非法占用农用地罪的认定

泥炭虽然列入《矿产资源分类细目》中的非金属矿产，但作为矿产开采必须符合技术规程要求，即要求有最低矿产品含量，达不到最低开采含量要求的，不够颁发采矿许可证的要求，不能称为采矿，也就不构成非法采矿罪。

《刑法》第二百四十二条规定，违反土地管理法规，非法占用耕地、林地等农用地，改变被占用土地用途，数量较大，造成耕地、林地等农用地大量毁坏的，处五年以下有期徒刑或者拘役，并处或者单处罚金。采挖黑土可以造成耕地地面硬化、耕地地面塌陷、土壤肥力枯竭等耕地损毁，破坏了农作物种植条件，导致农田生态系统损害。若在被盗挖的黑土中鉴定泥炭含量较低，不够颁发采矿许可证的要求，可以以非法占用农用地罪定罪处罚。

第三节　犯罪构成要件证据指引

一、主体要件证据

1. 自然人单独犯罪

证明犯罪嫌疑人刑事责任年龄、身份等自然情况的证据，包括身份证明、户籍证明、任职证明、工作经历证明、特定职责证明等。

主要是证明行为人的姓名（曾用名）、性别、出生年月日、民族、籍贯、出生地，如果行为与网络有联系，需要证明网名。

2. 共同犯罪

据统计，在非法采矿罪案件中，大多数为共同犯罪，在共同犯罪案件中，除需要证明各行为人的自然情况外，认定非法采矿罪、破坏性采矿罪犯罪主要需要收集以下两个方面的证据材料：

（1）单位主体资格。例如企业注册信息、工商登记信息、会计资料信息、工资发放证明、员工雇佣合同等。

（2）单位意志。不同于一般共同犯罪，单位犯罪中，犯罪活动是以单位的名义实施的，个人意志要通过单位的意志表现出来，因此单位犯罪的犯意只能产生于犯罪行为实施以前，而行为人在主观上表现为直接故意，因而具有会议纪要、实施计划、代表单位的指示命令等。

二、主观要件证据

证明犯罪嫌疑人明知自己的行为会发生危害社会结果的证据；证明犯罪嫌疑人希望危害结果发生的证据；犯罪嫌疑人作案的动机目的。

（一）证明行为人特定职业的证据；

（二）证明行为人未取得采矿许可证（采砂许可证）的证据；

（三）证明行为人意欲获取矿产获利的证据；

（四）证明采矿行为被发现后转移、毁灭物证或者教唆他人伪造证据等逃避打击的证据；

（五）证明非法采矿行为被行政处罚、刑事处罚或者造成事故以后被相关部门调查处理后，又继续实施非法采矿行为的证据；

（六）证明行为人阻挠行政执法部门在对非法采矿案件调查的证据。

三、客体要件证据

非法采矿罪的对象是矿产资源，是指在地质运动过程中形成的，蕴于地壳之中的，能为人们用于生产和生活和各种矿物质的总称。其中包括各种呈固态、液态或气态的金属、非金属矿产、燃料矿产和地下热能等。

近年来，非法采砂案件成为非法采矿罪的主要表现形式，长江非法采砂不仅侵害矿产管理制度，更危害到长江河势稳定、防洪和通航安全。

四、客观要件证据

非法采矿罪的客观方面要件包括危害行为、危害结果、犯罪地点、方法，以及危害行为与危害结果之间的因果关系。

根据法律规定，包括情形：

1. 无证采矿行为

需要证明：

（1）未取得采矿许可证、采砂许可证，或者许可证被注销、吊销、撤销；

（2）开采对象属于《矿产资源分类细目》规定的种类、属于法律规定的河砂、海砂；

（3）案件发生区域即属于公安机关管辖区域的海砂；

（4）开采的矿产品价值或者造成矿产资源破坏价值在十万元至三十万元以上的。

2. 擅自进入国家规划矿区、对国民经济具有重要价值的矿区开采行为

需要证明：

（1）未取得采矿许可证，或者许可证被注销、吊销、撤销；

（2）开采地点属于国家规划矿区、对国民经济具有重要价值的矿区；

（3）开采的矿产品价值或者造成矿产资源破坏价值在五万元至十五万元以上的。

3. 擅自开采国家规定实行保护性开采的特定矿种开采的行为

需要证明：

（1）未取得采矿许可证，或者许可证被注销、吊销、撤销；

（2）开采对象属于国家规定实行保护性开采的特定矿种；

（3）开采的矿产品价值或者造成矿产资源破坏价值在五万元至十五万元以上的。

4. "越界采矿"的行为

需要证明：

（1）采矿许可证规定的范围、开采矿种；

（2）现场超越采矿许可证规定的范围的事实；

（3）开采的矿产品价值或者造成矿产资源破坏价值在十万元至三十万元以上；擅自进入国家规划矿区、对国民经济具有重要价值的矿区、擅自开采国家规定实行保护性开采的特定矿种，开采的矿产品价值或者造成矿产资源破坏价值在五万元至十五万元以上。

第十三章

破坏性采矿罪

破坏性采矿罪侵犯的法益是国家对矿产资源和矿业生产的管理制度以及国家对矿产资源的所有权，也侵害了水资源安全及其生态环境安全。

根据我国《宪法》和《矿产资源法》的规定，矿产资源属于国家所有，国家保障矿产资源的合理开发利用，禁止任何组织或个人用任何手段破坏矿产资源。国家可以在不改变对矿产资源的所有权性质的前提下，按照所有权和采矿权适当分离的原则，将矿产资源的开采权依法授予特定的组织或个人，并有权对任何组织或者个人的采矿活动实施监督管理。

第一节　破坏性采矿罪的犯罪构成

破坏性采矿罪是指违反矿产资源法的规定，采取破坏性的开采方法开采矿产资源，造成矿产资源严重破坏的行为。

一、客观要件

本罪在客观方面表现为违反矿产资源法的规定，采取破坏性的开采方法开采矿产资源，造成矿产资源严重破坏的行为。所谓违反矿产资源法的规定，是指违反《矿产资源法》《矿业暂行条例》《矿主资源保护试行条例》《群众报矿奖励办法》《矿山安全条例》《矿山安全监察条例》《矿产资源勘查登记管理暂行办法》《全民所有制矿山企业采矿登记管理暂行办法》《矿产资源监督管理暂行办法》《放射性矿产资源勘查登记管理暂行办法》《放射性矿山企业采矿登记发证实施细则》《石油及天然气勘查、开采登记管理暂行办法》《中华人民共和国煤炭法》和国务院《关于对黄金矿产实行保护性开采的通知》等这些有关矿产资源保护的法律规定。采取破坏性的开采方法开采矿产资源，是指违反矿产资源法的规定，使用不合理的开采顺序、开采方法和选矿工艺，致使矿产资源的开采回采率、采矿贫化率和选矿回收率达不到设计要求。根据《矿产资源法》第二十九条规定："开采矿产资源，必须采取合理的开采顺序、开采方法和选矿工艺。矿山企业的开采回采率、采矿贫化率和选矿回收率应当达到设计要求。"第三十条规定，"在开采主要矿产的同时，对具有工业价值的共生和伴生矿产应当统一规划，综合开采，综合利用，防止浪费；对暂时不能综合开采或者必须同时采出而暂时还不能综合利用的矿主以及含有有用组分的尾矿，应当采取有效的保护措施，防止损失破坏。"

综合开采，综合利用，防止浪费，是要求在地质工作和采矿过程等各个环节中，避免"单打一"和只顾眼前利益、局部利益的现象。只顾眼前利益和局部利益，采富矿弃贫矿，采大矿弃小矿，采厚矿弃薄矿，采易采矿丢难采矿，会对矿产资源造成严重浪费和破坏。

所谓"合理的开采顺序"，是指保证回采作业安全，资源合理回收和采矿效益好的开采顺序。"合理的开采方法"，是指生产安全、采矿强度高、矿产损失和贫化率低，矿产资源利用率好及经济效益高的开采方法。"选矿工艺"，是指用物理或化学方法，将矿物原料中的有用成分、无用矿物和有害矿物分开，或将多种有用成分分离开的工艺过程。如果开采顺序、开采方法和选矿工艺不当，将造成矿产资源的浪费和损失。

这些单一的、欠综合的和不符合开采程序的开采方法不仅给矿产资源造成了浪费，也对矿产资源造成了严重的破坏。如果未按上述操作规程和保护性采矿的规定精神开采矿物质的，则视为破坏性采矿行为。但该行为构成犯罪，还需要具有造成矿产资源严重破坏的结果，至于"严重破坏的结果"的标准，法律则没有明确的规定，实践中应当根据行为人破坏性开采的方法，矿床的大小、矿种的特性等等来综合衡量。

二、主体要件

本罪主体是一般主体，既可以是自然人，也可以是单位。凡年满 16 周岁、具备刑事责任能力的人均可成为本罪的主体。

三、主观要件

罪过形式本罪在主观方面表现为故意，过失不能构成本罪。这种故意具体是指行为人明知其行为会造成矿产资源严重破坏的结果而仍然实施，最终导致该种结果发生的心理态度。

第二节 司法适用中需要注意的问题

最高人民法院、最高人民检察院《关于办理非法采矿、破坏性采矿刑事案件适用法律若干问题的解释》第二款规定：在国家规划矿区、对国民经济具有重要价值的矿区采矿，开采国家规定实行保护性开采的特定矿种，或者在禁采区、禁采期内采矿，开采的矿产品价值或者造成矿产资源破坏的价值在五万元至十五万元以上的，属于"情节严重"构成非法采矿罪。因此，在禁采区、禁采期实施非法采砂行为，与可采区、可采期实施非法采矿行为的刑事立案标准是不同的。

禁采区和禁采期。禁采区是河道内为保障河道行洪和输水安全、河道内及其附近各种建筑物、村庄的防洪安全而确定的禁止开采砂石的区域。禁采期相对于可采期而言，可采期是在不影响河道行洪和输水的前提下，允许开采的时段，禁采期是禁止开采的时段，是可采期以外的时段。

《长江河道采砂管理条例》第四条规定，国家对长江采砂实行统一规划制度。长江采砂规划由长江水利委员会会同四川省、湖北省、湖南省、江西省、安徽省、江苏省和重庆市、上海市人民政府水行政主管部门编制，经征求长江航务管理局和长江海事机构意见后，报国务院水行政主管部门批准。国务院水行政主管部门批准前，应当征求国务院交通行政主管部门的意见。

《湖北省河道采砂管理条例》第十条规定，下列区域为禁采区：（一）饮用水水源保护区、水产种质资源保护区；（二）自然保护区、风景名胜区、国家公园、森林公园、湿地公园、地质公园以及天然林保护范围；（三）河道防洪工程、河道整治工程、航道整治工程、航道构（建）筑物、航道配套设施、水库枢纽、水文监测设施、水环境监测设施、涵闸以及取水、排水、水电站等工程及其附属设施的安全保护范围；（四）桥梁、码头、浮桥、渡口、过河电缆、管道、隧道等工程及其附属设施的安全保护范围；（五）河道险工、险段和浅窄航道附近区域；（六）法律、法规规定禁止采砂的其他区域。第十一条规定，下列时段为禁采期：（一）主汛期；（二）河道达到或者超过警戒水位时；（三）法律、法规规定禁止采砂的其他时段。

《江苏省河道管理条例》第四十条规定，县级以上地方人民政府可以根据河道的水情、工情、汛情和管理需要，设定河道禁采区和设立禁采期，并予以公告。下列区域应当划为禁采区：（一）堤防及护堤地、河道整治工程、水库大坝、水文观测设施、水环境监测设施、涵闸以及取水、排水、水电站等工程及其附属设施安全保护范围；（二）河道顶冲段、险工险段；（三）桥梁、穿河电缆、管道、隧道等工程及其附属设施安全保护范围；（四）饮用水水源保护区。

主汛期、超过警戒水位期间应当确定为禁采期。

根据法律规定，县级以上人民政府河道采砂主管部门应当公告河道采砂规划确定的禁采期和禁采区，并设立明显的禁采区标志。

在可采区、可采期内，因防洪、河势改变、水工程建设、水生态环境遭受严重改变以及有重大水上活动等情形不宜采砂的，县级以上人民政府河道采砂主管部门应当划定临时禁采区或者规定临时禁采期，报同级人民政府批准后予以公告。

在依法划定的临时禁采区或者依法规定的临时禁采期非法采砂的，其法律后果等同于禁采区和禁采期非法采砂。

第十四章

危害国家重点保护植物罪

在 1979 年我国第一部《刑法》中，并未将珍贵树木等国家重点保护植物作为单独的保护对象，盗伐、滥伐、破坏珍稀树木、年代久远树木者，视为情节严重，依"盗伐、滥伐林木""毁坏财物"等相关罪名"数额巨大"或"情节特别严重"追究刑事责任。由于立法未及时跟进，刑罚也未能发挥应有的保障作用，由此导致破坏珍贵树木的行为屡禁不止。

1997 年修订的《刑法》增设了非法采伐、毁坏珍贵树木罪，改变了刑法上对珍贵树木保护的立法真空状态。然而在自然界中，其他国家重点保护植物与珍贵树木相比较，其生态价值并不比珍贵树木的低，但对于采伐或者毁坏除珍贵树木外其他国家重点保护植物的行为，只能对其行政处罚，却不能对其刑事规制，这也就导致了破坏其他重点保护植物的情况日趋严重。有鉴于此，有关机关提出了对非法采伐、毁坏珍贵树木罪进行修订的建议。

2002 年通过的《刑法修正案（四）》顺应了这一要求，将非法采伐、毁坏珍贵树木罪修改为非法采伐、毁坏国家重点保护植物罪，将刑法上的保护对象由单一的珍贵树木覆盖到所有的国家重点保护植物，进一步打击了破坏国家重点保护植物的犯罪，对保护国家重点保护植物起到了积极作用。

《罪名补充规定（七）》将本款罪名合并修改为"危害国家重点保护植物罪"，取消原罪名"非法采伐、毁坏国家重点保护植物罪"和"非法收购、运输、加工、出售国家重点保护植物、国家重点保护植物制品罪"。主要考虑：①司法实践反映，原罪名过于复杂、烦冗；②非法采伐、毁坏国家重点保护植物的行为，往往伴随后续的非法收购、运输、加工、出售国家重点保护植物、国家重点保护植物制品的行为。按照原罪名，司法适用中经常面临是否需要数罪并罚的争论；③概括确定为"危害国家重点保护植物罪"简单明了，也能充分涵括各种行为方式和保护对象。而且，对于涉及多种行为方式、多个行为对象的，也可以根据情节裁量刑罚，实现对国家重点保护植物资源的有效刑事司法保护。

2023 年 8 月 14 日，最高人民法院发布《关于审理破坏森林资源刑事案件适用法律若干问题的解释》（法释〔2023〕8 号）（以下简称《解释》），自 2023 年 8 月 15 日（首个全国生态日）起施行。《解释》针对危害国家重点保护植物罪作了专门规定。一是全面规定了危害国家重点保护植物罪的定罪量刑标准；二是区分国家重点保护植物的保护级别设置差异化的定罪量刑标准；三是针对危害古树名木行为专门规定定罪量刑规则。

危害国家重点保护植物罪侵犯的法益，是国家对重点保护植物的管理制度，包括林木区域、分布、林木种植、林木树种规划、林木采伐等各项林业管理制度。国家对国家重点保护植物实行加强保护、积极发展、合理利用的方针。同时，国家还保护依法一切利用和经营管理国家重点保护植物资源的单位和个人的合法权益。任何单位和个人都有保护国家重点保护植物的义务。《野生植物保护条例》第九条规定，"国家保护野生植物及其生长环境。禁止任何单位和个人非法采集野生植物或者破坏其生长环境。"禁止采伐、毁坏国家重点保护植物，对于因科学研究、人工培育、文化交流等特殊需要，采伐国家重点保护植物的，必须向国务院有关主管部门申请来伐证。采伐国家重点保护植物的单位和个人，必须按照采伐证规定的种类、数量、地点、期限和方法进行采集。对于未申请采伐证或虽申请未获批准，或者未按规定的种类、数量、地点、期限方法采伐国家重点保护植物的，都严重侵犯了国家的林业管理制度，破坏了自然环境。《森林法》第二十四条规定，"国务院林业主管部门和省、自治区、直辖市人民政府，应当在不同自然地带的典型森林生态地区、珍贵动物和植物生长繁殖的林区、天然热带雨林区和具有特殊保护价值的其他天然林区，划定自然保护区，加强保护管理。对自然保护区以外的珍贵树木和林区内具有特殊价值的植物资源，应当认真保护；未经省、自治区、直辖市林业主管部门批准，不得采伐和采集。"《野生植物保护条例》第十八条规定，禁止出售、收购国家一级保护野生植物。出售、收购国家二级保护野生植物的，必须经省、自治区、直辖市人民政府野生植物行政主管部门或者其授权的机构批准。非法收购、运输、加工、出售珍贵树木、国家重点保护的其他植物及其制品的行为，直接诱发非法采伐、毁坏国家重点保护植物的犯罪发生。因此，非法收购、运输、加工、出售珍贵树木、国家重点保护的其他植物及其制品的行为是对国家重点保护的植物的管理制度的侵犯。

第一节　危害国家重点保护植物罪的犯罪构成

危害国家重点保护植物罪是指违反国家规定，非法采伐、毁坏珍贵树木或者国家重点保护的其他植物的，或者非法收购、运输、加工、出售珍贵树木或者国家重点保护的其他植物及其制品的行为。

一、客观要件

（一）违反森林法及其他法规中有关国家重点保护植物的规定

《森林法》第二十三条规定："禁止毁林开垦和毁林采石、采砂、采土以及其他毁林行为。禁止在幼林地和特种用途林内砍柴、放牧。"第二十四条规定："国务院林业主管部门和省、自治区、直辖市人民政府，应当在不同自然地带的森林生态地区、珍贵动物和植物生长繁殖的林区、天然热带雨林的具有特殊保护价值的其他天然林区，划定自然保护区，加强保护管理。对自然保护区以外的国家重点保护植物和林区内具有特殊价值的植物资源，应当认真保护；未经省、自治区、直辖市林业主管部门批准，不得采伐和采集。"第四十条规定："违反本法规定，非法采伐、毁坏国家重点保护植物的，依法追究刑事责任。"《森林法实施细则》第二十五条规定："违反森林法规定，致使防护林、经济林、特种用途林、国家重点保护植物和自然保护区的森林资源遭受破坏的，除应当依法追究刑事责任的以外，按本细则第二十二条的规定从重处罚。"《野生植物保护条例》第十六条规定："禁止采集国家一级保护野生植物。因科学研究、人工培育、文化交流等特殊需要，采集国家一级保护野生植物的，必须经采集地的省、自治区、直辖市人民政府野生植物行政主管部门签署意见后，向国务院野生植物行政主管部门或者其授权的机构申请采集证；采集国家二级保护野生植物的，必须经采集地的县级人民政府野生植物行政主管部门签署意见后，向省、自治区、直辖市人民政府野生植物行政主管部门或者其授权的机构申请采集证；采集城市园林或者风景名胜区内的国家一级或者二级保护野生植物的，须先征得城市园林或风景名胜区管理机构同意，分别依照前两款的规定申请采集证；采集珍贵野生树木或者林区内、草原上的野生植物时，依照森林法、草原法的规定办理。"违反上述法律、法规规定，非法采伐、毁坏国家重点保护植物的行为，则可构成本罪。

（二）行为方式为非法采伐、毁坏和非法收购、运输、加工、出售

所谓"非法采伐"，是指违反森林资源保护的法律、法规的规定，未经允许

擅自砍伐国家重点保护植物的行为。所谓"毁坏"，是指毁灭和损坏，也即使国家重点保护植物的价值或使用价值部分丧失或者全部丧失的行为，如造成国家重点保护植物数量减少、濒于灭绝或者已经绝种等。这两种行为方式可以单独实施，也可以兼并实施，只有行为中任意一种的，即可构成本罪。毁坏的方法是多种多样的，如果行为人采用放火、爆炸等方法破坏国家重点保护植物的，由于已危害到不特定公私财产的安全，应以危害公共安全罪中的具体犯罪论处。所谓收购，是指以营利、自用等为目的而购买。所谓运输，是指采用携带、邮寄、利用他人、使用交通工具等方法进行运送。所谓加工，是指以珍贵树木、国家重点保护的其他植物为原料，加工成制品。所谓出售，是指出卖。

（三）行为对象

非法采伐、毁坏国家重点保护植物的对象是国家重点保护植物，包括珍贵树木及国家重点保护的其他植物。非法采伐、毁坏国家重点保护植物罪的对象是国家重点保护植物及其制品，包括珍贵树木、国家重点保护的其他植物及珍贵树木、国家重点保护的其他植物制品。根据《野生植物保护条例》第二条规定："本条例所保护的野生植物，是指原生地天然生长的珍贵植物和原生地天然生长并具有重要经济、科学研究、文化价值的濒危、稀有植物。药用野生植物和城市园林、自然保护区、风景名胜区内的野生植物的保护，同时适用有关法律、行政法规。"第十条规定："野生植物分为国家重点保护野生植物和地方重点保护野生植物。国家重点保护野生植物分为国家一级保护野生植物和国家二级保护野生植物。"

1. 古树名木

根据最高人民法院、最高人民检察院《关于适用〈中华人民共和国刑法〉第三百四十四条有关问题的批复》（法释〔2020〕2号），古树名木以及列入《国家重点保护野生植物名录》的野生植物，属于《刑法》第三百四十四条规定的"珍贵树木或者国家重点保护的其他植物"。

2. 国家重点保护的其他植物

到目前为止，国家重点保护的其他植物并无明确的规定，但根据《野生植物保护条例》及其相关的法律法规规定，国家重点保护的其他植物包括：①列入《国家重点保护野生植物名录》中除珍贵林木以外的其他植物；②列入《濒危野生动植物种贸易公约》中除珍贵林木以外的其他植物；③国务院及其有关部门依据法律法规确定的其他国家重点保护植物。但地方保护重点保护植物不属于国家重点保护的其他植物的范围。

3. 珍贵树木、国家重点保护的其他植物制品

"珍贵树木、国家重点保护的其他植物制品"，指的是珍贵树木、国家重点保护的其他植物的可辨认部分（如根、茎、皮等），以及利用珍贵树木、国家重点保护的其他植物或者其可辨认部分加工而成的产品（如工艺品、药品标本等），这里的加工包括物理和化学加工。

二、主体要件

本罪主体是一般主体，既可以是自然人，也可以是单位。凡年满 16 周岁、具备刑事责任能力的人均可成为本罪的主体。

三、主观要件

危害国家重点保护植物罪的罪过形式是故意，过失不构成本罪。关于非法采伐、毁坏国家重点保护植物以何为目的，在所不问。非法采伐、毁坏珍贵树木，有的是以营利为目的，有的仅仅是为了搭建住宅而用，有的是为了采集标本科学研究而用，但无论何种目的，只要行为人明知是国家重点保护植物，而予以采伐、毁坏的，主观上即存有故意。明知是珍贵树木、国家重点保护的其他植物及其制品而进行收购、运输、加工、出售的主观心理状态，关于非法收购、运输、加工、出售国家重点保护植物、国家重点保护植物制品以何为目的，不影响定罪。无论何种目的，只要行为人明知是国家重点保护植物，而予收购、运输、加工、出售的，主观上即存有故意，至于确实不知道树木是国家重点保护植物的，不构成本罪。

第二节　司法适用中需要注意的问题

一、关于主观故意证据的认定

主观故意是指行为人明知自己的行为会发生危害社会的结果，行为人希望或放任危害结果的发生。表现为行为人明知行为对象是国家重点保护植物，且明知自己的行为会发生或者可能发生采伐、毁坏的犯罪结果的情况下，主观上希望或放任这种结果发生。

（一）在故意的认定难点是间接故意，即无目的的故意

在认识要素上，对结果发生的盖然性认识（明知结果发生的可能性很大，但

并非必然发生，还是有不发生余地）。在意志要素上，放任（容忍结果发生，不反对也不追求，听之任之）仍实施行为。即客观上不采取积极措施防止，没有防止结果发生的客观依据。

（二）嫌疑人犯罪目的的辩解

本罪属于行为犯，并非目的犯，目的并不影响该罪成立，观赏、送人、移植等都可以构成本罪。

二、关于罪数的认定

《补充罪名（七）》确定该罪为"危害国家重点保护植物罪"后，行为人实行采伐、毁坏、运输、加工、出售等多个行为的不再数罪并罚。

侦查人员应当根据案件调查中的客观情况，细致收集犯罪嫌疑人实施采伐、毁坏行为的时间节点、地域环境、植物的数量种类等情况，对应法律规定。并在认定罪数判断顺序上，首先要看刑法分则与刑法解释对该情形有无规定罪数规则，如有规定，则直接按罪数规则处理。如果无明文规定处理规则，则再看是否符合刑法总论理论的九种罪数形态，如符合其中任何一种罪数形态，也应宣判一罪。如无明文规定处理规则，也不符合刑法总论中的任何一种罪数形态，这才宣判为数罪。

三、关于"明知"的判断

"明知"是行为人的一种主观认识心态，法律规定行为人以"明知"为前提，不"明知"的不能认定为犯罪。实践中对犯罪嫌疑人、被告人的主观"明知"的判定，主要存在认定和推定两种方法。所谓认定的明知，是指通过犯罪嫌疑人、被告人自身的陈述，被害人指证，有效的物证、书证及相关案件资料等多种形式所形成的直接法律证据，对犯罪嫌疑人、被告人的行为进行违法性的认定。推定的明知，是指根据犯罪嫌疑人、被告人的年龄、智力特征，行为的时间和地点以及犯罪行为发生前后的异常等因素，以收集所得的相关证据并结合多年的实践经验，根据犯罪嫌疑人、被告人在主观方面的"明知"状态进行推导出来的结论。然而，主观"明知"属于内在心理状态，而犯罪故意的对象却是犯罪行为的客观构成要件。因此，无论是认定的明知，还是推定的明知，两者都强调通过客观证据来证明，并从事实证据向法律证据转化。可见，实务中的"明知"只能是"推定明知"。

理论界将犯罪构成分为四要件，究竟行为人行为时对自己的认识符合哪些构成要件才可以算作明知呢？目前刑法学界通说认为行为人明知对象包括了犯罪客体和犯罪客观方面。即成立犯罪故意，必须认识、预见关于该种犯罪构成的客观特征的一切情况，包括关于犯罪客体或者犯罪对象的事实情况。

就危害国家重点保护植物罪来讲，对该罪中"明知"的判断应从以下几个方面进行。

（一）行为人对犯罪对象已认知

本罪的对象只能是国家重点保护植物，而不是指所有的珍贵野生植物。根据最高人民法院、最高人民检察院《关于适用〈中华人民共和国刑法〉第三百四十四条有关问题的批复》，古树名木以及列入《国家重点保护野生植物名录》的野生植物，属于《刑法》第三百四十四条规定的"珍贵树木或者国家重点保护的其他植物"。

1. 古树名木

根据《古树名木鉴定规范》（LY/T 2737-2016），"古树"（old tree）指树龄在100年以上的树木。"名木"（notable tree）指具有重要历史、文化、观赏价值及纪念意义值得特别关注的树木。符合下列条件之一的应当认定为名木：①国家领袖、外国元首或著名政治人物所植；②国内外著名历史文化名人、知名科学家所植或咏题；③分布在名胜古迹、历史园林、宗教场所、名人故居等，与著名历史文化名人或重大历史事件有关；④列入世界自然遗产或世界文化遗产保护内涵的标志性树木；⑤树木分类中作为模式标本来源的具有重要科学价值的树木；⑥其他具有重要历史、文化、观赏或重要纪念意义的树木。因此，"古树"就是一种客观存在，无论天然生长、人工栽培，只要"年代久远"，它就是古老的树，目前所见的规范性文件都规定"古树，是指树龄在100年以上的树木"。行为人只要出于正常人的认知，能够初步预判作为行为对象的树木生长到行为时的状态，通常需要百年左右的时间即可，至于是否确属"100年以上的树木"，则应当通过技术认定确认；"名木"则强调它的历史价值与人文价值，应当挂牌明示其历史意义与人文价值。

2. 列入《国家重点保护野生植物名录》的野生植物

根据《野生植物保护条例》第二条第二、三款规定，"本条例所保护的野生植物，是指原生地天然生长的珍贵植物和原生地天然生长并具有重要经济、科学研究、文化价值的濒危、稀有植物。药用野生植物和城市园林、自然保护区、风景名胜区内的野生植物的保护，同时适用有关法律、行政法规。"第十条第一、二款规定："野生植物分为国家重点保护野生植物和地方重点保护野生植物。国家重点保护野生植物分为国家一级保护野生植物和国家二级保护野生植物……"。2021 年 8 月 7 日经国务院批准，国家林业和草原局、农业农村部公告（2021 年第 15 号）发布了《国家重点保护野生植物名录》，自公布之日施行。除此之外的其他植物，不能成为本罪的对象。行为人只要能够初步预判采伐的植物属于国家重点保护植物即可，至于是否确属收录至名录，可以通过鉴定的方式进行确定。

（二）行为人对客观方面已认知

我国制定关于保护森林法律法规及国家重点保护植物规定均通过百姓熟知的载体进行了公布，并推定所有主体均已知晓，并对所有主体均产生约束力，至于行为人是否真实知晓相关法律规定在所不问。对于确有采伐需要的，需严格按法律规定进行审批。行为人在实施采伐行为时，已明确知道自己没有法律许可的特殊需要，并已依法进行审批通过的，即可判断其已认知到所实施的采伐行为即为非法行为。

（三）"推定明知"的证据证明

对于"推定明知"的判断，首先，从行为人的认知能力、精神状态进行证明，即应证明行为人已达到刑事责任年龄、具备刑事责任能力；其次，对证明行为人对犯罪对象的认知，可通过行为人的职业、知识结构、对当地情况的熟悉度进行证明，可审查的证明包括但不限于口供、接触对象的证言、活动环境、重点保护植物保护措施宣传受众范围等；最后，对于采伐的对象是否真实属于国家重点保护植物进行辨别，查实是否印证行为人对采伐对象的判断。对此可以通过鉴定的方式进行明确，若经鉴定不属于相关保护名录的植物，不构成本罪。

四、关于非法采伐、毁坏或者非法收购、运输人工培育的植物处理

最高人民法院、最高人民检察院《关于适用〈中华人民共和国刑法〉第三百四十四条有关问题的批复》规定，根据《中华人民共和国野生植物保护条例》的规定，野生植物限于原生地天然生长的植物。人工培育的植物，除古树名木外，不属于《刑法》第三百四十四条规定的"珍贵树木或者国家重点保护的其他植物"。非法采伐、毁坏或者非法收购、运输人工培育的植物（古树名木除外），构成盗伐林木罪，滥伐林木罪，非法收购、运输盗伐、滥伐的林木罪等犯罪的，依照相关规定追究刑事责任。

五、关于非法移栽珍贵树木或者国家重点保护的其他植物的处理

最高人民法院、最高人民检察院《关于适用〈中华人民共和国刑法〉第三百四十四条有关问题的批复》规定，对于非法移栽珍贵树木或者国家重点保护的其他植物，依法应当追究刑事责任的，依照《刑法》第三百四十四条的规定，以非法采伐国家重点保护植物罪定罪处罚。

鉴于移栽在社会危害程度上与砍伐存在一定差异，对非法移栽珍贵树木或者国家重点保护的其他植物的行为，在认定是否构成犯罪以及裁量刑罚时，应当考虑植物的珍贵程度、移栽目的、移栽手段、移栽数量、对生态环境的损害程度等情节，综合评估社会危害性，确保罪责刑相适应。

六、对危害古树名木行为的处理规则

《城市绿化条例》第二十四条第一款规定："百年以上树龄的树木，稀有、珍贵树木，具有历史价值或者重要纪念意义的树木，均属古树名木。"古树名木系野生且同时列入《国家重点保护野生植物名录》的，属于国家重点保护的野生植物，可区分保护级别直接适用《关于审理破坏森林资源刑事案件适用法律若干问题的解释》（以下简称《解释》）第二条第一、二款规定的相应株数、立木蓄积标准。古树名木系人工种植的，或者虽为野生但未列入《国家重点保护野生植物名录》的，则不属于国家重点保护的野生植物，无法适用《解释》第二条第一、二款的规定。根据《城市绿化条例》规定，由"城市人民政府城市绿化行政主管部门""建立古树名木的档案和标志，划定保护范围"。

实践中，对于古树名木的保护管理，存在不同。对于古树，各地因地制宜，结合当地森林资源及其保护实际划分了相应级别，划分标准不尽一致，有的划为两档，有的划为三档。为此，《解释》第二条第三款规定："违反国家规定，非法采伐、毁坏古树名木，或者非法收购、运输、加工、出售明知是非法采伐、毁坏的古树名木及其制品，涉案树木未列入《国家重点保护野生植物名录》的，根据涉案树木的树种、树龄以及历史、文化价值等因素，综合评估社会危害性，依法定罪处罚。"实践中，对于危害此类古树名木的行为，应当综合涉案树木的树龄、种类及生态、历史、文化价值等，恰当评价社会危害性，依法妥当处理。需要说明的是，最高人民法院、最高人民检察院《关于适用〈中华人民共和国刑法〉第三百四十四条有关问题的批复》（法释〔2020〕2号）规定："古树名木以及列入《国家重点保护野生植物名录》的野生植物，属于刑法第三百四十四条规定的'珍贵树木或者国家重点保护的其他植物'。""人工培育的植物，除

213

古树名木外，不属于刑法第三百四十四条规定的'珍贵树木或者国家重点保护的其他植物'。"对于危害国家重点保护植物罪的对象范围，继续适用这一批复。

七、关于危害国家重点保护植物罪的定罪量刑标准

最高人民法院《关于审理破坏森林资源刑事案件具体应用法律若干问题的解释》（法释〔2000〕36 号）根据当时刑法规定，对《刑法》第三百四十四条规定的非法采伐、毁坏珍贵树木"情节严重"的认定标准作了明确。《刑法修正案（四）》对刑法第三百四十四条作了修改完善，一是将行为对象由"珍贵树木"修改为"珍贵树木或者国家重点保护的其他植物及其制品"；二是将行为方式由"非法采伐、毁坏"修改为"非法采伐、毁坏""非法收购、运输、加工、出售"。根据修改后刑法的规定，结合司法实践突出问题，《解释》进一步完善了危害国家重点保护植物罪的定罪量刑标准，具体而言：

（1）增加规定入罪门槛"情节严重"系危害国家重点保护植物罪的升档量刑标准，对于入罪门槛，最高人民法院《关于审理破坏森林资源刑事案件具体应用法律若干问题的解释》（法释〔2000〕36 号）未作规定。考虑到国家重点保护植物范围大、种类多，相关植物保护级别有异、珍稀程度不同。对于珍稀程度相对较低的国家二级保护野生植物，尤其是草本植物、灌木而言，"一株即入罪"失之过重，与社会公众一般认知存在差距，影响案件办理效果，为贯彻罪责刑相适应原则，防止刑事处罚泛化，《解释》为危害国家重点保护植物罪设置了入罪门槛。

（2）区分保护级别设置定罪量刑标准 2021 年新调整的《名录》共列入国家重点保护野生植物 455 种和 40 类；与 1999 年发布的名录相比，仅新增的就达 268 种和 32 类，占比接近 60%，物种数量大幅增加，物种之间的差异性进一步凸显。对于不同等级的国家重点保护的野生植物，适用相同的定罪处罚标准，难以实现罪责刑相适应，亦不符合社会公众的一般认知。基于此，《解释》第二条区分保护级别，针对危害国家重点保护的野生植物的行为，分别设置相应的定罪量刑标准，将危害国家一级保护野生植物的入罪标准确定为"一株以上或者立木蓄积一立方米以上"，将危害国家二级保护野生植物的入罪标准确定为"二株以上或者立木蓄积二立方米以上"；相应地，将升档量刑标准分别确定为"危害国家一级保护野生植物五株以上或者立木蓄积五立方米以上""危害国家二级保护野生植物十株以上或者立木蓄积十立方米以上"。

（3）增设定罪量刑价值标准对于非法采伐、毁坏珍贵树木行为的定罪量刑标准，最高人民法院《关于审理破坏森林资源刑事案件具体应用法律若干问题的

解释》（法释〔2000〕36号）主要按照株数和立木蓄积确定。实践反映，立木蓄积等主要适用于乔木，对于国家重点保护的灌木、苔藓等植物，不能也不宜适用相关标准。为避免形成处罚漏洞，进一步严密对国家重点保护植物的司法保护，《解释》第二条增设价值标准，将危害国家重点保护植物罪的入罪标准确定为"涉案国家重点保护野生植物及其制品价值二万元以上的"；将升档量刑标准确定为"涉案国家重点保护野生植物及其制品价值二十万元以上的"。

八、关于专门性问题的认定规则

1. 关于专门性问题的一般认定规则

涉案国家重点保护植物的种类、立木蓄积、株数、价值，以及涉案行为对森林资源的损害程度等专门性问题，直接关系相关案件的定罪量刑，如何依法妥当认定一直是困扰实践的难题。基于此，《解释》第十八条对上述专门性问题的认定规则作出明确，规定："可以由林业主管部门、侦查机关依据现场勘验、检查笔录等出具认定意见"；实践中，可依据此类认定意见，直接对相关专门性问题作出认定。同时规定："难以确定的，依据鉴定机构出具的鉴定意见或者下列机构出具的报告，结合其他证据作出认定：（一）价格认证机构出具的报告；（二）国务院林业主管部门指定的机构出具的报告；（三）地、市级以上人民政府林业主管部门出具的报告。"

2. 关于相关植物的价值认定规则

价值认定亦属专门性问题之一。对于涉案国家重点保护植物的价值，《解释》第十七条专门明确了认定规则，规定："涉案国家重点保护植物或者其他林木的价值，可以根据销赃数额认定；无销赃数额，销赃数额难以查证，或者根据销赃数额认定明显不合理的，根据市场价格认定。"此规定主要考虑以下几点：第一，从司法实践来看，大多数危害国家重点保护植物的案件，可以根据立木蓄积或者株数依法处理，且一般来说，适用这两个标准更有利于对相关植物的严格保护；第二，价值标准主要发挥补充作用，考虑到相关植物的种类众多，目前尚无统一适用的价值评估体系，适用销赃数额，更便于实践操作，有利于案件及时查办，从而促进对国家重点保护植物的有效保护；第三，对于无销赃数额，销赃数额难以查证，或者根据销赃数额认定明显不合理的，《解释》明确，根据市场价格认定涉案植物的价值，能够有效防止价值认定偏低的情况。

第三节 犯罪构成要件证据

一、主体要件证据

（一）自然人犯罪

1. 自然人单独犯罪

证明犯罪嫌疑人刑事责任年龄、身份等自然情况的证据，包括身份证明、户籍证明、任职证明、工作经历证明、特定职责证明等。

主要是证明行为人的姓名（曾用名）、性别、出生年月日、民族、籍贯、出生地。

2. 共同犯罪

在共同犯罪案件中，除需要证明各行为人的自然情况外，还需要证明：

一是共同犯罪的成立要件。根据《刑法》第二十五条的规定，共同犯罪是指二人以上共同故意犯罪，理论上包括共同故意、共同行为、行为与结果在刑法上的因果关系三个方面。

二是各共同犯罪行为人地位。《刑法》第二十六条至第二十八条规定了主犯、从犯、胁从犯的量刑原则，刑法理论对共同犯罪分为实行犯和帮助犯，实行犯和帮助犯的犯罪人地位，应按其在共同犯罪中所起的作用处罚，如果在共同犯罪中仅仅提供犯罪工具、指示犯罪目标、查看犯罪地点、排除犯罪障碍以及事前通谋答应事后隐匿罪犯、消灭罪迹、窝藏赃物来帮助实施犯罪等情况辅助作用，就以从犯论处；如果被胁迫实施帮助行为，并在共同犯罪中起较小作用，则应以胁从犯论处。主犯是组织、领导犯罪集团进行犯罪活动和在共同犯罪中起主要作用的人，受雇佣的工人一般不属于犯罪主体。

（二）单位犯罪

《刑法》第三十条规定，公司、企业、事业单位、机关、团体实施的危害社会的行为，法律规定为单位犯罪的，应当负刑事责任。

最高人民法院《关于审理单位犯罪案件具体应用法律有关问题的解释》（法释〔1999〕14号）规定，为依法惩治单位犯罪活动，根据刑法的有关规定，现对审理单位犯罪案件具体应用法律的有关问题解释如下：

第一条 刑法第三十条规定的"公司、企业、事业单位"，既包括国有、集体所有的公司、企业、事业单位，也包括依法设立的合资经营、合作经营企业和具有法人资格的独资、私营等公司、企业、事业单位。

第二条　个人为进行违法犯罪活动而设立的公司、企业、事业单位实施犯罪的，或者公司、企业、事业单位设立后，以实施犯罪为主要活动的，不以单位犯罪论处。

第三条　盗用单位名义实施犯罪，违法所得由实施犯罪的个人私分的，依照刑法有关自然人犯罪的规定定罪处罚。

值得注意的是，根据《民法典》第一百零二条的规定，非法人组织不具有法人资格，但是能够依法以自己的名义从事民事活动。非法人组织包括个人独资企业、合伙企业、不具有法人资格的专业服务机构等。由于个人独资企业、个人合伙企业、不具有法人资格的专业服务机构等不属于《关于审理单位犯罪案件具体应用法律有关问题的解释》所指的"具有法人资格的独资、私营等公司、企业、事业单位"，不能成为单位犯罪的主体。

二、主观要件证据

证明犯罪嫌疑人明知自己的行为会发生危害社会结果的证据，如犯罪嫌疑人作案动机、目的，希望或者放任的心理态度，以及是否知道有关法律规定与实施该行为的社会危害性，主观方面故意的表现等。应收集的基本证据包括但不限于：

1. 嫌疑人关于国家重点保护植物认知的供述。

2. 证人证言、辨认笔录、同案关系人的供述等。

3. 体现嫌疑人主观状态的微信、短信、通话等记录以及相关的合同、协议等。

4. 其他可以认定被告人明知的情形，如：

（1）曾因违反国家重点保护野生动植物相关规定受过处罚的；

（2）本人曾接受过与植物保护相关的学习、培训，或者曾从事过植物保护相关工作的；

（3）作案区域有明显保护标志、标识的；

（4）本人陈述中能说出涉案物种名称或当地俗称的；

（5）本人在相关植物类型自然保护区居住一年以上的；

（6）其他可以认定行为人明知的情形。

三、客体要件证据

本罪的对象是国家重点保护植物，取证重点明确是否属于古树名木以及列入《国家重点保护野生植物名录》的野生植物。证明"非法采伐"，着重获取违反森林资源保护的法律、法规的规定，未经允许擅自砍伐、移栽国家重点保护植物的证据。证明"毁坏"，重点获取是否造成毁灭和损坏，也即使国家重点保护植物的价值或使用价值部分或者全部丧失。

四、客观要件证据

本罪在客观方面表现为违反国家规定，非法采伐、毁坏珍贵树木或者国家重点保护的其他植物，非法收购、运输、加工、出售珍贵树木或者国家重点保护的其他植物及其制品的行为。

"违反国家规定"是指违反森林法和其他有关植物保护的国家法律、法规的规定；"非法采伐"是指违反植物资源保护的法律、法规的规定，未经允许擅自砍伐珍贵植物的行为。

"毁坏"是指毁损和损坏，亦即使珍贵植物的价值或者使用价值部分丧失或者全部丧失的行为——如造成珍贵植物数量减少，濒于灭绝或者已经绝种等，且毁坏的方法是多种多样的。

"收购"，包括以营利、自用等为目的的购买行为。

"运输"，包括采用携带、邮寄、利用他人、使用交通工具等方法进行运送的行为。

"加工"是指人为制作成品和半成品的行为。

"出售"，包括出卖和以营利为目的的加工利用行为。常见证据包括：

（1）实施采伐、毁坏、收购、运输、加工、出售行为的时间、地点、参与人、作案过程、手段、归案经过。

（2）采伐、毁坏林木的方式与采伐、毁坏林木的工具种类、特征、数量、来源及下落、涉案物品情况。

（3）采伐、毁坏植物的种类、株数、规格、蓄积量。

（4）植物去向：销赃时间、地点、对象、价格、数量、所获赃款及分赃情况。

（5）运输方式：自己运输还是雇佣他人运输，何种运输方式；承运人的基本情况、运输工具（车型、牌号等）情况，是否明知，是否参与分赃、所得承运费情况。

（6）同类违法经历：作案次数，历次作案时间、地点、经过与结果。

第十五章

盗伐林木罪

盗伐林木罪侵犯的法益是国家对森林资源的管理制度和国家、集体或者个人对林木的所有权及其生态效益。根据森林法及其相关法律规定，采伐林木必须办理林木采伐许可证，按许可证的规定进行采伐。盗伐林木是侵犯林木所有权的一种重要形式，在破坏森林资源的同时，也侵犯了国家对森林资源的管理活动。

长期以来，人们对森林的认识却是较单一的，较片面地把它当作提供木材、燃料及纤维的来源，森林的效益只片面注重经济价值，而很少考虑到由破坏森林所造成的生态损失，森林提供的生态价值往往被忽视，正因为在这一观念的影响和支配下，人们只顾追求森林的经济效益，出现了大量盗伐林木的行为。其实，森林的概念可从多个角度进行分析。从生态角度看，森林是一个开放的生态系统，是一大片主要由树木和其他木本植被组成的群落。从法律观点看，森林则包括林木、竹林和林地。其实，从管理来定义森林则更适宜，因为无论是《森林法》对森林保护的有关规定，还是新刑法对森林保护的规定，其目的都是为了有效地管理好森林，使之发挥最大的效益，为社会主义的生产和生活服务。因此，盗伐林木也是对人类赖以生存的生态环境的重大损害。

第一节　盗伐林木罪的犯罪构成

盗伐林木罪是指违反国家森林保护法规，以非法占有为目的，擅自砍伐国家、集体所有或者个人所有的森林或者其他林木，数量较大的行为。

一、客观要件

违反保护森林法规，盗伐森林或者其他林木，数量较大的行为，具体表现为：①擅自砍伐国家、集体、他人所有或者他人依法承包经营管理的森林或者其他林木的；②擅自砍伐本单位或者本人承包经营管理的森林或者其他林木的；③在林木采伐许可证规定的地点以外采伐国家、集体、他人所有或者他人承包经营管理的森林或者其他林木的。

盗伐林木的行为方式为盗伐，即秘密砍伐他人的林木，此处的秘密具有以下的特征：①秘密的单方性。是行为人的单方行为，如果需要受害人配合的就不是秘密行为。②秘密的主观性、相对性。行为人采取自认为不为他人所知的行为。不以受害人或他人实际所知道为要件。③秘密的特定性。行为人针对财物所有人、经手人、保管人等在法律上和观念上为其控制的财物而暗中取走的行为。

盗伐林木罪的对象为《中华人民共和国森林法》规定的森林及其他林木，包括防护林、用材林、经济林、能源林、特种用途林等。《森林法》调整范围的个人房前屋后种植的零星树木，不属于本罪的犯罪对象。个人承包全民所有和集体所有的宜林荒山荒地造林，承包后种植的树木归承包个人所有，但这些林木已构成国家林业资源的组成部分，这些林木同样可作为盗伐林木罪的犯罪对象。本罪的对象必须是正在生长中的林木。即被盗伐的林木必须是正在生长着，如果将他人已经砍伐下来的树木偷走，应以盗窃罪定。

本罪要求数量较大。根据 2023 年最高人民法院《关于审理破坏森林资源刑事案件适用法律若干问题的解释》规定，有以下情况属于"数量较大"：①立木蓄积五立方米以上的；②幼树二百株以上的；③数量虽未分别达到第一项、第二项规定标准，但按相应比例折算合计达到有关标准的；④价值二万元以上的。实施前款规定的行为，达到第一项至第四项规定标准十倍、五十倍以上的，应当分别认定为《刑法》第三百四十五条第一款规定的"数量巨大""数量特别巨大"。多次实施盗伐林木行为，未经处理，且依法应当追诉的，数量、数额累计计算。

二、主体要件

本罪主体是一般主体，既可以是自然人，也可以是单位。凡年满 16 周岁、具备刑事责任能力的人均可成为本罪的主体。

三、主观要件

盗伐林木罪的罪过形式是故意，并具有非法占有的目的。这里的故意是指明知是国家、集体或者他人的林木而有意实施盗伐。

第二节　司法适用中需要注意的问题

一、盗伐林木罪与相关犯罪的区别

（一）与滥伐林木罪的区别

1. 犯罪主体不同

盗伐林木罪的主体必须是林木所有者以外的自然人或单位，林木所有者在任何情况下采伐自己所有的林木都不能构成盗伐林木罪；而滥伐林木罪的主体，通常是林木所有者或承包经营管理者，但在一定条件下，其他自然人或单位也可成为该罪的主体。

2. 犯罪客体不同

盗伐林木罪既侵犯国家对森林资源的保护管理制度，同时也侵犯国家、集体或他人的林木所有权，直接侵犯两种社会关系，是复杂客体；而滥伐林木罪一般只侵犯国家对森林资源的保护管理制度，直接侵犯一种社会关系，是简单客体。

3. 犯罪主观方面不同

盗伐林木罪只能由直接故意构成，即行为人希望通过实施盗伐林木行为，积极追求发生非法占有国家、集体或他人所有的林木的危害结果，以非法占有为目的；滥伐林木罪既可以由直接故意构成，也可以由间接故意构成，即行为人实施非法采伐林木行为，主观上希望或放任发生滥伐林木的危害结果，并不是以非法占有为目的。是否具有其他犯罪目的，也不是构成该罪的必备条件。

4. 犯罪客观方面不同

①犯罪对象不同。盗伐林木罪的犯罪对象更为宽泛，不仅普通树木可以成为该罪的对象，而且珍贵树木也可以成为该罪的对象；而在实践中，滥伐林木罪的对象只能是普通树木，珍贵树木不能成为该罪的对象。②犯罪方式不同。盗伐林木犯罪是在林木所有者、经营管理者或护林人员不知情的情况下非法采伐林木，并占为己有，具有一定的秘密性；而滥伐林木犯罪通常是由林木所有者或经营管理者实施，不做任何掩饰、公然地非法采伐林木，具有公开性。③构成犯罪的数量要求不同。构成盗伐林木罪的起点是：（一）立木蓄积五立方米以上的；（二）幼树二百株以上的；（三）数量虽未分别达到第一项、第二项规定标准，但按相应比例折算合计达到有关标准的；（四）价值二万元以上的。滥伐林木罪

的起点是：（一）立木蓄积二十立方米以上的；（二）幼树一千株以上的；（三）数量虽未分别达到第一项、第二项规定标准，但按相应比例折算合计达到有关标准的；（四）价值五万元以上的。

（二）与盗窃罪的区别

1. 侵害的法益不同

本罪是国家对林木资源的管理秩序和国家集体或者他人对林木资源的所有权；盗窃罪则是公私财产的所有权。

2. 对象不同

本罪对象是森林资源以及生长过程中森林和其他林木；盗窃罪的对象是公私财物。

3. 行为方式不同

本罪表现为擅自砍伐；盗窃罪是以秘密方式。

4. 主体不同

本罪主体包括单位和自然人；盗窃罪主体只能是自然人。

（三）与（涉及林木的）故意毁坏财物罪的区别

1. 犯罪主体不同

盗伐林木罪的犯罪主体，既可以是自然人，也可以是单位；而故意毁坏财物罪的主体，只能是自然人，单位不能成为该罪的主体。

2. 犯罪主观方面不同

盗伐林木罪只能由直接故意构成，并且是以非法占有为目的的；而涉及林木的故意毁坏财物罪既可以由直接故意构成，也可以由间接故意构成，有无犯罪目的不是构成该罪的必备要件。

3. 犯罪客观方面不同

①犯罪对象不同。盗伐林木罪的对象，只能是凭证采伐的生长中的林木（包括枯立木）；而涉及林木的故意毁坏财物罪的对象范围广泛，既可以是凭证采伐的生长中的林木，也可以是不需要凭证采伐的生长中的林木；既可以是已经枯死的树木，也可以是已经伐倒的树木；既可以是幼树，也可以是苗木。②犯罪手段不同。盗伐林木罪通常采用刀斧砍、锯裁等手段实施；而涉及林木的故意毁坏财物罪除采用刀斧砍、锯裁手段外，还可采用剥树皮、放火、爆炸等手段实施。

（四）与（涉及林木的）破坏生产经营罪的区别

1. 犯罪主体不同

盗伐林木罪既可以由自然人构成，也可以由单位构成；而破坏生产经营罪只能由自然人构成，单位不能成为该罪的主体。

2. 犯罪主观方面不同

构成盗伐林木罪，行为人必须是以非法占有为目的，即主观上具有通过实施盗伐林木的犯罪行为从而达到非法占有国家、集体或他人林木的犯罪目的；而构成破坏生产经营罪，行为人必须有泄愤报复或其他个人目的。

3. 犯罪客观方面不同

①犯罪对象不同。盗伐林木罪的对象是生长中的、凭证采伐的林木（包括枯立木）；而涉及林木的破坏生产经营罪的对象，既可以是生长中的、凭证采伐的林木，也可以是生长中的苗木。②犯罪手段不同。盗伐林木罪主要采用刀斧砍、锯裁等手段实施；涉及林木的破坏生产经营罪的手段较多，除采用刀斧砍、锯裁手段外，还可采用拔苗、放火、爆炸等手段实施。

二、关于盗伐林木的停止形态

盗伐林木罪是结果犯。目前关于盗伐林木罪的既遂形态认定有两种不同看法，一种强调盗伐林木罪客体应包括林木的所有权，持这种看法的认为，盗伐林木的对象是国家或集体的林木属国家或集体的财产，是对林木所有权的侵犯，如果主观目的没达到，盗伐后没有运走，或在运输途中（未出木材检查站）被截获就属未遂。另一种看法认为，本罪侵犯的客体是国家对林木资源的保护和管理制度，只要实施了盗伐行为，且达到一定数量，就属犯罪既遂。我们认为，实施了盗伐行为。且达到一定数量，无论是否达到占有的目的，即构成盗伐林木罪既遂。按照刑法理论，在同类犯罪客体中，我国《刑法》把盗伐林木罪划归在破坏环境资源保护罪中，且盗伐林木本身就是对国家森林资源和环境资源的破坏，虽然具有普通财产犯罪的特征，但我国在立法时考虑到生长中的林木不同于一般财产，作为一种重要资源，应受到国家法律的特殊保护。因此，林木所有权的内容已为法律的特别规定所吸收，故无单独表述的必要。那么此罪侵犯的法益就应是国家对森林资源的保护和管理制度，行为人只要实施了盗伐行为把树伐倒，就使国家的森林资源和环境资源以及国家对此的管理制度遭到破坏。

盗伐林木罪也存在犯罪未遂形态。我国《刑法典》第二十三条第一款规定："已经着手实行犯罪，由于犯罪分子意志以外的原因而未得逞的，是犯罪未遂。"

所谓未得逞，一般认为其表现为未能完成犯罪，即未能达到犯罪既遂。因而根据上述规定，我国刑法中的犯罪未遂，是指行为人已经着手实行具体犯罪构成的实行行为，由于其意志以外的原因而未能完成犯罪的一种犯罪停止形态。我国刑法和刑法理论在犯罪未遂概念上所采取的综合主客观因素来限定犯罪未遂，盗伐林木罪犯罪未遂表现为，行为人已经着手实施盗伐林木的行为，行为人在罪过形式上为故意，其行为对象是具有较大数量的林木，在此种情况下，由于行为人意志以外的原因，盗伐林木数量没有达到盗伐林木罪的刑事立案标准，构成盗伐林木罪的犯罪未遂。《刑法》第二十三条第二款规定："对于未遂犯，可以比照既遂犯从轻或者减轻处罚。"我国对犯罪未遂采取得减主义的处罚原则，即根据案件的具体情况由法官斟酌裁定是否从轻、减轻处罚。

三、关于定罪量刑数量折算规则的理解适用

根据森林采伐技术规程和林业实践，立木蓄积一般适用于成材的乔木，而胸径5厘米以下的幼树没有出材率、无法计算立木蓄积，只能按照株数确定采伐数量。实践中，对于既盗伐成材乔木、又盗伐幼树的情况，如果单独按成材乔木的立木蓄积或者幼树株数均达不到相应标准，则难于追究刑事责任，易形成处罚漏洞，不利于森林资源的严格保护。基于此，最高人民法院《关于审理破坏森林资源刑事案件适用法律若干问题的解释》（法释〔2023〕8号）第四条第一款第三项、第六条第一款第三项、第八条第一款第三项分别增加了林木立木蓄积与幼树株数折算入罪的规定，将"数量虽未分别达到第一项、第二规定标准，但按相应比例折算合计达到有关标准的"作为盗伐林木，滥伐林木，非法收购、运输盗伐、滥伐林木"数量较大"入罪标准的适用情形。以盗伐林木罪为例，行为人盗伐松树立木蓄积达到4立方米（5立方米入罪门槛的80%），同时盗伐胸径不足5厘米的幼松50株（幼树200株入罪门槛的25%），按比例折算合计达到105%，应当认定为满足盗伐林木"数量较大"的适用条件。同理，升档量刑也适用相同的折算规则。

四、关于盗窃林木犯罪的处理规则

盗伐林木犯罪侵害的对象为森林资源，与一般的盗窃对象相比具有特殊性，特别是林木种类繁多、分布广泛，与人民群众生活联系紧密。盗伐林木行为与传统的盗窃等侵财行为相比，背德性、可谴责性相对较小，如果适用盗窃罪，入罪门槛较低、处罚过严，与民众的法感情不符。而且，盗伐林木犯罪主要通过侵犯林木采伐管理制度破坏森林资源，也与盗窃罪在社会危害方面有显著区别。但

是，一些涉及林木的盗窃行为，侵犯的主要不是国家对森林资源的管理秩序，而是财产所有权，为确保罚当其罪，则应当适用盗窃罪。基于此，《最高人民法院关于审理破坏森林资源刑事案件适用法律若干问题的解释》（法释〔2023〕8号）第十一条对盗窃林木犯罪的处理规则作出规定。

具体而言：①涉林木盗窃行为的适用对象。一是"盗窃国家、集体、他人所有并已经伐倒的树木的"。针对已经伐倒的树木实施盗窃，不涉及对采伐许可制度的侵犯，与一般盗窃行为无异，应当适用盗窃罪。二是"偷砍他人在自留地或者房前屋后种植的零星树木的"。根据《森林法》第五十六条的规定，对于农村居民自留地和房前屋后个人所有的零星树木的采伐，不需要办理采伐许可证，即未纳入采伐许可管理范围。偷砍此类树木，侵犯的主要是财产所有权，并不涉及国家的采伐许可制度，故应当适用盗窃罪而非盗伐林木罪。需要注意的是，与自留地上的零星树木不同，《森林法》第五十七条第三款规定："农村居民采伐自留山和个人承包集体林地上的林木，由县级人民政府林业主管部门或者其委托的乡镇人民政府核发采伐许可证。"②涉林产品盗窃行为的处理规则。实践中，非法采种、采脂、掘根、剥树皮等行为情况复杂。例如，有的涉及山区群众因居住区域被划入自然保护区等保护范围，导致日常生产生活和林业管理发生冲突。对于此类情形应慎重对待，适用盗窃罪须从严把握，宜重点惩治牟利性、经营性行为。应当综合行为动机、获利数额以及对森林资源的实际侵害程度，综合评估社会危害性，不宜当然适用盗窃罪的入罪标准，避免打击过严，背离人民群众的公平正义观念。基于此，最高人民法院《关于审理破坏森林资源刑事案件适用法律若干问题的解释》（法释〔2023〕8号）第十一条第二款专门规定："非法实施采种、采脂、掘根、剥树皮等行为，符合刑法第二百六十四条规定的，以盗窃罪论处。在决定应否追究刑事责任和裁量刑罚时，应当综合考虑对涉案林木资源的损害程度以及行为人获利数额、行为动机、前科情况等情节；认为情节显著轻微危害不大的，不作为犯罪处理。"

第三节　犯罪构成要件证据指引

一、主体要件证据

（一）自然人犯罪

1. 自然人单独犯罪

证明犯罪嫌疑人刑事责任年龄、身份等自然情况的证据，包括身份证明、户籍证明、任职证明、工作经历证明、特定职责证明等。

主要是证明行为人的姓名（曾用名）、性别、出生年月日、民族、籍贯、出生地。

2. 共同犯罪

在共同犯罪案件中，除需要证明各行为人的自然情况外，还需要证明：

一是共同犯罪的成立要件。根据《刑法》第二十五条的规定，共同犯罪是指二人以上共同故意犯罪。理论上包括共同故意、共同行为、行为与结果在刑法上的因果关系三个方面。

二是各共同犯罪行为人地位。《刑法》第二十六条至第二十八条规定了主犯、从犯、胁从犯的量刑原则，刑法理论对共同犯罪分为实行犯和帮助犯，实行犯和帮助犯的犯罪人地位，应按其在共同犯罪中所起的作用处罚，如果在共同犯罪中仅仅提供犯罪工具、指示犯罪目标、查看犯罪地点、排除犯罪障碍以及事前通谋答应事后隐匿罪犯、消灭罪迹、窝藏赃物来帮助实施犯罪等情况辅助作用，就以从犯论处；如果被胁迫实施帮助行为，并在共同犯罪中起较小作用，则应以胁从犯论处。主犯是组织、领导犯罪集团进行犯罪活动和在共同犯罪中起主要作用的人，受雇佣的工人一般不属于犯罪主体。

（二）单位犯罪

《刑法》第三十条规定，公司、企业、事业单位、机关、团体实施的危害社会的行为，法律规定为单位犯罪的，应当负刑事责任。

最高人民法院《关于审理单位犯罪案件具体应用法律有关问题的解释》（法释〔1999〕14号）规定，为依法惩治单位犯罪活动，根据刑法的有关规定，现对审理单位犯罪案件具体应用法律的有关问题解释如下：

第一条　刑法第三十条规定的"公司、企业、事业单位"，既包括国有、集体所有的公司、企业、事业单位，也包括依法设立的合资经营、合作经营企业和具有法人资格的独资、私营等公司、企业、事业单位。

第二条　个人为进行违法犯罪活动而设立的公司、企业、事业单位实施犯罪的，或者公司、企业、事业单位设立后，以实施犯罪为主要活动的，不以单位犯罪论处。

第三条　盗用单位名义实施犯罪，违法所得由实施犯罪的个人私分的，依照刑法有关自然人犯罪的规定定罪处罚。

值得注意的是，根据《民法典》第一百零二条的规定，非法人组织不具有法人资格，但是能够依法以自己的名义从事民事活动。非法人组织包括个人独资企业、合伙企业、不具有法人资格的专业服务机构等。由于个人独资企业、个人合伙企业、不具有法人资格的专业服务机构等不属于"具有法人资格的独资、私营等公司、企业、事业单位"，不能成为单位犯罪的主体。

我国《刑法》对单位犯罪处罚采取双罚制，即对单位判处罚金，同时对单位直接负责的主管人员和其他直接责任人员判处刑罚。

认定盗伐林木罪单位犯罪主要需要收集以下两个方面的证据材料：

1. 单位主体资格

例如，企业注册信息、工商登记信息、会计资料信息、工资发放证明、员工雇佣合同等。

2. 单位意志

不同于一般共同犯罪，单位犯罪中，犯罪活动是以单位的名义实施的，个人意志要通过单位的意志表现出来，因此单位犯罪的犯意只能产生于犯罪行为实施以前，而行为人在主观上表现为直接故意，因而具有会议纪要、实施计划、代表单位的指示命令等。

（三）主体要件证据要件

（1）讯问犯罪嫌疑人是否达到刑事责任年龄，对自己的行为是否具有辨认与控制能力，即认定其是否具有刑事责任能力，是否具有特殊身份。

（2）涉嫌单位犯罪的，查明直接负责的主管人员和其他直接责任人员的任职、分工等情况。

（3）犯罪嫌疑人的基本情况。第一次讯问，应当问明犯罪嫌疑人的姓名（别名、曾用名、绰号）、性别、出生年月日、户籍所在地、现住址、籍贯、出生地、民族、身份证号码、文化程度、职业和工作单位、政治面貌、家庭情况、社会经历，是否受过刑事处罚、行政处罚或者其他行政处理，是否为人大代表、政协委员，联系方式等情况。

（4）讯问犯罪嫌疑人是否有犯罪行为，让他陈述有罪的情节或者无罪的辩解，视情进行下一步侦查。

二、主观要件证据

本罪在主观方面表现为直接故意，并且具有非法占有国家、集体或他人林木的目的。犯罪动机呈现多样化，有的为了谋取私利，有的为了自用或者其他用途等。证据中要明确下列两点：

（1）作案动机及目的。

（2）是否知道有关法律规定与实施该行为的社会危害性，主观方面故意的表现。

三、客体要件证据

本罪侵犯的客体是双重客体，即国家森林资源采伐管理制度和国家、集体、公民个人对森林或者林木的所有权。

（一）国家、集体、公民个人对森林或者林木的所有权制度

《宪法》第九条规定，矿藏、水流、森林、山岭、草原、荒地、滩涂等自然资源，都属于国家所有，即全民所有；由法律规定属于集体所有的森林和山岭、草原、荒地、滩涂除外。国家保障自然资源的合理利用，保护珍贵的动物和植物。禁止任何组织或者个人用任何手段侵占或者破坏自然资源。

根据《民法典》第二百五十条、第二百六十二条的规定，森林、山岭、草原、荒地、滩涂等自然资源，属于国家所有，但是法律规定属于集体所有的除外。对于集体所有的土地和森林、山岭、草原、荒地、滩涂等，依照下列规定行使所有权：属于村农民集体所有的，由村集体经济组织或者村民委员会依法代表集体行使所有权；分别属于村内两个以上农民集体所有的，由村内各该集体经济组织或者村民小组依法代表集体行使所有权；属于乡镇农民集体所有的，由乡镇集体经济组织代表集体行使所有权。

《森林法》第十五条规定，林地和林地上的森林、林木的所有权、使用权，由不动产登记机构统一登记造册，核发证书。国务院确定的国家重点林区（以下简称重点林区）的森林、林木和林地，由国务院自然资源主管部门负责登记。森林、林木、林地的所有者和使用者的合法权益受法律保护，任何组织和个人不得侵犯。森林、林木、林地的所有者和使用者应当依法保护和合理利用森林、林木、林地，不得非法改变林地用途和毁坏森林、林木、林地。

《森林法》第二十条规定，国有企业事业单位、机关、团体、部队营造的林木，由营造单位管护并按照国家规定支配林木收益。农村居民在房前屋后、自留地、自留山种植的林木，归个人所有。城镇居民在自有房屋的庭院内种植的林木，归个人所有。集体或者个人承包国家所有和集体所有的宜林荒山荒地荒滩营造的林木，归承包的集体或者个人所有；合同另有约定的从其约定。其他组织或者个人营造的林木，依法由营造者所有并享有林木收益；合同另有约定的从其约定。

（二）国家森林资源采伐管理制度

《行政许可法》第十二条规定，下列事项可以设定行政许可：

（1）直接涉及国家安全、公共安全、经济宏观调控、生态环境保护以及直接关系人身健康、生命财产安全等特定活动，需要按照法定条件予以批准的事项。

（2）有限自然资源开发利用、公共资源配置以及直接关系公共利益的特定行业的市场准入等，需要赋予特定权利的事项。

（3）提供公众服务并且直接关系公共利益的职业、行业，需要确定具备特殊信誉、特殊条件或者特殊技能等资格、资质的事项。

（4）直接关系公共安全、人身健康、生命财产安全的重要设备、设施、产品、物品，需要按照技术标准、技术规范，通过检验、检测、检疫等方式进行审定的事项。

（5）企业或者其他组织的设立等，需要确定主体资格的事项。

（6）法律、行政法规规定可以设定行政许可的其他事项。

《森林法》第五十六条规定，采伐林地上的林木应当申请采伐许可证，并按照采伐许可证的规定进行采伐；采伐自然保护区以外的竹林，不需要申请采伐许可证，但应当符合林木采伐技术规程。农村居民采伐自留地和房前屋后个人所有的零星林木，不需要申请采伐许可证。非林地上的农田防护林、防风固沙林、护路林、护岸护堤林和城镇林木等的更新采伐，由有关主管部门按照有关规定管理。采挖移植林木按照采伐林木管理。具体办法由国务院林业主管部门制定。农田防护林、防风固沙林、护路林、护岸护堤林和城镇林木等的更新采伐，由有关主管部门按照有关规定管理。

《防沙治沙法》第十六条规定，沙化土地所在地区的县级以上地方人民政府应当按照防沙治沙规划，划出一定比例的土地，因地制宜地营造防风固沙林网、林带，种植多年生灌木和草本植物。除了抚育更新性质的采伐外，不得批准对防风固沙林网、林带进行采伐。在对防风固沙林网、林带进行抚育更新性质的采伐之前，必须在其附近预先形成接替林网和林带。对林木更新困难地区已有的防风固沙林网、林带，不得批准采伐。第十七条规定，禁止在沙化土地上砍挖灌木、药材及其他固沙植物。

《公路法》第四十二条规定，公路绿化工作，由公路管理机构按照公路工程技术标准组织实施。公路用地上的树木，不得任意砍伐；需要更新砍伐的，应当经县级以上地方人民政府交通主管部门同意后，依照《中华人民共和国森林法》的规定办理审批手续，并完成更新补种任务。

《防洪法》第二十五条、第四十五条规定，护堤护岸的林木，由河道、湖泊管理机构组织营造和管理。护堤护岸林木，不得任意砍伐。采伐护堤护岸林木的，须经河道、湖泊管理机构同意后，依法办理采伐许可手续，并完成规定的更新补种任务。在紧急防汛期，防汛指挥机构根据防汛抗洪的需要，有权在其管辖范围内，决定砍伐林木、清除阻水障碍物和其他必要的紧急措施，在汛期结束后依法向有关部门补办手续；有关地方人民政府对取土后的土地组织复垦，对砍伐的林木组织补种。

《城市绿化条例》第二十条规定，任何单位和个人都不得损坏城市树木花草和绿化设施。砍伐城市树木，必须经城市人民政府城市绿化行政主管部门批准，并按照国家有关规定补植树木或者采取其他补救措施。

根据上述相关规定，属于直接涉及生态环境保护、有限自然资源开发利用、公共资源配置，纳入森林环境资源管理的，才适用更新采伐许可证制度。非林地上的农田防护林、防风固沙林、护路林、护岸护堤林和城镇林木，法律有专门规定的才申办采伐许可证，如无法律的专门规定，不需要申请采伐许可证。农村居民采伐自留地和房前屋后个人所有的零星林木，不需要申请采伐许可证。如果以非法占有为目的，采伐不需要申请采伐许可证的林木、树木，因该行为不侵犯国家森林资源采伐管理制度，而只侵犯森林或者林木的所有权制度，只能认定为是盗窃行为。

主观要件中核心要界定清楚行为人的主观意图、林权的属性。要查明作案人员的主观故意，即明知林木不归本人或本单位所有，而以非法占有为目的，盗伐他人所有（包括国家、集体、公民个人所有）的林木。林权的属性，即采伐迹地所有权与用益物权情况、被盗伐林木的所有权与用益物权情况。

应当收集的基本证据包括但不限于：

1. 犯罪嫌疑人关于该事实的供述；

2. 证人关于该事实的证言；

3. 能够反映该事实的QQ、微信、短信聊天记录等电子证据；

4. 涉及共同犯罪的，应注意收集犯罪嫌疑人通谋或者"知道""应当知道"他人实施盗伐林木的犯罪行为而提供帮助的证据。

四、客观要件证据

本罪在客观方面表现为盗伐森林或者其他林木，数量较大的行为。具体要明确：

（一）具有擅自砍伐的行为

包括擅自砍伐国家、集体、他人所有或者他人承包经营管理的森林或者其他林木；擅自砍伐本单位或者本人承包经营管理的森林或者其他林木；在林木采伐许可证规定的地点以外采伐国家、集体、他人所有或者他人承包经营管理的森林或者其他林木等三种情形。

（二）林木数量达到较大的程度

即盗伐 5 立方米以上的或者盗伐幼树 200 株以上的。

（三）客观要件证据要件

1. 实施盗伐森林或者其他林木的时间、地点、参与人、作案过程、手段、归案经过。

2. 盗伐林木的方式与盗伐林木的工具种类、特征、数量、来源、下落及涉案物品情况。

3. 盗伐林木的树种、株数、规格、蓄积量。

4. 林木去向：销赃时间、地点、对象、价格、数量、所获赃款及分赃情况。

5. 运输方式：自己运输还是雇佣他人运输，何种运输方式；承运人的基本情况、运输工具（车型、牌号等）情况，是否明知，是否参与分赃、所得承运费情况。

6. 许可情况：有无采伐林木许可证或其他有关手续（在采伐许可证规定的地点以外采伐国家、集体及他人所有的林木等情形）。

7. 同类违法经历：作案次数，历次作案时间、地点、经过与结果。

第十六章

滥伐林木罪

1979 年刑法就有滥伐林木罪的规定，附属刑法中对滥伐行为亦规定了相应的刑事罚则。由于森林砍伐和森林退化的现象日益恶化，使得森林的可持续管理问题成为全球的环境热点问题之一。为突出立法者对森林资源加大保护力度的宗旨，我国相继颁布了一系列有关森林资源保护的法律、法规，诸如 1979 年《刑法》《森林法》《森林法实施细则》等。但是，在刑法典颁行前，这些规定均未能有效地抑制破坏森林资源行为的蔓延。尤其是在一些偏远地区或林区，随意砍伐森林和各种林木的行为屡禁不止，致使滥伐林木、毁坏森林资源的案件时有发生，森林保护刑事立法严重滞后及其自身存在的缺陷，是造成这种状况的原因之一。刑法典为更加适应打击盗伐、滥伐林木行为的需要，在 1979 年《刑法》第一百二十八条规定以及最高人民法院和最高人民检察院《关于办理盗伐、滥伐林木案件应用法律的几个问题的解释》（以下简称《解释》）的有关规定的基础上，刑法于第三百四十五条第二款，对原有的滥伐林木罪进行了修正的增订。一是改变以往将盗伐林木和滥伐林木罪混列于一个法条的立法模式，结合盗伐林木和滥伐林木各自的行为特征，采用两款同列于一个法条的形式，分别规定盗伐林木罪和滥伐林木罪两个罪名，以及不同的量刑单位，同时明确了单位构成本罪的刑事责任，并对单位实行两罚制；二是将原有的"情节严重"要件替之以"数量较大"的结果要件，并增加了"数量巨大"的结果加重要件；三是调整法定刑的幅度。对一般犯滥伐林木罪的，增加了管制刑；同时还增订了一个量刑幅度及一个从重处罚情节，对滥伐林木数量巨大的，处三年以上七年以下有期徒刑。对滥伐国家级自然保护区的森林或者其他林木的，作为本罪的从重情节加以处罚。刑法在森林资源保护方面的改进，为实践中确定滥伐林木罪提供了较为详细、具体的依据。

侵害的法益是森林法和其他有关保护森林和林木的行政法规、规章制度和对森林和林木管理的正常工作秩序。根据《森林法》和《森林法实施细则》的规定，凡采伐林木的都必须申请采伐许可证，按许可证的规定进行采伐，但采伐竹子和不是以生产竹材为主要目的的竹林，以及农村居民采伐自留地、房前屋后自有的零星林木除外；国营林业企业事业单位、机关、团体、部队、学校和其他国有企业、事业单位采伐林木，由所在地县级以上林业主管部门审核发放采伐许可证；铁路、公路的护路林和城镇林木的更新采伐，由有关主管部门审核发放采伐许可证；农村集体经济组织采伐林木，由县级林业主管部门审核发放采伐许可证；农村居民采伐自留山和个人承包集体的林木，由县级林业主管部门或者其委托的乡、镇人民政府审核发放采伐许可证；采伐以生产竹材为主要目的的竹林，同样适用上述审核程序。在未履行上述审核程序的情况下实施的滥伐行为，就是对森林资源管理制度的侵犯。

第一节　滥伐林木罪的犯罪构成

滥伐林木罪，是指违反森林法及其他保护森林法规，未经林业行政主管部门及法律规定的其他主管部门批准并核发采伐许可证，或者虽持有采伐许可证，但违背采伐许可证的规定而任意采伐本单位所有或管理的，以及本人自留山上的森林或者其他林木，情节严重的行为。

一、客观要件

滥伐林木罪的行为是指违反《森林法》的规定，滥伐森林或者其他林木，具体表现为：

（1）未经林业行政主管部门及法律规定的其他主管部门批准并核发林木采伐许可证，或者虽持有林木采伐许可证，但违反林木采伐许可证规定的时间、数量、树种或者方式，任意采伐本单位所有或者本人所有的森林或者其他林木的。①林木所有者"无证滥伐"的行为，是指导"未经林业行政主管部门批准并核发采伐许可证而任意采伐的行为"，即所谓没有经有关林业行政管理部门，以及其他有权批准采伐的主管部门的批准，并核发采伐许可证，而擅自砍伐单位和本人所有或所管理的林木。②林木所有者"有证滥伐"的行为。是指"虽持有采伐许可证，但违背采伐许可证所规定时间、数量、树种、方式而任意采伐本单位或本人所有或管理的森林或者其他林木的行为"，即所谓虽有有关部门批准采伐并核发的采伐许可证，但违背了许可证上所规定的时间、数量、树种和方式等进行的采伐行为。需要明确的是，违背采伐许可证上规定的四项内容，一般来说，并不要求违背上述四项的全部，只要违背上述其中一项，即可视为滥伐林木的行为。《森林法》规定，防护林和特种用途林中的国防林、母树林、环境保护林、风景林，只准进行抚育和更新性质的采伐；成熟的用材林应当根据不同情况，分别采取择伐、皆伐和渐伐的方式；特种用途林的名胜古迹和革命纪念地的林木、自然保护区的森林，严禁采伐。凡违背采伐许可证上规定的方式采伐，即属滥伐林木的行为。

（2）超过林木采伐许可证规定的数量采伐他人所有的森林或者其他林木的。

（3）在林木采伐许可证规定的地点以外，采伐本单位所有或者本人所有的森林或者其他林木的。

（4）林木权属争议一方在林木权属确权之前，擅自砍伐森林或者其他林木，数量较大的，以滥伐林木罪论处。

滥伐林木罪的对象指森林、林木。森林，包括乔木林和竹林；林木，包括树木和竹子。林木是组成森林的基本单元，因此，滥伐林木罪的具体对象就是林木（个人自留地及房前屋后种植的零星林木除外）。问题是，枯死木、火烧木等因意外灾害毁损的林木，是否属于本罪的对象呢？有观点认为，滥伐林木罪的对象只能是生长着的各类林木，砍伐枯死或火灾烧毁等自然原因死亡的林木，不能构成滥伐林木罪。理由有二：一是刑法设立滥伐林木罪的立法本意，应是打击那些破坏生长中的森林和林木的行为；二是枯死、烧毁木已不能发挥其生态效益。我们认为，虽然意外死亡木是否属于滥伐林木罪的对象，法律、法规以及有关司法解释尚没作出明确的规定，但也并没有作出排除性的规定。森林资源，包括森林、林木、林地以及依托森林、林木、林地生存的野生动物、植物和微生物。可以肯定的是，自然原因死亡木属于森林资源的组成部分已毫无疑问，那么就应该受到森林法的调整。国家林业局林函策字〔2003〕15号明确规定了未申请林木采伐许可证擅自采伐"火烧枯死木"等因自然灾害毁损的林木，应当依法分别定性为盗伐或者滥伐林木行为。

行为人滥伐林木达到"数量较大"的标准，方可构成本罪。所谓"数量较大"，根据司法解释的规定：（一）立木蓄积二十立方米以上的；（二）幼树一千株以上的；（三）数量虽未分别达到第一项、第二项规定标准，但按相应比例折算合计达到有关标准的；（四）价值五万元以上的。林木的数量一般以立木材积计算，立木材积即立木蓄积，其计算方法是原木材积除以该树种的出材率，幼树是指导生长在幼龄阶段的树木。在森林资源调查中，树木胸径在5厘米以下的视为幼树，以"株"为单位进行统计。

二、主体要件

本罪主体是一般主体，既可以是自然人，也可以是单位。凡年满 16 周岁、具备刑事责任能力的人均可成为本罪的主体。

三、主观要件

滥伐林木罪的罪过形式是故意，但不要求具有非法占有的目的。这里的故意是指明知是滥伐林木的行为而有意实施的主观心理状态。故意的形式既可以是直接故意，也可以是间接故意。直接故意的内容表现为，明知滥伐行为会侵害国家的林业管理活动，却故意实施这种行为，以追求其行为对法律所保护的客体受到侵害结果的发生；间接故意的内容，主要是行为人明知自己的滥伐行为是违反《森林法》的有关规定，并发生破坏森林资源的结果，而对这种结果采取放任的态度。也就是说，行为人虽然不希望造成森林损害结果的发生，但是又不设法防止，而采取听之任之，漠不关心的态度。但是，无论滥伐林木罪是直接故意，还是间接故意，都不包含非法占有林木的目的。如果由于过失违章错伐不应砍伐的林木，则不能构成本罪。出于过失的错伐；主要是指滥伐林木的直接实施人，或者不懂得林业管理制度，或者主管人员没有交代采伐的要求，因而出现没有按照采伐许可证上批准的采伐区域、方式、树种等要求进行采伐，而导致乱砍滥伐的情况。对于这种过失心理支配下的错误行为，应由林业部门进行批评教育，或按森林法等有关森林保护的法律规定给予民事的或行政的处罚，一般不以滥伐林木处罚。如果情节比较恶劣，造成的后果特别严重，构成犯罪的，则应视为构成玩忽职守罪，而不构成本罪。至于行为人或者单位滥伐林木的目的是为了私人占有、营利图财、报复护林人还是单位集体受益等，均不是本罪构成的因素。

第二节　司法适用中需要注意的问题

一、本罪与相关犯罪的区别

（一）本罪与违法发放林木采伐许可证罪的区别

1. 侵害的法益不同

本罪侵犯的法益是国家对林木资源的保护和管理制度，即主要侵犯的是森林采伐的管理制度。其犯罪对象是本单位所有的、管理的或者本人自留山上的森林或者其他林木，以及国家级自然保护区内的森林或者是其他林木，而违法发放林木采伐许可证罪侵害的法益是国家对森林资源的正常管理活动，主要是许可证发放的管理活动。

2. 客观构成要件不同

两罪都表现为违反了森林法的有关规定，且客观行为都于采伐许可证有关，但本罪客观上属于无林木采伐许可证或不按林木采伐许可证的要求采伐林木的行为；违法发放林木采伐许可证罪是违法发放或越权发放采伐许可证的行为，二者行为的具体内容是不同的。前者的行为方式表现为，违反有关森林保护法规，未经林业行政主管部门批准并核发采伐许可证，或者虽持有采伐许可证，但违背采伐许可证所规定的地点、数量、树种、方式而任意采伐本单位所有或管理的，以及本人自留山上的森林或者其他林木，数量较大的行为；而后者的行为则是表现为，实施了违反森林法的规定，滥用职权，超过批准的年采伐限额发放林木采伐许可证或者违反规定滥发林木采伐许可证的行为，并发生了致使森林遭受严重破坏的结果。

其中，行为主体也不同。本罪为一般主体，既可以是自然人，也可以是单位；而违法发放林木采伐许可证罪则系特殊主体，即林业主管部门的工作人员，非林业主管部门的工作人员不能成为本罪的主体，但是并不是所有林业主管部门的工作人员都能成为本罪的主体，只有林业主管部门中行使发放林木采伐许可证职权的工作人员，才可以成为本罪的主体。

3. 主观构成要件不同

本罪主观上表现为故意。既可以是直接故意，也可以是间接故意；而违法发放林木采伐许可证罪的主观罪过形式则比较复杂，就该罪的性质而言，行为人的主观罪过不可能是直接故意，如果行为人主观上出于直接故意，则可能与滥伐林木者或单位共同构成滥伐林木罪。因此，对于滥用职权，超越批准年采伐限额发放林木采伐许可证，或者违反规定滥发林木采伐许可证的行为是违法的，行为人主观上一般是明知的，但对于其行为致使森林资源遭受严重破坏的危害结果，行为人主观上则既可能是故意，也可能是过失。

（二）本罪与故意毁坏财物罪的区别

1. 侵害的法益不同

本罪侵犯的是森林法和其他有关保护森林和林木的行政法规、规章制度和对森林和林木管理的正常工作秩序，而故意毁坏财物罪侵犯的法益是公私财物所有权。

2. 客观构成要件不同

第一，行为方式不同本罪在客观方面表现为未经林业行政主管部门的批准并核发林木采伐许可证，或者虽持有许可证，但未按许可证的要求而任意采伐本单位所有或者本人所有的森林或者其他林木，数量较大的行为。故意毁坏财物罪是指行为人实施毁坏或者损坏公私财物，数额较大或者有其他严重情节的行为。第二，二罪区分的关键在于侵犯的对象不同，故意毁坏财物罪侵犯的对象是公私所有的各种财物。滥伐林木罪侵犯的对象只限于行为人本单位所有或者行为人本人所有的森林或者其他林木；如果擅自采伐其他单位所有或者他人所有的林木，则不构成此罪。第三，行为主体不同。本罪的行为主体既可以是自然人，也可以是单位；故意毁坏公私财物罪的犯罪主体只能是自然人。

但对于司法实践中如何认定本罪学者是有争议的。通说认为，违反森林管理法规，毁坏林木的，影响林木正常生长，致使林木死亡，情节严重的，依故意毁坏财物罪论处。对于放火烧毁森林的，有学者主张应定放火罪，也有人主张，如果烧了自己的林木为滥伐林木罪，但也有学者不同意上述观点，认为无罪，只可行政处罚。

（三）与（涉及林木的）破坏生产经营罪的区别

1. 犯罪主体不同

滥伐林木罪的主体，既可以由自然人构成，也可以由单位构成；而破坏经营罪只能由自然人实施，单位不能成为该罪的主体。

2. 犯罪主观方面不同

滥伐林木罪既可以由直接故意构成，也可以由间接故意构成。即只要明知自己的行为会发生滥伐林木的危害后果，并希望或放任这种结果发生的，便构成该罪故意的内容。而且，构成该罪还不要求行为人必须具有某种犯罪目的；而破坏生产经营罪只能由直接故意构成，不能出于间接故意。即行为人只有明知自己的行为会造成破坏生产经营的危害结果，并希望这种结果发生的，才能构成该罪故意的内容。此外，构成该罪还要求行为人主观上有泄愤报复或其他个人目的。

3. 犯罪客体不同

滥伐林木罪主要侵犯国家对森林资源的保护管理制度；而涉及林木的破坏生产经营罪不仅侵犯国家对森林资源的保护管理制度，也侵犯国家、集体或个人对林木的生产经营活动。破坏林木生产经营的犯罪不是一种独立犯罪，它是破坏生产经营罪中的一种具体犯罪形态。

4. 犯罪对象不同

滥伐林木罪的对象只能是凭证采伐的生长中的林木（包括枯立木）；而涉及林木的破坏生产经营罪的对象，既可以是凭证采伐的生长中的林木，也可以是生长中的苗木。

5. 犯罪形式不同

滥伐林木罪主要采用锯裁、刀斧砍等手段实施，犯罪手段较为单一；而涉及林木的破坏生产经营罪的手段较多，除采用锯裁、刀斧砍的手段外，还可以采用放火、爆炸、投放危险物质、掘根、剥树皮、拔苗、摘芽等手段实施。

二、关于滥伐林木罪的停止形态

目前，关于滥伐林木罪的犯罪既遂形态，存在以下几种观点：①滥伐林木罪是结果犯，即本罪为结果犯的既遂形态。②滥伐林木罪是行为犯，在环境犯罪中只要有行为即构成犯罪，本罪也应是行为犯。③滥伐林木罪是危险犯，只要行为足以造成不良后果即可。对破坏环境的犯罪规定为危险犯，滥伐林木罪自然应是危险犯。我们认为，滥伐林木罪，是违反《森林法》和其他保护森林法规，未经林业行政主管部门及法律规定的其他主管部门批准并核发林木采伐许可证，或虽持有林木采伐许可证，但违反采伐证规定的地点、数量、树种、方式，而任意采伐本单位所有或管理的，以及本人自留山森林或者其他林木，情节严重的行为。根据刑法及其司法解释，滥伐林木罪是以数量较大作为刑事立案标准，故滥伐林木罪是结果犯。

三、关于本罪与他罪的竞合

（1）滥伐珍贵树木，同时触犯本罪与非法采伐、毁坏珍贵植物罪的，应以想象竞合按照处罚较重的犯罪定罪处罚。如果符合上述情形，可从一重罪论处，但如果采伐自己所属的普通林木时又擅自采伐、毁坏了珍贵林木，应以两罪数罪并罚。

（2）对于本罪与伪造、变卖、买卖国家机关证件罪的竞合，同时触犯两罪的从一重罪处罚，但如果卖给他人滥伐的视为两罪。

四、关于滥伐林木数量的计算

最高人民法院《关于审理破坏森林资源刑事案件适用法律若干问题的解释》

（法释〔2023〕8号）第十九条第三款规定："滥伐林木的数量，应在伐区调查设计允许的误差额以上计算。"《重点国有林区伐区调查设计质量检查技术方案》（试行）规定采伐蓄积、采伐株数允许误差均为±5%。据此，滥伐林木的数量=实际采伐的数量−（林木采伐许可证许可采伐的数量+林木采伐许可证许可采伐的数量×5%）。

五、关于定罪量刑数量折算规则

根据森林采伐技术规程和林业实践，立木蓄积一般适用于成材的乔木，而胸径5厘米以下的幼树没有出材率、无法计算立木蓄积，只能按照株数确定采伐数量。实践中，对于既盗伐成材乔木、又盗伐幼树的情况，如果单独按成材乔木的立木蓄积或者幼树株数均达不到相应标准，则难于追究刑事责任，易形成处罚漏洞，不利于森林资源的严格保护。基于此，最高人民法院《关于审理破坏森林资源刑事案件适用法律若干问题的解释》（法释〔2023〕8号）第四条第一款第三项、第六条第一款第三项、第八条第一款第三项分别增加了林木立木蓄积与幼树株数折算入罪的规定，将"数量虽未分别达到第一项、第二规定标准，但按相应比例折算合计达到有关标准的"作为盗伐林木，滥伐林木，非法收购、运输盗伐、滥伐林木"数量较大"入罪标准的适用情形。以盗伐林木罪为例，行为人盗伐松树立木蓄积达到4立方米（5立方米入罪门槛的80%），同时盗伐胸径不足5厘米的幼松50株（幼树200株入罪门槛的25%），按比例折算合计达到105%，应当认定为满足盗伐林木"数量较大"的适用条件。同理，升档量刑也适用相同的折算规则。

六、非法采伐林权争议林木的定性问题

首先要明确何为林权争议。《中华人民共和国森林法》并未对"林权争议"下过任何定义。国土资源部办公厅《关于土地登记发证后提出的争议能否按权属争议处理问题的复函》（国土资厅函〔2007〕60号）规定："土地权属争议是指土地登记前，土地权利利害关系人因土地所有权和使用权的归属而发生的争议。土地登记发证后已经明确了土地的所有权和使用权，土地登记发证后提出的争议不属于土地权属争议。土地所有权、使用权依法登记后第三人对其结果提出异议的，利害关系人可根据《土地登记规则》的规定向原登记机关申请更正登记，也可向原登记机关的上级主管机关提出行政复议或直接向法院提起行政诉讼。"参照该规定，林权争议是指林权登记前，利害关系人因林木所有权归属而发生

的争议，任何一方在林木权属确权之前，擅自砍伐森林或者其他林木，数量较大的，以滥伐林木罪论处。林权登记后，利害关系人对他方已经取得林权登记的林木的所有权持有异议，实质上是对行政机关的不动产登记这一行政行为不服，并非林权争议，利害关系人擅自砍伐该林木，数量较大的，应以盗伐林木论处。

七、采用非法手段获取林木采伐许可证进而采伐林木的定性

清华大学张明楷教授将行政犯中的行政许可分为控制性许可与特别许可。在控制性许可场合，行为之所以需要获得行政许可，并不是因为所有人都不得实施该行为，也不是因为该行为本身侵犯其他法益，只是因为需要行政机关在具体事件中事先审查是否违反特定的实体法的规定。只要申请人的行为符合实体法的规定，就应许可。没有得到行政许可的行为，侵犯的是相应的管理秩序，而没有侵犯刑法保护的其他法益。故只要取得了行政许可，即使使用了欺骗、胁迫、贿赂等不正当手段，也认为没有侵犯管理秩序，因而阻却构成要件符合性。在这种情况下，行为造成其他法益侵害后果的，只能以其他犯罪论处。在特别许可场合，法律将某种行为作为具有法益侵犯性的行为予以普遍禁止，但是又允许在特别规定的例外情况下，赋予当事人从事禁止行为的自由。借助特别许可，因法律抽象规定而产生的困境和困难得以消除。在特别许可的场合，未取得行政许可的行为，不仅侵犯了相应的管理秩序，而且侵犯了刑法保护的其他法益。通过欺骗等不正当手段取得了行政许可而实施的行为，因为事实上没有实现更为优越或者至少同等的利益，所以侵犯了刑法保护的法益，应以犯罪论处。根据上述理论，林木采伐许可属于特别许可。通过欺骗、胁迫、贿赂等手段获得林木采伐许可进而采伐林木的，并不阻却犯罪的成立，依然成立滥伐林木罪。

八、林木买卖中未办理采伐许可证采伐林木行为的定性问题

林木买卖中未办理采伐许可证采伐林木的定性，分以下几种情况：一是出卖人与买受人约定买受人无证采伐，数量较大的，双方构成滥伐林木罪共犯，出卖人为间接实行犯，买受人为帮助犯；二是出卖人与买受人未约定买受人无证采伐，买受人无证采伐了该林木，数量较大的，买受人单独构成滥伐林木罪，出卖人不构成犯罪。

第三节　犯罪构成要件证据指引

一、主体要件证据

（一）自然人犯罪

1. 自然人单独犯罪

证明犯罪嫌疑人刑事责任年龄、身份等自然情况的证据，包括身份证明、户籍证明、任职证明、工作经历证明、特定职责证明等。

主要是证明行为人的姓名（曾用名）、性别、出生年月日、民族、籍贯、出生地。

2. 共同犯罪

在共同犯罪案件中，除需要证明各行为人的自然情况外，还需要证明：

一是共同犯罪的成立要件。根据《刑法》第二十五条的规定，共同犯罪是指二人以上共同故意犯罪。理论上包括共同故意、共同行为、行为与结果在刑法上的因果关系三个方面。

二是各共同犯罪行为人地位。《刑法》第二十六条至第二十八条规定了主犯、从犯、胁从犯的量刑原则，刑法理论对共同犯罪分为实行犯和帮助犯，实行犯和帮助犯的犯罪人地位，应按其在共同犯罪中所起的作用处罚，如果在共同犯罪中仅仅提供犯罪工具、指示犯罪目标、查看犯罪地点、排除犯罪障碍以及事前通谋答应事后隐匿罪犯、消灭罪迹、窝藏赃物来帮助实施犯罪等情况辅助作用，就以从犯论处；如果被胁迫实施帮助行为，并在共同犯罪中起较小作用，则应以胁从犯论处。主犯是组织、领导犯罪集团进行犯罪活动和在共同犯罪中起主要作用的人，受雇佣的工人一般不属于犯罪主体。

（二）单位犯罪

《刑法》第三十条规定，公司、企业、事业单位、机关、团体实施的危害社会的行为，法律规定为单位犯罪的，应当负刑事责任。

最高人民法院《关于审理单位犯罪案件具体应用法律有关问题的解释》（法释〔1999〕14号）规定："为依法惩治单位犯罪活动，根据刑法的有关规定，现对审理单位犯罪案件具体应用法律的有关问题解释如下：

第一条　刑法第三十条规定的"公司、企业、事业单位"，既包括国有、集体所有的公司、企业、事业单位，也包括依法设立的合资经营、合作经营企业和具有法人资格的独资、私营等公司、企业、事业单位。

第二条 个人为进行违法犯罪活动而设立的公司、企业、事业单位实施犯罪的，或者公司、企业、事业单位设立后，以实施犯罪为主要活动的，不以单位犯罪论处。

第三条 盗用单位名义实施犯罪，违法所得由实施犯罪的个人私分的，依照刑法有关自然人犯罪的规定定罪处罚。"

值得注意的是，根据《民法典》第一百零二条的规定，非法人组织不具有法人资格，但是能够依法以自己的名义从事民事活动。非法人组织包括个人独资企业、合伙企业、不具有法人资格的专业服务机构等。由于个人独资企业、个人合伙企业、不具有法人资格的专业服务机构等不属于"具有法人资格的独资、私营等公司、企业、事业单位"，不能成为单位犯罪的主体。

我国《刑法》对单位犯罪处罚采取双罚制，即对单位判处罚金，同时对单位直接负责的主管人员和其他直接责任人员判处刑罚。

认定滥伐林木罪单位犯罪主要需要收集以下两个方面的证据材料：

1. 单位主体资格

例如，企业注册信息、工商登记信息、会计资料信息、工资发放证明、员工雇佣合同等。

2. 单位意志

不同于一般共同犯罪，单位犯罪中，犯罪活动是以单位的名义实施的，个人意志要通过单位的意志表现出来，因此单位犯罪的犯意只能产生于犯罪行为实施以前，而行为人在主观上表现为直接故意，因而具有会议纪要、实施计划、代表单位的指示命令等。

（三）主体要件证据

（1）讯问犯罪嫌疑人是否达到刑事责任年龄，对自己的行为是否具有辨认与控制能力，即认定其是否具有刑事责任能力，是否具有特殊身份。

（2）涉嫌单位犯罪的，查明直接负责的主管人员和其他直接责任人员的任职、分工等情况。

（3）犯罪嫌疑人的基本情况。第一次讯问，应当问明犯罪嫌疑人的姓名（别名、曾用名、绰号）、性别、出生年月日、户籍所在地、现住址、籍贯、出生地、民族、身份证号码、文化程度、职业和工作单位、政治面貌、家庭情况、社会经历，是否受过刑事处罚、行政处罚或者其他行政处理，是否为人大代表、政协委员，联系方式等情况。

（4）讯问犯罪嫌疑人是否有犯罪行为，让他陈述有罪的情节或者无罪的辩解，视情进行下一步侦查。

二、主观要件证据

本罪在主观方面表现为故意，包括直接故意和间接故意。直接故意是指行为人明知滥伐行为会侵害国家对森林资源采伐的管理制度，并且希望其行为对上述危害结果发生的心理态度。间接故意是指行为人明知自己的滥伐行为可能发生森林资源破坏的后果，而对这种危害结果的发生采取放任的心理态度。如果是由于行为人的过失行为而错伐了林木的，由于不具备本罪的主观故意特征，不构成本罪。

证据中要明确以下两点：

（1）作案动机及目的。

（2）是否知道有关法律规定与实施该行为的社会危害性，即主观方面故意的表现。

三、客体要件证据

本罪侵犯的客体是国家森林资源的采伐管理制度。森林资源是一项极其宝贵的资源，对改善人类生存环境具有十分重要的意义。因此，国家制定了成套的法规，对林业资源予以保护。任何单位与个人不得非法采伐林木。

《宪法》第九条规定，矿藏、水流、森林、山岭、草原、荒地、滩涂等自然资源，都属于国家所有，即全民所有；由法律规定属于集体所有的森林和山岭、草原、荒地、滩涂除外。国家保障自然资源的合理利用，保护珍贵的动物和植物。禁止任何组织或者个人用任何手段侵占或者破坏自然资源。

《森林法》第十五条规定，林地和林地上的森林、林木的所有权、使用权，由不动产登记机构统一登记造册，核发证书。国务院确定的国家重点林区（以下简称重点林区）的森林、林木和林地，由国务院自然资源主管部门负责登记。森林、林木、林地的所有者和使用者的合法权益受法律保护，任何组织和个人不得侵犯。森林、林木、林地的所有者和使用者应当依法保护和合理利用森林、林木、林地，不得非法改变林地用途和毁坏森林、林木、林地。

《森林法》第二十条规定，国有企业事业单位、机关、团体、部队营造的林木，由营造单位管护并按照国家规定支配林木收益。农村居民在房前屋后、自留地、自留山种植的林木，归个人所有。城镇居民在自有房屋的庭院内种植的林木，归个人所有。集体或者个人承包国家所有和集体所有的宜林荒山荒地荒滩营造的林木，归承包的集体或者个人所有；合同另有约定的从其约定。其他组织或者个人营造的林木，依法由营造者所有并享有林木收益；合同另有约定的从其约定。

《行政许可法》第十二条规定，下列事项可以设定行政许可：

（1）直接涉及国家安全、公共安全、经济宏观调控、生态环境保护以及直接关系人身健康、生命财产安全等特定活动，需要按照法定条件予以批准的事项；

（2）有限自然资源开发利用、公共资源配置以及直接关系公共利益的特定行业的市场准入等，需要赋予特定权利的事项；

（3）提供公众服务并且直接关系公共利益的职业、行业，需要确定具备特殊信誉、特殊条件或者特殊技能等资格、资质的事项；

（4）直接关系公共安全、人身健康、生命财产安全的重要设备、设施、产品、物品，需要按照技术标准、技术规范，通过检验、检测、检疫等方式进行审定的事项；

（5）企业或者其他组织的设立等，需要确定主体资格的事项；

（6）法律、行政法规规定可以设定行政许可的其他事项。

《森林法》第五十六条规定，采伐林地上的林木应当申请采伐许可证，并按照采伐许可证的规定进行采伐；采伐自然保护区以外的竹林，不需要申请采伐许可证，但应当符合林木采伐技术规程。农村居民采伐自留地和房前屋后个人所有的零星林木，不需要申请采伐许可证。非林地上的农田防护林、防风固沙林、护路林、护岸护堤林和城镇林木等的更新采伐，由有关主管部门按照有关规定管理。采挖移植林木按照采伐林木管理。具体办法由国务院林业主管部门制定。农田防护林、防风固沙林、护路林、护岸护堤林和城镇林木等的更新采伐，由有关主管部门按照有关规定管理。

《防沙治沙法》第十六条规定，沙化土地所在地区的县级以上地方人民政府应当按照防沙治沙规划，划出一定比例的土地，因地制宜地营造防风固沙林网、林带，种植多年生灌木和草本植物。除了抚育更新性质的采伐外，不得批准对防风固沙林网、林带进行采伐。在对防风固沙林网、林带进行抚育更新性质的采伐之前，必须在其附近预先形成接替林网和林带。对林木更新困难地区已有的防风固沙林网、林带，不得批准采伐。第十七条规定，禁止在沙化土地上砍挖灌木、药材及其他固沙植物。

《公路法》第四十二条规定，公路绿化工作，由公路管理机构按照公路工程技术标准组织实施。公路用地上的树木，不得任意砍伐；需要更新砍伐的，应当经县级以上地方人民政府交通主管部门同意后，依照《中华人民共和国森林法》的规定办理审批手续，并完成更新补种任务。

《防洪法》第二十五条、第四十五条规定，护堤护岸的林木，由河道、湖泊管理机构组织营造和管理。护堤护岸林木，不得任意砍伐。采伐护堤护岸林木的，须经河道、湖泊管理机构同意后，依法办理采伐许可手续，并完成规定的更新补种任务。在紧急防汛期，防汛指挥机构根据防汛抗洪的需要，有权在其管辖范围内，决定砍伐林木、清除阻水障碍物和其他必要的紧急措施，在汛期结束后依法向有关部门补办手续；有关地方人民政府对取土后的土地组织复垦，对砍伐的林木组织补种。

《城市绿化条例》第二十条规定，任何单位和个人都不得损坏城市树木花草和绿化设施。砍伐城市树木，必须经城市人民政府城市绿化行政主管部门批准，并按照国家有关规定补植树木或者采取其他补救措施。

根据上述相关规定，对于直接涉及生态环境保护、有限自然资源开发利用、公共资源配置，纳入森林环境资源管理的，才适用更新采伐许可证制度。非林地上的农田防护林、防风固沙林、护路林、护岸护堤林和城镇林木，由于涉及直接涉及生态环境保护、有限自然资源开发利用、公共资源配置，法律设定了专门规定，要求申办采伐许可证；如果无法律的专门规定，不需要申请采伐许可证。农村居民采伐自留地和房前屋后个人所有的零星林木，不需要申请采伐许可证。

滥伐林木行为不以非法占有为目的，或者说形不成法律事实上的非法占有，不侵犯森林或者林木的所有权制度。未依法取得采伐许可证，擅自采伐纳入森林资源采伐管理制度，法律要求申请采伐许可证的林木、树木的，侵犯国家森林资源采伐管理制度。

主观要件证据要件中核心要界定清楚行为人的主观意图、林权的属性。本罪的对象是森林或者其他林木，即具有生态价值功能的正在生长的森林或其他林木，包括国家、集体、公民个人所有的林木。要查明作案人员的主观故意，即明知应当依法办理采伐许可证而在未取得采伐许可证的情况下擅自采伐林木。行为人对所砍伐的林木是否具有所有权，是区别盗伐林木与滥伐林木的主要依据。林权属性，即采伐迹地所有权与用益物权情况、被盗伐林木的所有权与用益物权情况。

应当收集的基本证据包括但不限于：

（1）犯罪嫌疑人关于该事实的供述；

（2）证人关于该事实的证言；

（3）能够反映该事实的 QQ、微信、短信聊天记录等电子证据；

（4）涉及共同犯罪的，应注意收集犯罪嫌疑人通谋或者"知道""应当知道"他人实施滥伐林木的犯罪行为而提供帮助的证据。

四、客观要件证据

本罪在客观方面表现为违反森林法相关规定，滥伐森林或者其他林木，数量较大的行为。具体要明确：

（一）违反森林法相关规定

最高人民法院《关于审理破坏森林资源刑事案件具体应用法律若干问题的解释》（法释〔2000〕36号）第五条关于违反森林法的规定，具有下列情形之一，数量较大的，依照《刑法》第三百四十五条第二款的规定，以滥伐林木罪定罪处罚：

（1）未经林业行政主管部门及法律规定的其他主管部门批准并核发林木采伐许可证，或者虽持有林木采伐许可证，但违反林木采伐许可证规定的时间、数量、树种或者方式，任意采伐本单位所有或者本人所有的森林或者其他林木的。

（2）超过林木采伐许可证规定的数量采伐他人所有的森林或者其他林木的。林木权属争议一方在林木权属确权之前，擅自砍伐森林或者其他林木，数量较大的，以滥伐林木罪论处。

（二）林木数量达到较大的程度

即滥伐林木"数量较大"，（一）立木蓄积二十立方米以上的；（二）幼树一千株以上的；（三）数量虽未分别达到第一项、第二项规定标准，但按相应比例折算合计达到有关标准的；（四）价值五万元以上的。

（三）客观要件证据要件

（1）实施滥伐森林或者其他林木的时间、地点、参与人、作案过程、手段、归案经过。

（2）滥伐林木的方式与盗伐林木的工具种类、特征、数量、来源及下落、涉案物品情况。

（3）滥伐林木的树种、株数、规格、蓄积量。

（4）林木去向：销赃时间、地点、对象、价格、数量、所获赃款及分赃情况。

（5）运输方式：自己运输还是雇佣他人运输，何种运输方式；承运人的基本情况、运输工具（车型、牌号等）情况，是否明知，是否参与分赃、所得承运费情况。

（6）许可情况：有无采伐林木许可证或其他有关手续（在采伐许可证规定的地点以外采伐国家、集体及他人所有的林木等情形）。

（7）同类违法经历：作案次数，历次作案时间、地点、经过与结果。

第十七章

非法收购、运输盗伐、滥伐的林木罪

根据 1997 年《刑法》第三百四十五条的规定，以牟利为目的，在林区非法收购明知是盗伐、滥伐的林木，情节严重的，构成非法收购盗伐、滥伐的林木罪。这样规定存在两个问题：一是林区的概念比较模糊，而且非林区也存在成片的森林，这些森林也需要保护。划分是否在林区非法收购盗伐、滥伐林木不利于打击毁坏森林资源的犯罪。二是规定"以牟利为目的"没有必要。规定以牟利为目的是为了区分出于自用目的在林区收购少量木材的行为，防止打击面过大。实际上刑法规定非法收购"情节严重"的才构成犯罪，这就可以比较准确地区分罪与非罪的界限。实践中司法机关对如何证明行为人是否具有牟利目的的认识不一致，常常为此扯皮。《刑法修正案（四）》对《刑法》第三百四十五条的修改是，取消了"在林区"和"以牟利为目的"的限制。

1997 年《刑法》没有规定非法运输盗伐、滥伐的林木罪。实践中一些人员以非法运输林木为业，与盗伐，滥伐，非法收购盗伐、滥伐的林木者形成了分工，共同逃避法律制裁。盗伐、滥伐、非法收购者由于有非法运输者帮助其将盗伐、滥伐的林木运出林区，因此很难被追究刑事责任。如果不将非法运输环节堵住，盗伐、滥伐以及非法收购等行为很难禁止。针对这种情况，《刑法修正案（四）》在《刑法》第三百四十五条中增加了非法运输盗伐、滥伐的林木罪，对于明知是盗伐、滥伐的林木而运输，情节严重的，处三年以下有期徒刑、拘役或者管制，并处或者单处罚金；情节特别严重的，处三年以上七年以下有期徒刑，并处罚金。

非法收购、运输盗伐、滥伐的林木罪本罪侵犯的法益是国家对森林资源的管理活动。根据森林法、森林法实施条例、物权法、刑法等相关规定，森林资源属于国家所有；森林、林地、林木的所有者、使用者、管理者的合法权益受法律保护，任何单位和个人不得侵犯，因此，盗伐、滥伐林木的行为构成违法犯罪。行为人收购盗伐、滥伐的林木的行为，侵犯了国家对森林资源的管理制度，极大地助长了盗伐、滥伐林木犯罪活动的蔓延、发展，对这种行为必须纳入法律的评价范围予以治理。

第一节 非法收购、运输盗伐、滥伐的林木罪的犯罪构成

非法收购、运输盗伐、滥伐的林木罪，是指非法收购、运输明知是盗伐、滥伐的林木，情节严重的行为。

一、客观要件

非法收购、运输盗伐、滥伐的林木罪的行为包括非法收购和运输。①非法收购，即没有合法的木材经营许可证，或者虽有合法的木材经营许可证但未得到有关部门允许而收购盗伐、滥伐的林木。②非法运输，即盗伐、滥伐的林木非法地从一地转移到另一地。

非法收购、运输的必须是他人盗伐、滥伐的林木。盗伐、滥伐林木者运输自己盗伐、滥伐的林木的，不能构成本罪，而应当以盗伐木罪或者滥伐林木罪论处。如果明知是国家重点保护植物，而对其进行非法收购、运输的，则应当以非法收购、运输国家重点保护植物罪定罪处罚。

本罪要求情节严重。本罪以非法收购、运输盗伐、滥伐林木的行为达到情节严重的程度为必要条件。根据最高人民法院发布的《关于审理破坏森林资源刑事案件适用法律若干问题的解释》（法释〔2023〕8号）第八条规定，非法收购、运输明知是盗伐、滥伐的林木，具有下列情形之一的，应当认定为刑法第三百四十五条第三款规定的"情节严重"：（一）涉案林木立木蓄积二十立方米以上的；（二）涉案幼树一千株以上的；（三）涉案林木数量虽未分别达到第一项、第二项规定标准，但按相应比例折算合计达到有关标准的；（四）涉案林木价值五万元以上的；（五）其他情节严重的情形。

二、主体要件

本罪主体是一般主体，既可以是自然人，也可以是单位。凡年满16周岁、具备刑事责任能力的人均可成为本罪的主体。

三、主观要件

非法收购、运输盗伐、滥伐的林木罪的罪过形式是故意，即行为人明知是盗

伐、滥伐的林木，而实施非法收购、运输的主观心理态度。要求行为人在主观上对其收购的对象是盗伐、滥伐林木，是明知的。不知道收购、运输的是盗伐、滥伐来的林木，不构成本罪。最高人民法院发布的《关于审理破坏森林资源刑事案件适用法律若干问题的解释》（法释〔2023〕8号）第七条规定，认定刑法第三百四十五条第三款规定的"明知是盗伐、滥伐的林木"，应当根据涉案林木的销售价格、来源以及收购、运输行为违反有关规定等情节，结合行为人的职业要求、经历经验、前科情况等作出综合判断。具有下列情形之一的，可以认定行为人明知是盗伐、滥伐的林木，但有相反证据或者能够作出合理解释的除外：（一）收购明显低于市场价格出售的林木的；（二）木材经营加工企业伪造、涂改产品或者原料出入库台账的；（三）交易方式明显不符合正常习惯的；（四）逃避、抗拒执法检查的；（五）其他足以认定行为人明知的情形。

第二节　司法适用中需要注意的问题

一、本罪与相关犯罪的区别

（一）与（涉及林木的）掩饰、隐瞒犯罪所得罪的区别

1. 犯罪客体不同

非法收购、运输盗伐、滥伐的林木罪，侵犯的是国家对森林资源的保护管理制度和司法机关对盗伐、滥伐林木犯罪的追查活动；而掩饰、隐瞒犯罪所得罪，主要侵犯司法机关正常的查明犯罪、追缴犯罪所得及其收益的活动。

2. 犯罪对象不同

非法收购、运输盗伐、滥伐的林木罪直接作用的对象，是盗伐、滥伐的林木，合法采伐的林木以及通过其他违法犯罪手段获取的林木，不能成为该罪的对象；而涉及林木的掩饰、隐瞒犯罪所得罪直接作用的对象，是通过各种违法犯罪手段获取的林木，当然也包括盗伐和滥伐的林木。可见，后者的犯罪对象的范围较之前者更为宽泛。

3. 构成犯罪的标准不同

构成非法收购、运输盗伐、滥伐的林木罪，必须达到情节严重的程度；而构成掩饰、隐瞒犯罪所得罪，不需要达到情节严重的程度，只要实施了收购、转移犯罪所得等的行为，除情节显著轻微的以外，一般都构成犯罪。

（二）与（涉及林木的）非法经营罪的区别

1. 犯罪客体不同

非法收购、运输盗伐、滥伐的林木罪，其直接侵犯的是国家对森林资源的保护管理制度和司法机关对盗伐、滥伐林木犯罪的追查活动；而非法经营罪，其直接侵犯的客体是国家限制买卖物品和经营许可证的市场管理制度。

2. 犯罪对象不同

非法收购、运输盗伐、滥伐的林木罪直接作用的对象是盗伐、滥伐的林木，合法采伐的林木不能成为该罪的对象；而涉及林木的非法经营罪直接作用的对象是林木，既可以是合法采伐的林木，也可以是盗伐、滥伐的林木。可见，前者的对象具有特定性，后者的对象具有广泛性。

3. 犯罪形式不同

非法收购、运输盗伐、滥伐的林木罪的行为方式有两种：一是非法收购；二是非法运输。而非法经营罪的行为方式，除可以由收购、运输的方式构成外，还可以由储存、加工、批发、销售等方式构成。

4. 构成犯罪的具体标准不同

虽然这两种犯罪都以情节严重作为构成犯罪的标准，但根据有关司法解释的规定，其具体内容不同。

二、关于非法收购、运输盗伐、滥伐的林木罪的既遂形态

非法收购、运输盗伐、滥伐的林木罪是情节犯。根据最高人民法院发布的《关于审理破坏森林资源刑事案件适用法律若干问题的解释》（法释〔2023〕8号）第八条规定，非法收购、运输明知是盗伐、滥伐的林木，具有下列情形之一的，应当认定为刑法第三百四十五条第三款规定的"情节严重"：（一）涉案林木立木蓄积二十立方米以上的；（二）涉案幼树一千株以上的；（三）涉案林木数量虽未分别达到第一项、第二项规定标准，但按相应比例折算合计达到有关标准的；（四）涉案林木价值五万元以上的；（五）其他情节严重的情形。

三、关于盗伐、滥伐林木的认定（来源）

调查所收购、运输的林木有无审批手续，对采伐证件、批准文件，应将现场现批件规定的采伐地点、数量、树种、方式，对照进行调查；对没有采伐许可证的，侧重对采伐的林木所有权进行调查，查明采伐的是单位、集体或管理的林木

还是林主或行为人自留山或承包林，首先明确是滥伐还是盗伐性质。

对参与采伐、搬动的所有人员进行调查，同时查清组织、指挥、指使者、采伐和搬动过程等；向知情人、见证人、周边邻居等进行调查，证实采伐、搬运的时间、地点、参与人数、采伐数量等（同前证人证言内容）。

四、主观"明知"的认定

"明知"包括知道和应当知道。知道是指有证据证明行为人在行为前或者行为时已了解到或认识到自己收购、运输的林木，不是合法采伐而是盗伐、滥伐的林木，如证人证言、购销合同约定、嫌疑人供述等证据证实。应当知道是指根据一般规律、社会普通大众的普遍认知规律、行为人从业经历、教育程度、智力水平等推定行为人在行为前或者行为时能认识自己收购或运输的是盗伐、滥伐的林木。

根据司法解释有三种情形之一的，可以视为应当知道，但有证据证明确属被蒙骗的除外。

其中，在非法的木材交易场所或者销售单位收购木材的。该规定的渊源为1986年国家工商行政管理局林业部发布的《关于集体林区木材市场管理的暂行规定》第二项，"为了保护集体林区资源，维护集体林区木材市场秩序，除当地林业部门的国有木材经营单位可在集体林区直接收购外，其他生产、经营单位和个人的木材交易一律在木材市场进行。"同时，1987年中共中央、国务院发布的《关于加强南方集体林区森林资源管理坚决制止乱砍滥伐的指示》、1989年林业部和国家工商行政管理局发布的《关于加强禁区木材经营、加工单位监督管理的通知》也对林区木材的经营管理作出了具体规定。

2018年修订的《森林法实施条例》删除了第三十四条第一款规定的"在林区经营（含加工）木材，必须经县级以上人民政府林业主管部门批准"，但"木材收购单位和个人不得收购没有林木采伐许可证或者其他合法来源证明的木材。"的规定仍保留。现行《森林法》第六十五条规定，任何单位和个人不得收购、加工、运输明知是盗伐、滥伐等非法来源的林木。这是对收购林木行为人履行法定义务的具体规定。随着社会经济发展，国家进行放管服改革后，相关法律法规虽已相应修改修订，但在实践中，普通群众或从业者对林业普法宣传基本已家喻户晓，林木凭证采伐的规定已深入人心，特别是有收购、加工经营木材、长期从事砍伐帮工等特殊群体更是清楚明了。侦查机关在进行案件侦破中，应当着重根据收购现场环境及客观事实、当地宣传的社会大众认知、证人语言等各种证据予以印证，如是否为采伐现场及周边直接收购，具有认知可能或属本地了解盗伐、滥伐的村民，有无被处罚经历，是否为国家禁止采伐的自然保护区域、国家公园等生态公益林区、天然林区等场所，有无村社、护林组织的宣传记录、村民大会或记录等。也正如前文提到，行为人具有一定认识能力且应当履行法定查验采伐证件的义务，并具有从"合法来源证明"文件的外观形式辨识的认知能力情况下，其辩解不明知的理由一般不具有逻辑性。在明知上，还可以考虑：一是他人销售的林木明显缺少有关法律证明文件的；二是他人以明显低于当地市场价格出售的；三是他人采取违背常理或极其秘密的方式销售的；四是他人通过中介人、熟人，以暗示的方式把林木卖给收购行为人的。

五、关于办理破坏森林资源刑事案件的宽严相济规则

1. 明确从重处罚情形

最高人民法院《关于审理破坏森林资源刑事案件适用法律若干问题的解释》（法释〔2023〕8号）第十二条第一款根据破坏森林资源犯罪的主观恶性、危害后果、行为对象等，设置了从重处罚情形。具体而言，实施破坏森林资源犯罪，具有下列情形之一的，从重处罚：①造成林地或者其他农用地基本功能丧失或者遭受永久性破坏的；②非法占用自然保护地核心保护区内的林地或者其他农用地的；③非法采伐国家公园、国家级自然保护区内的林木的；④暴力抗拒、阻碍国家机关工作人员依法执行职务，尚不构成妨害公务罪、袭警罪的；⑤经行政主管部门责令停止违法行为后，继续实施相关行为的。

2. 明确从宽处理规则

最高人民法院《关于审理破坏森林资源刑事案件适用法律若干问题的解释》（法释〔2023〕8号）第十二条第二款综合行为人认罪认罚、修复生态环境以及涉案植物的种类、数量、价值等因素，规定了从宽处理规则，以贯彻宽严相济的政策要求，依法妥当处理相关案件，确保良好效果，规定："实施本解释规定的破坏森林资源行为，行为人系初犯，认罪认罚，积极通过补种树木、恢复植被和林业生产条件等方式修复生态环境，综合考虑涉案林地的类型、数量、生态区位或者涉案植物的种类、数量、价值，以及行为人获利数额、行为手段等因素，认为犯罪情节轻微的，可以免予刑事处罚；认为情节显著轻微危害不大的，不作为犯罪处理。"

3. 明确破坏森林资源共同犯罪的区别处理规则

实践中，破坏森林资源犯罪往往是多人共同实施，既包括相关犯罪的组织者，也包括受雇佣提供劳务的人员。根据宽严相济刑事政策的要求，应当重点惩

治前者；对于后者宜区分情况，根据具体案情适当从宽处理，以体现刑法的谦抑性，避免打击面过大。基于此，最高人民法院《关于审理破坏森林资源刑事案件适用法律若干问题的解释》（法释〔2023〕8号）第十五条规定："组织他人实施本解释规定的破坏森林资源犯罪的，应当按照其组织实施的全部罪行处罚。""对于受雇佣为破坏森林资源犯罪提供劳务的人员，除参与利润分成或者领取高额固定工资的以外，一般不以犯罪论处，但曾因破坏森林资源受过处罚的除外。"

第三节　犯罪构成要件证据指引

一、主体要件证据

（一）自然人犯罪

1. 自然人单独犯罪

证明犯罪嫌疑人刑事责任年龄、身份等自然情况的证据，包括身份证明、户籍证明、任职证明、工作经历证明、特定职责证明等。

主要是证明行为人的姓名（曾用名）、性别、出生年月日、民族、籍贯、出生地。

2. 共同犯罪

在共同犯罪案件中，除需要证明各行为人的自然情况外，还需要证明：

一是共同犯罪的成立要件。根据《刑法》第二十五条的规定，共同犯罪是指二人以上共同故意犯罪。理论上包括共同故意、共同行为、行为与结果在刑法上的因果关系三个方面。

二是各共同犯罪行为人地位。《刑法》第二十六条至第二十八条规定了主犯、从犯、胁从犯的量刑原则，刑法理论对共同犯罪分为实行犯和帮助犯，实行犯和帮助犯的犯罪人地位，应按其在共同犯罪中所起的作用处罚，如果在共同犯罪中仅仅提供犯罪工具、指示犯罪目标、查看犯罪地点、排除犯罪障碍以及事前通谋答应事后隐匿罪犯、消灭罪迹、窝藏赃物来帮助实施犯罪等情况辅助作用，就以从犯论处；如果被胁迫实施帮助行为，并在共同犯罪中起较小作用，则应以胁从犯论处。主犯是组织、领导犯罪集团进行犯罪活动和在共同犯罪中起主要作用的人，受雇佣的工人一般不属于犯罪主体。

（二）单位犯罪

《刑法》第三十条规定，公司、企业、事业单位、机关、团体实施的危害社会的行为，法律规定为单位犯罪的，应当负刑事责任。

最高人民法院《关于审理单位犯罪案件具体应用法律有关问题的解释》（法释〔1999〕14号）规定："为依法惩治单位犯罪活动，根据刑法的有关规定，现对审理单位犯罪案件具体应用法律的有关问题解释如下：

第一条 刑法第三十条规定的"公司、企业、事业单位"，既包括国有、集体所有的公司、企业、事业单位，也包括依法设立的合资经营、合作经营企业和具有法人资格的独资、私营等公司、企业、事业单位。

第二条 个人为进行违法犯罪活动而设立的公司、企业、事业单位实施犯罪的，或者公司、企业、事业单位设立后，以实施犯罪为主要活动的，不以单位犯罪论处。

第三条 盗用单位名义实施犯罪，违法所得由实施犯罪的个人私分的，依照刑法有关自然人犯罪的规定定罪处罚。"

值得注意的是，根据《民法典》第一百零二条的规定，非法人组织不具有法人资格，但是能够依法以自己的名义从事民事活动。非法人组织包括个人独资企业、合伙企业、不具有法人资格的专业服务机构等。由于个人独资企业、个人合伙企业、不具有法人资格的专业服务机构等不属于"具有法人资格的独资、私营等公司、企业、事业单位"，不能成为单位犯罪的主体。

我国《刑法》对单位犯罪处罚采取双罚制，即对单位判处罚金，同时对单位直接负责的主管人员和其他直接责任人员判处刑罚。

认定非法收购、运输盗伐、滥伐的林木罪单位犯罪主要需要收集以下两个方面的证据材料：

（1）单位主体资格。例如，企业注册信息、工商登记信息、会计资料信息、工资发放证明、员工雇佣合同等。

（2）单位意志。不同于一般共同犯罪，单位犯罪中，犯罪活动是以单位的名义实施的，个人意志要通过单位的意志表现出来，因此单位犯罪的犯意只能产生于犯罪行为实施以前，而行为人在主观上表现为直接故意，因而具有会议纪要、实施计划、代表单位的指示命令等。

（三）主体要件证据要件

（1）讯问犯罪嫌疑人是否达到刑事责任年龄，对自己的行为是否具有辨认与控制能力，即认定其是否具有刑事责任能力，是否具有特殊身份。

（2）涉嫌单位犯罪的，查明直接负责的主管人员和其他直接责任人员的任职、分工等情况。

（3）犯罪嫌疑人的基本情况。第一次讯问，应当问明犯罪嫌疑人的姓名（别名、曾用名、绰号）、性别、出生年月日、户籍所在地、现住址、籍贯、出生地、民族、身份证号码、文化程度、职业和工作单位、政治面貌、家庭情况、社会经历，是否受过刑事处罚、行政处罚或者其他行政处理，是否为人大代表、政协委员，联系方式等情况。

（4）讯问犯罪嫌疑人是否有犯罪行为，让他陈述有罪的情节或者无罪的辩解，视情进行下一步侦查。

二、主观要件证据

本罪在主观方面表现为直接故意，并且要求行为人必须具有明知是盗伐、滥伐的林木而仍在实施非法收购、运输的心理态度。本罪的"明知"不仅仅是指行为人对所收购林木有确定性认识，也包括对林木的可能性认识。在具体的客观环境条件下，根据社会公众或从业行业一般的经验、常识，普通人都能够认识到林木性质的，就可视为行为人应当明知。间接故意和过失均不构成本罪。如果为了自用等非牟利目的也不构成本罪。

证据中要明确下列两点：

（1）作案动机及目的。需要注意的是，根据《刑法修正案（四）》的规定，非法收购、运输盗伐、滥伐的林木罪不再要求必须以牟利为目的，任何动机与目的（如自用、加工）均不影响本罪的成立。

（2）是否知道有关法律规定与实施该行为的社会危害性，主观方面故意的表现。法律法规规章以及行政管理中对行业从业者的规范性文件、制度，是否应当履行对符合合法来源证件外观特征的基本查验义务等。

三、客体要件证据

本罪侵犯的客体是单一客体，即国家保护森林及其他林木的管理制度及国家对赃物的管理制度。我国有关森林保护的法律法规都明确规定依法所有和使用森林及其他林木的单位和个人的合法权益受法律保护，盗伐林木和滥伐林木的行为具有明显的违法性质，而任何单位或个人非法收购盗伐、滥伐林木的行为必然也具有违法性质，这正是对国家保护森林及其他林木管理制度的侵犯。

本罪的对象是丧失生态价值功能的被盗伐、滥伐的林木。这里盗伐、滥伐的林木既包括盗伐林木罪、滥伐林木罪案件中的林木，又包括一般的盗伐、滥伐林木行政案件中的林木。

四、客观要件证据

本罪在客观方面表现为实施了非法收购、运输明知是盗伐、滥伐的林木，情节严重的行为。本罪的对象是盗伐、滥伐的林木，不仅包括盗伐、滥伐罪案件中的林木，也包括盗伐、滥伐行政处罚案件中的林木，而其他案件如盗窃案件中涉及的林木，不能成为本罪的对象。另外，当盗伐、滥伐的林木是珍贵树木时，若收购、运输行为人明知则构成危害国家重点保护植物罪，反之，则构成本罪。具体要明确：

（一）实施了非法收购、运输林木的行为

以营利、自用等为目的购买盗伐、滥伐林木行为。采用携带、邮寄、利用他人、使用交通工具等方法进行运送盗伐、滥伐的林木行为。

（二）非法收购、运输林木行为达到情节严重

非法收购盗伐、滥伐的林木二十立方米以上或者幼树一千株以上的；非法收购盗伐、滥伐的珍贵树木二立方米以上或者五株以上的。

（三）客观要件证据要件

（1）实施非法收购、运输林木的时间、地点、参与人、作案过程、手段、归案经过。

（2）非法收购、运输林木的方式。

（3）非法收购、运输林木的树种、株数、规格、蓄积量。

（4）林木去向：销赃时间、地点、对象、价格、数量、所获赃款及分赃情况。

（5）运输方式：自己运输还是雇佣他人运输，何种运输方式；承运人的基本情况、运输工具（车型、牌号等）情况，是否明知，是否参与分赃、所得承运费情况。

（6）同类违法经历：作案次数，历次作案时间、地点、经过与结果。